自由自在 問題集

中学入試 算数

受験研究社

この本の特長と使い方

本書は，『小学高学年 自由自在 算数』に準拠しています。小学 5・6 年の学習内容と中学受験で出題される内容を網羅し，なおかつ基本から発展までのレベルの問題を精選，それらを段階的に収載した問題集です。

ステップ1 基本問題

教科書レベル～基本レベルの入試問題を中心に構成しています。
まずは各単元の学習内容を理解しましょう。

ポイント

単元の重要事項をまとめています。覚えておかなければならない公式や，問題の解き方の補足説明ものせています。

記述

理由や考え方を説明する問題を示しています。

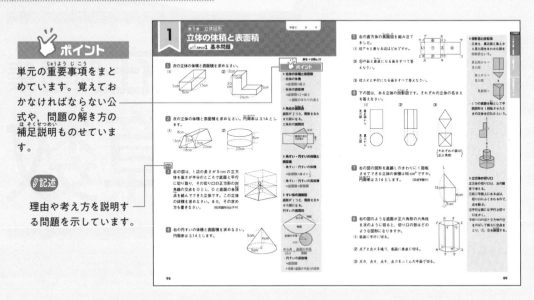

ステップ2 標準問題

標準レベルの入試問題を中心に構成しています。その単元で学習したことの理解を深め，さらに実力を伸ばしましょう。

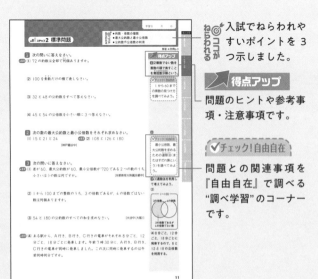

ココがねらわれる

入試でねらわれやすいポイントを 3 つ示しました。

得点アップ

問題のヒントや参考事項・注意事項です。

チェック!自由自在

問題との関連事項を『自由自在』で調べる "調べ学習" のコーナーです。

ステップ3 発展問題

発展レベルの入試問題を中心に構成しています。実際の入試問題を解いて実力をグッと高め，難問を解くための応用力をつけましょう。

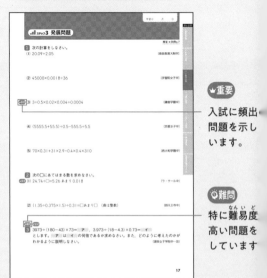

重要

入試に頻出問題を示しています。

難問

特に難易度高い問題をしています

2

理解度診断テスト

章末に設けられたテストで，基本～発展レベルの問題で構成しました。

得点でA・B・Cのランクに区分されます。診断基準点は解答欄に設けました。

チャレンジ

少しレベルの高い問題を示しています。

A…よく理解できている
B…Aを目指して再チャレンジ
C…STEP1から復習しよう

中学入試予想問題

問題中に配点や出典校を載せないなど，入試の構成を再現しました（配点は解答欄にあります）。

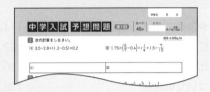

公立中高一貫校 適性検査対策問題

良問を厳選し，独特な適性検査に十分対応できる問題で構成しました。

問題の考え方

問題を解くうえでのヒントをのせています。

解答編

解説は，分かりやすく充実した内容で，読むだけでも学力がつき，さらに論理的思考力もつくよう工夫しました。また，別解も数多く取り上げています。

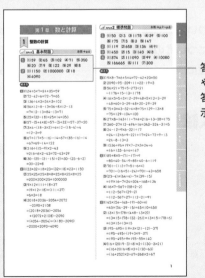

答え合わせがしやすいように，答えをはじめに示しています。

! ココに注意

まちがえやすいことがらや解き方に関連した知識などを紹介しています。

中学入試
自由自在問題集
算数

もくじ

本書に関する最新情報は，当社ホームページにある**本書の「サポート情報」**をご覧ください。（開設していない場合もございます。）

第1章 数と計算

第2章 変化と関係

第3章 データの活用

整 数 の 計 算

ステップ1 基本問題

解答 → 別冊p.1

1 次の計算をしなさい。

(1) $24+5×7$

(2) $72-42÷6$

(3) $136÷4×3$

(4) $56×12÷8-13$

(5) $25×(32-18)$

(6) $57-(5+4×8)$

(7) $3×4-(18-3×2)÷4$
〔福岡教育大附属福岡中〕

(8) $67+(17×5-16)-14$

(9) $216÷(15-9)×2-43$
〔武庫川女子大附中〕

(10) $30-\{25-(21-15)÷2\}$
〔横浜中〕

2 次の計算をくふうしてしなさい。

(1) $23×32+18×23$

(2) $25×25×25×8×8$
〔東京都市大付中〕

●重要 (3) $9×12×111÷18÷37$

(4) $2018+2036-2054+2072-2090+2108$　　〔千葉日本大第一中〕

ポイント

▶ **四則計算の順序**

・ふつう，左から順に計算する。

・四則のまじった計算は，かけ算・わり算を先に計算し，その後でたし算・ひき算を計算する。

・（ ）のある計算は，（ ）の中の計算を先にする。かっこは（ ），{ }の順に計算する。

▶ **計算のくふう**

・同じ数をかけたものをたしたりひいたりするときは，分配法則を用いてまとめてかける。

　○×△+□×△
=（○+□）×△

・$25×4=100$，
$125×8=1000$ は覚えておくと便利である。

例　$25×36=25×4×9$
　　$=100×9$
　　$=900$

・かけ算，わり算だけの式では，わられる数とわる数の組み合わせを考える。

・いくつかの数をたすときは，計算しやすいように組み合わせを考える。

数と計算
1 整数の計算
2 約数と倍数
3 小数の計算
4 分数の計算
5 いろいろな計算
6 数と規則性
理解度診断テスト①

■■ ステップ2 標準問題

🎯ココが
ねらわれる
● 四則のまじった式の計算
● （ ）や{ }のある式の計算
● 計算のくふう，分配法則

解答→別冊p.1

1 次の計算をしなさい。

(1) 9×8−7×6+5×4

(2) 2090÷95−209÷11

(3) 56×21+75÷5−273÷21

★重要
(4) 16×3+5÷3×12−29
〔甲南女子中〕

(5) 75+3×43−52÷4×8

(6) 27×8−143÷11−7×4
〔関西大学中〕

(7) 360−27×12−496÷16
〔香蘭女学校中〕

(8) 24−12÷9×6−221÷17
〔浦和実業学園中〕

(9) 1536÷96+19×7−2×3+24÷6
〔香里ヌヴェール学院中〕

2 次の計算をしなさい。

(1) 85+8×5−(71−17)÷9

(2) 701−(112÷7+51−6×4)

(3) (23−4)×(64÷4)−7×(39−15)

重要 (4) 16×7−567÷(58÷2−2)
〔学習院中〕

得点アップ

1 かけ算・わり算を先に計算してから，左から順にたし算・ひき算を計算する。四則のまじった計算では，かけ算やわり算をひとまとまりと考えて先に計算する。

2 （ ）の中から計算する。（ ）の中でも，かけ算・わり算を先に計算したあと，左から順にたし算・ひき算を計算する。（ ）の次はかけ算・わり算，そのあとに左から順にたし算・ひき算を計算する。

7

3 次の計算をしなさい。
(1) $45 \times \{54 - (48 - 19) - 60 \div 4\}$

(2) $13 \times 15 \div \{78 \div (4 \times 8 - 13 \times 2)\}$

(3) $195 - 495 \div \{19 + 3 \times (21 - 12) - 37\}$

(4) $\{16 + (2019 - 3) \div 8\} \times 2 \div (130 - 3 \times 21)$ 〔成蹊中〕

4 次の計算をくふうしてしなさい。
(1) $19 \times 9 + 38 \times 8 + 57 \times 7$

(2) $99 + 998 + 9997 + 99996$

●重要 (3) $\{(963 + 852 + 741) \div 9 - (147 + 258 + 369) \div 9\} \div 2$ 〔関西学院中〕

●重要 (4) $11 \times 10 \times 9 \times 8 \times 7 - 10 \times 9 \times 8 \times 7 \times 6 - 9 \times 8 \times 7 \times 6 \times 5$

●重要 (5) $12345 + 23451 + 34512 + 45123 + 51234$

(6) $(246 + 482 + 668 + 824) \div 20$ 〔関西学院中〕

(7) $13 \times 13 \times 16 + 289 \times 8 - 143 \times 18 - 102 \times 21$ 〔慶應義塾中〕

3 ( ), { }の順に計算する。そのあとは, ×・÷ → ＋・－ の順に計算する。

✔チェック！自由自在
計算の順序を図で表すとどうなるか調べてみよう。

4
(1) $38 \times 8 = 19 \times 2 \times 8$
$= 19 \times 16$
$57 \times 7 = 19 \times 3 \times 7$
$= 19 \times 21$
であることから分配法則を使って計算する。

(5)
```
   12345
   23451
   34512
   45123
+) 51234
```
とすると, それぞれの位の計算が $1+2+3+4+5$ になることがわかる。

8

数と計算

1
整数の計算

2
約数と倍数

3
小数の計算

4
分数の計算

5
いろいろな計算

6
数と規則性

理解度診断テスト①

▁▅█ ステップ3　発展問題

解答 → 別冊p.2

1　次の計算をしなさい。

(1) $\{202-2\times(55-8)\}\div\{4+66\div(22+11)\}$ 〔成蹊中〕

(2) $2\times(68+153\times3-187\times2)\div34$ 〔立命館中〕

2　次の計算をくふうしてしなさい。

(1) $13\times17+13\times19+21\times36-34\times26$ 〔同志社香里中〕

(2) $1+2+3+4+5+6+(1+12+123+1234+12345)\times9$ 〔東大寺学園中〕

(3) $(2072+2045+2018+1991+1964)\div1009$ 〔青山学院横浜英和中〕

(4) $1\times1\times1+3+5+3\times3\times3+13+15+17+19+5\times5\times5+31+33+35+37+39+41$

〔洛南高附中〕

◉難問

3　あきらさんは $6789\times6789\times6789-6788\times6789\times6790$ の計算を以下のようにして考えました。

「6789に注目して分配法則を利用すると，$6789\times(\quad ア\quad)$ という式に変形できます。さらにくふうすると　ア　の部分は1になるので，答は6789になります。」

〔甲陽学院中―改〕

(1)　ア　にあてはまる式を書きなさい。

述(2) あきらさんは下線部をどのように計算したと考えられますか。説明しなさい。

9

2 約 数 と 倍 数

ステップ1 基本問題

解答→別冊p.3

1　次の問いに答えなさい。

(1) 42 の約数をすべて答えなさい。

(2) 18 の倍数を小さい順に 5 つ答えなさい。

(3) 素数(そすう)を小さい順に 10 個(こ)書きなさい。

2　次の数の最大公約数と最小公倍数をそれぞれ求めなさい。

(1) 36 と 48

(2) 360 と 504

3　次の問いに答えなさい。

(1) 縦(たて)60 cm，横 72 cm の長方形の板を，できるだけ大きな正方形のタイルだけを使ってすき間のないようにおおいました。使った正方形のタイルの枚数(まいすう)は何枚ですか。　　　　　　〔立命館守山中〕

(2) 池のまわりを 1 周走るのに，A さんは 12 分，B さんは 18 分かかります。A さんと B さんが同時に出発して，池のまわりをまわるとき，次に 2 人が出発地点でいっしょになるのは，何分後ですか。

4　1 から 200 までの整数のうち，次の問いに答えなさい。

〔金蘭会中〕

(1) 5 の倍数はいくつありますか。

(2) 8 の倍数はいくつありますか。

(3) 5 の倍数であり，8 の倍数でもある数はいくつありますか。

(4) 5 の倍数ではないが，8 の倍数である数はいくつありますか。

ポイント

▶**約数と公約数**

ある整数をわり切ることができる整数を，もとの整数の約数という。2 つ以上の整数に共通な約数をそれらの数の公約数という。また公約数のうちいちばん大きい数を最大公約数という。公約数は最大公約数の約数になっている。

▶**倍数と公倍数**

ある整数の整数倍になっている数を，その数の倍数という。2 つ以上の整数に共通な倍数をそれらの数の公倍数という。また，公倍数のうちいちばん小さい数を最小公倍数という。公倍数は最小公倍数の倍数になっている。

▶**倍数の個数**

1 から●までの整数の中で，□の倍数の個数は，●÷□の商になる。

・倍数，公倍数の関係は，ベン図で整理するとよい。

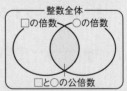

▶**素数**

1 とその数のほかに約数がない整数を素数という。1 は素数ではない。

学習日　　　月　　　日

数と計算

1 整数の計算

2 約数と倍数

3 小数の計算

4 分数の計算

5 いろいろな計算

6 数と規則性

理解度診断テスト①

■■ ステップ**2** 標準問題

🎯 ココが ● 約数・倍数の個数
ねらわれる ● 最大公約数と最小公倍数
● 公約数や公倍数の利用

解答 → 別冊p.3

1 次の問いに答えなさい。

重要 (1) 72 の約数は全部で何個ありますか。

(2) 100 を素数だけの積で表しなさい。

(3) 32 と 48 の公約数をすべて答えなさい。

(4) 45 と 54 の公倍数を小さい順に 3 つ答えなさい。

2 次の数の最大公約数と最小公倍数をそれぞれ求めなさい。

(1) 15 と 21 と 24　　　　🏁重要 (2) 108 と 126 と 180

〔神戸龍谷中〕

3 次の問いに答えなさい。

重要 (1) 差が 60，最大公約数が 60，最小公倍数が 720 である 2 つの数のうち，小さいほうの数は何ですか。　　　　〔京都教育大附属京都中〕

(2) 1 から 100 までの整数のうち，3 の倍数であるが，4 の倍数ではない数は何個ありますか。

(3) 54 と 180 の公約数のすべての和を求めなさい。　　　　〔大谷中（大阪）〕

重要 (4) ある駅から，A 行き，B 行き，C 行きの電車がそれぞれ 8 分ごと，12 分ごと，18 分ごとに発車します。午前 7 時 30 分に，A 行き，B 行き，C 行きの電車が同時に発車しました。この次に同時に発車するのは午前何時何分ですか。

11

4 100から200までの整数のうち，次の数はそれぞれ何個ありますか。

(1) 4 の倍数　　　　　　　　　(2) 5 の倍数

(3) 4 でも 5 でもわり切れる数　　(4) 4 でも 5 でもわり切れない数

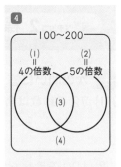

5 次の問いに答えなさい。

(1) 6 でわっても 16 でわっても 3 あまる整数のうち，200 にいちばん近い数を求めなさい。　　　　　　　　　　　　　　　〔清風中〕

(2) 5 でわると 4 あまり，8 でわると 7 あまり，13 でわると 12 あまる数の中で 1000 以下のものは何ですか。　　　　　　　　〔巣鴨中〕

(3) ある整数で，81 をわっても，96 をわってもあまりが 6 になります。ある整数を求めなさい。

6 次の問いに答えなさい。

(1) 4 でわると 2 あまり，6 でわると 4 あまる整数は，100 から 400 までに何個ありますか。

(2) 3 つの整数 432，315，285 をある整数でわると 315 はわり切れましたが，432 と 285 は同じあまりがでました。ある整数のうち最大の整数は何ですか。　　　　　　　　　　　　　　　　〔立命館守山中〕

7 2，3，4，5，6，7，8，9 のいずれでわっても 1 あまる 1 以外の整数の中で，最も小さい整数は何ですか。　　　　　　　　〔須磨学園中〕

5 (2)□でわると▲あまる数
→□の倍数+▲
　または，
　□の倍数−(□−▲)
(3)□をわると▲あまる数
→□−▲ の約数のうち▲より大きい数

6 (2)ある整数でわると，同じあまりがでる2数は，その2数の差の約数を考える。

数と計算

1 整数の計算

2 約数と倍数

3 小数の計算

4 分数の計算

5 いろいろな計算

6 数と規則性

理解度診断テスト①

ステップ3 発展問題

解答 → 別冊p.5

1 次の問いに答えなさい。

(1) いくつかのビー玉を，10人に等しくわけると3個あまり，11人に等しくわけると7個あまります。ビー玉は何個ありますか。ただし，ビー玉は100個以下とします。　〔開明中〕

重要 (2) 縦5cm，横3cmの長方形がたくさんあります。これらの長方形をすべて同じ向きで使い，すき間なく重ならないように並べて大きな正方形をつくると，縦に並ぶ長方形の枚数と横に並ぶ長方形の枚数の差が10枚でした。このとき，大きな正方形の1辺の長さは何cmですか。
〔智辯学園奈良カレッジ中〕

2 次の問いに答えなさい。

(1) 2019からできるだけ小さい整数をひいて，6でも7でもわり切れる数をつくるとき，ひく整数を求めなさい。　〔獨協埼玉中〕

重要 (2) 155をわると11あまり，247をわると7あまる整数は全部で何個ありますか。　〔青稜中〕

(3) 7でわると5あまり，13でわると11あまるような0より大きい整数のうち，16番目に小さい整数は何ですか。　〔渋谷教育学園渋谷中〕

重要 (4) 120，185，276の3つの数を，2以上のある数でわるとあまりはすべて同じになりました。ある数はいくつですか。　〔三田学園中〕

(5) 3でわると1あまり，5でわっても7でわっても3あまる数でいちばん小さい数は何ですか。　〔甲南女子中〕

3 次の問いに答えなさい。

●重要 (1) 3 けたの整数が 2 つあります。この 2 つの整数の最大公約数が 78，最小公倍数が 936 のとき，この 2 つの整数は **ア** と **イ** です。ただし，**ア** より **イ** のほうが大きい整数とします。

〔西大和学園中〕

(2) 約数の個数が 6 個で，90 との最大公約数が 15 である整数は何ですか。 〔慶應義塾中〕

●重要
4 1 から 100 までの整数が書かれたカード 100 枚があります。はじめに 3 の倍数が書かれているカードをすべて取り，次に残りのカードから 8 の倍数が書かれているカードをすべて取り，最後に残りのカードから 5 の倍数のカードを取ると，カードは何枚残っていますか。 〔近畿大附中〕

5 1 から 200 までの整数について，次の問いに答えなさい。 〔浅野中〕
(1) 2 でわるとあまりが 1 で，3 でわるとあまりが 2 となる整数は何個ありますか。

(2) (1)の中で，5 でわるとあまりが 3 とならない整数は何個ありますか。

✐記述
6 72 の約数をすべてかけ合わせた数は，72 を何回かけ合わせた数と等しくなりますか。式や考え方を書いて説明しなさい。 〔東邦大付属東邦中—改〕

◎難問
7 □△67 は 4 けたの整数で，13 でわっても 17 でわってもわり切れます。この 4 けたの整数を求めなさい。 〔慶應義塾普通部〕

3

小数の計算

ステップ1 基本問題

学習日　月　日

数と計算

1 整数の計算

2 約数と倍数

3 小数の計算

4 分数の計算

5 いろいろな計算

6 数と規則性

理解度診断テスト①

解答 → 別冊p.6

1 次の計算をしなさい。
(1) 3.7×1.6　　　　　　　(2) 0.18×8.5

(3) 76.8×0.35　　　　　　(4) 9.24×1.07

2 次の計算をしなさい。
(1) 28.9÷3.4　　　　　　　(2) 5.886÷0.09

(3) 4.275÷0.57　　　　　　(4) 84÷0.07

3 次の商を小数第一位まで求め，あまりも出しなさい。
(1) 95÷2.8　　　　　　　　(2) 7.778÷0.63　　　　〔学習院中〕

4 次の問いに答えなさい。
(1) 130÷2.4 を計算しなさい。ただし，商は四捨五入して小数第二
　　位までのがい数にしなさい。

(2) 8.65÷3.1 を計算しなさい。ただし，商は四捨五入して小数第二
　　位までのがい数にしなさい。

(3) 381÷6.2 を計算しなさい。ただし，商は四捨五入して上から 2
　　けたのがい数にしなさい。

ポイント

▶小数のかけ算

小数どうしのかけ算では，まず小数点を考えずに整数と同じように計算する。かけられる数とかける数の小数点の右にあるけた数の和が，積の小数点の右にあるけた数になるように小数点を打つ。

積の小数点を打ったあと，小数点の右にある最後の 0 は消す。(0 を消したあとに小数点を動かさない。)

▶小数のわり算

小数どうしのわり算の筆算では，わる数の小数点を右に移して整数にし，わられる数も同じけた数だけ右に移す。商の小数点は，わられる数の移したあとの小数点にそろえる。あまりの小数点は，わられる数のもとの小数点にそろえる。

商をがい数で求めるときは，必要な位の 1 つ下の位まで計算して，四捨五入する。

▶四捨五入

四捨五入は必要な位のすぐ下の数が 0～4 なら切り捨て，5～9 なら切り上げる。

ステップ2 標準問題

解答 → 別冊p.6

1 次の計算をしなさい。わり算はわり切れるまでしなさい。
(1) 3.15×1.7
(2) 4.4×0.625

(3) 70.5×0.086
(4) 11.25÷0.9

(5) 67.64÷7.6
(6) 1.296÷0.27

重要
2 次の問いに答えなさい。
(1) 5.68÷2.7 を計算しなさい。ただし，商は四捨五入して小数第二位までのがい数にしなさい。

(2) 4.21÷5.8 を計算しなさい。ただし，商は四捨五入して上から2けたのがい数にしなさい。

3 次の問いに答えなさい。
重要(1) 42.2 m のロープを1人に 2.4 m ずつ分けます。何人まで分けることができますか。またロープは何 m あまりますか。

(2) 6.1 m の重さが9.8 kg の棒があります。この棒1 m の重さは何 kg ですか。小数第二位までのがい数で求めなさい。

4 次の計算をしなさい。
(1) 7.79÷3.8×0.6
〔関西大第一中〕

(2) 0.125×24.8−8÷3.2
〔武庫川女子大附中〕

重要(3) 4.1×84−4.1×57+15.9×27
〔日本女子大附中〕

得点アップ

1(2)(3)不要な0を消し忘れないようにする。

2(1)(2)必要な位の1つ下の位の数を四捨五入する。

3(1)あまりの小数点をつけ忘れないようにする。

✔チェック！自由自在
小数の計算を分数になおして計算するとどうなるか調べてみよう。

ステップ**3** 発展問題

解答 → 別冊p.7

1 次の計算をしなさい。

(1) $20.09 \div 2.05$ 〔奈良教育大附中〕

(2) $45000 \times 0.0018 \div 36$ 〔学習院女子中〕

重要 (3) $3 \div 0.5 \times 0.02 \times 0.004 \div 0.0004$ 〔鎌倉学園中〕

(4) $(5555.5 + 55.5) \div 0.5 - 555.5 \div 5.5$ 〔京都女子中〕

(5) $70 \times 0.31 + 31 \times 2.9 - 0.4 \times 0.4 \times 310$ 〔西大和学園中〕

2 次の□にあてはまる数を求めなさい。

要 (1) $24.74 \div \square = 5.26$ あまり 0.018 〔ラ・サール中〕

(2) $(1.35 \div 0.375 \times 1.5) \div 0.31 = \square$ あまり $\square$ （商は整数） 〔四天王寺中〕

⚡難問 ✎記述

3 $3973 \div (180-43) \times 73 = $ ア ，$3.973 \div (18-4.3) \times 0.73 = $ イ
とします。 ア は イ の何倍であるか求めなさい。また，どのように考えたのかが
わかるように説明しなさい。 〔頌栄女子学院中―改〕

数と計算

1 整数の計算

2 約数と倍数

3 小数の計算

4 分数の計算

5 いろいろな計算

6 数と規則性

理解度診断テスト①

4

分 数 の 計 算

 **ステップ1 基本問題**

解答 → 別冊p.8

1 次の分数は小数に，小数は分数になおしなさい。

(1) $\dfrac{1}{8}$　　　(2) $1\dfrac{3}{4}$　　　(3) 0.7　　　(4) 2.375

2 次の□にあてはまる不等号を書きなさい。

(1) $\dfrac{2}{3}\,\square\,\dfrac{2}{5}$　　　　　(2) $\dfrac{6}{7}\,\square\,\dfrac{8}{9}$

(3) $1\dfrac{5}{12}\,\square\,1\dfrac{9}{10}$　　　　(4) $\dfrac{30}{13}\,\square\,2.25$

3 次の計算をしなさい。

(1) $\dfrac{2}{5}+\dfrac{1}{4}$　　　　　(2) $1\dfrac{4}{5}+2\dfrac{8}{9}$

(3) $\dfrac{5}{6}-\dfrac{1}{2}$　　　　　(4) $8\dfrac{2}{5}-2\dfrac{2}{3}$

(5) $\dfrac{3}{7}\times\dfrac{14}{15}$　　　　　(6) $2\dfrac{1}{4}\times1\dfrac{2}{3}$

(7) $\dfrac{7}{8}\div\dfrac{5}{16}$　　　　　(8) $1\dfrac{5}{9}\div2\dfrac{1}{3}$

(9) $\dfrac{7}{30}\div1\dfrac{2}{3}\times\dfrac{2}{35}$　　　(10) $\dfrac{5}{11}\times1\dfrac{7}{15}\div\dfrac{8}{21}$

〔ノートルダム女学院中〕　　　　〔神戸山手女子中〕

ポイント

▶分数と小数

・分数→小数
分子÷分母 の計算をする。
（わり切れないこともある）

・小数→分数
小数は分母が 10，100，1000… の分数になおして，約分できるときは約分する。

▶分数の大きさ

・分母が同じとき分子が大きいほど大きい分数である。分子が同じとき分母が大きいほど小さい分数である。

・分母も分子もちがうとき通分して比べる。または小数になおして比べる。

▶分数のたし算・ひき算

・分母のちがう分数のたし算・ひき算は，通分してから分子どうしを計算する。

▶分数のかけ算

・分母は分母どうし，分子は分子どうしをかける。とちゅうで約分できるときは約分する。

▶分数のわり算

・わられる数にわる数の逆数をかける。

数と計算

1 整数の計算

2 約数と倍数

3 小数の計算

4 分数の計算

5 いろいろな計算

6 数と規則性

理解度診断テスト①

■■□ ステップ**2** 標準問題

ねらわれる ● 分数の計算
● 分数と小数がまじった計算
● 分数の性質

解答 → 別冊p.8

1 次の計算をしなさい。

(1) $2\frac{1}{4}+\frac{1}{2}+4\frac{2}{7}$

(2) $5\frac{11}{12}-1\frac{1}{6}-1\frac{3}{4}$

(3) $\frac{2}{9}\div\frac{13}{4}\times\frac{39}{16}$　〔関西大北陽中〕

(4) $1\frac{2}{3}\times2\frac{1}{4}\div3\frac{4}{7}$　〔松蔭中(兵庫)〕

(5) $\frac{3}{4}-\frac{3}{20}\div1\frac{1}{5}$　〔海城中〕

●重要
(6) $3\frac{2}{5}-\frac{2}{5}\times\frac{5}{4}+3\frac{1}{3}$　〔滝川第二中〕

(7) $\frac{7}{8}-\left(1\frac{1}{2}-\frac{5}{6}\right)\times\frac{3}{4}$
〔奈良教育大附中〕

●重要
(8) $\left\{6\frac{1}{4}-\left(4\frac{1}{2}-\frac{1}{8}\right)\right\}\times\frac{2}{3}$
〔かえつ有明中〕

2 次の計算をしなさい。

重要 (1) $\frac{5}{12}\div0.25\div1.125\times1\frac{3}{10}$

(2) $0.5-1\frac{1}{8}\div2.7\times\frac{14}{15}$　〔桐朋中〕

(3) $\left(1.25-\frac{2}{3}\right)\div\left(\frac{9}{10}-\frac{1}{10}\times\frac{16}{3}\right)$
〔三田学園中〕

(4) $\left(2\frac{1}{3}-\frac{12}{25}\times1.25\right)\times\frac{5}{8}-\frac{5}{6}$
〔明星中(大阪)〕

重要 (5) $\left\{\left(8\frac{1}{2}\times0.75+2\right)\div11-\frac{1}{8}\right\}\div1.75$　〔神戸海星女子学院中〕

得点アップ

1 計算の順序をまちがえないようにする。

(6) $3\frac{2}{5}-\frac{2}{5}\times\frac{5}{4}+3\frac{1}{3}$

(8) $\left\{6\frac{1}{4}-\left(4\frac{1}{2}-\frac{1}{8}\right)\right\}\times\frac{2}{3}$

2 次のような数の小数と分数の関係は覚えておくとよい。

$0.125=\frac{1}{8}$

$0.25=\frac{1}{4}$

$0.375=\frac{3}{8}$

$0.5=\frac{1}{2}$

$0.625=\frac{5}{8}$

$0.75=\frac{3}{4}$

$0.875=\frac{7}{8}$

3 次の計算をしなさい。

(1) $\left(\dfrac{1}{203}+\dfrac{1}{217}\right)\div\left(\dfrac{1}{203}-\dfrac{1}{217}\right)$ 〔実践女子学園中〕

●重要 (2) $\dfrac{1}{5\times6}+\dfrac{1}{6\times7}+\dfrac{1}{7\times8}+\dfrac{1}{8\times9}+\dfrac{1}{9\times10}$ 〔麗澤中〕

4 次の問いに答えなさい。

(1) $\dfrac{10}{11}$, $\dfrac{13}{12}$, $\dfrac{25}{23}$ の中で，1 に最も近い数を答えなさい。 〔京都橘中〕

●重要 (2) $\dfrac{5}{3}$ 以上 $\dfrac{9}{5}$ 以下で，分母が 45 となる分数は何個ありますか。 〔常翔啓光学園中〕

●重要 (3) $\dfrac{5}{6}$, $3\dfrac{1}{3}$, $3\dfrac{3}{4}$ のどの分数にかけても整数になる，最も小さい分数は何ですか。 〔開智中(和歌山)〕

📝記述

5 次の式のア〜エに 2 から 5 の異なる整数を 1 つずつ入れて，この計算の答え□が最も大きくなるように式をつくりました。このとき，□にあてはまる数を答えなさい。また，どのように考えたのかがわかるように説明しなさい。 〔同志社女子中〕

$$\dfrac{1}{ア}\times\dfrac{1}{イ}+\dfrac{1}{ウ}\div\dfrac{1}{エ}=□$$

3(2) $\dfrac{1}{5\times6}=\dfrac{1}{5}-\dfrac{1}{6}$
となることを利用してくふうして計算する。

✔チェック！自由自在
　分子が 1 の分数を単位分数という。単位分数について調べてみよう。

4(1)分数を小数になおして考える。
(2)分母を 45 で通分して考える。
(3)約数・倍数の性質を利用して考える。

5できるだけ大きい数を小さい数でわると，その商は大きくなる。

▂▃▅ ステップ**3** 発展問題

解答 → 別冊p.10

数と計算

1
整数の計算

2
約数と倍数

3
小数の計算

4
分数の計算

5
いろいろな計算

6
数と規則性

理解度診断テスト①

1 $\dfrac{5080}{5207}$ を最も簡<ruby>単<rt>かんたん</rt></ruby>な分数にしなさい。　　　　　　　　　　〔早稲田中〕

2 次の計算をしなさい。

(1) $\left(\dfrac{7}{37}+\dfrac{2}{185}\right)\times\left(0.5-0.18\div1\dfrac{2}{25}-\dfrac{1}{673}\right)$　　　　〔女子学院中〕

(2) $12.3\times\dfrac{7}{41}+45.6\times\dfrac{5}{152}+78.9\times\dfrac{3}{263}$　　　　〔同志社香里中〕

重要 (3) $\dfrac{2}{1\times3}+\dfrac{2}{2\times4}+\dfrac{2}{3\times5}+\cdots\cdots+\dfrac{2}{11\times13}$　　　　〔東京都市大付中〕

🔎難問
3 次の<ruby>条件<rt>じょうけん</rt></ruby>にしたがって，０より大きく１より小さい分数を小さい順に<ruby>並<rt>なら</rt></ruby>べます。ただし，すべての分数はこれ以上約分できない分数です。例えば，

〔条件：分母が３以下の分数を用いる〕のとき，$\dfrac{1}{3}$, $\dfrac{1}{2}$, $\dfrac{2}{3}$

〔条件：分母が５以下の分数を用いる〕のとき，$\dfrac{1}{5}$, $\dfrac{1}{4}$, $\dfrac{1}{3}$, $\dfrac{2}{5}$, $\dfrac{1}{2}$, $\dfrac{3}{5}$, $\dfrac{2}{3}$, $\dfrac{3}{4}$, $\dfrac{4}{5}$

となります。　　　　　　　　　　　　　　　　　　　　　　〔市川中〕

(1) 〔条件：分母が４以下の分数を用いる〕のとき，分数は<ruby>何個<rt>なんこ</rt></ruby>並んでいますか。

(2) 〔条件：分母が６以下の分数を用いる〕のとき，並んでいる分数をすべてたすといくつになりますか。

(3) 〔条件：分母が10以下の分数を用いる〕のときと，〔条件：分母が12以下の分数を用いる〕のときでは，並んでいる分数の個数の差はいくつですか。

第1章　数と計算

いろいろな計算

ステップ1 基本問題

解答→別冊p.10

1 次の□にあてはまる数を求めなさい。

(1) 23+□×3=29

(2) 16−(20−□)÷2=10

(3) 28.5−(12.3+□×0.6)=7.5

(4) (2×□+0.8)×2$\frac{1}{2}$=3

〔同志社香里中〕　　　　　　　　　　〔関西創価中〕

2 次の問いに答えなさい。

(1) 一の位を四捨五入すると2360になる整数の中で、いちばん小さい整数と、いちばん大きい整数を求めなさい。

(2) 十の位を四捨五入して5600になる数はいくつ以上いくつ未満ですか。　　　　　　　　　　　　　　　　　〔ノートルダム清心中〕

3 $a*b$ は、a を b でわったときのあまりを表します。例えば、33*6=3 です。この約束にしたがって、次の計算をしなさい。

〔同志社女子中〕

(1) 99*25

(2) 11*(26*8)

4 右のア〜オには、2、5、7、8、9が1度ずつ入るものとします。このとき、イ=□、オ=□ となります。□にあてはまる数を求めなさい。

〔金蘭千里中〕

```
  1 4 ア
+ イ ウ 6
─────────
  エ 3 オ
```

▶逆算

□にあてはまる数を求めることを逆算という。
（　）がついたり、四則がまじったりした計算は、□に数を入れたときの計算の順序の逆から考える。

▶四捨五入された数のもとの数のはんい

数直線を使って考える。

▶以上、以下

以上、以下はその数をふくめて、それより大きい数、小さい数をさす。

▶より大きい、未満

より大きい、未満は、その数をふくめずにそれより大きい数、小さい数をさす。

▶約束記号

いろいろな形の記号の約束にしたがって計算する。

▶虫くい算

わかっている数を参考にして、求めやすいところから□にあてはまる数を考える。

数と計算

1 整数の計算

2 約数と倍数

3 小数の計算

4 分数の計算

5 いろいろな計算

6 数と規則性

理解度診断テスト①

ステップ2 標準問題

🎯 **ココがねらわれる**
- □の数を求める計算
- 虫食い算
- 約束記号のある計算

解答 → 別冊p.11

1 次の□にあてはまる数を求めなさい。

(1) $1 \div (2+3) \times \{4 \times (\square - 5) + 6 \times (7+8) - 9\} = 17$ 〔金蘭千里中〕

(2) $3\frac{11}{25} - 1.26 \times \square + 1.5 = 4.1$ 〔関西大中〕

(3) $\{23 - 12 \times (2 - \square)\} \div 1\frac{3}{7} = 3.5$ 〔恵泉女学園中〕

重要 (4) $\left\{\left(5 \times \square - \frac{3}{4}\right) \div 1\frac{2}{7} + 10\right\} \times 0.375 = 9$ 〔大宮開成中〕

(5) $\left\{5 - (\square + 1.6) \div 1\frac{4}{7}\right\} \times \frac{2}{3} + 0.2 \div \frac{1}{4} = 2$ 〔大阪星光学院中〕

2 次の問いに答えなさい。

(1) $A◎B = (A-B) \times 7$ とするとき，$\square◎5 = 42$ です。□にあてはまる数を求めなさい。 〔北鎌倉女子学園中〕

重要 (2) 小数第二位を四捨五入すると 4.5 になる小数に 0.03 を加えた数字を小数第二位で四捨五入したら 4.6 になりました。0.03 を加える前の数として考えられる小数のうち，最も小さい数は何ですか。 〔麗澤中〕

得点アップ

1(2)ふつうに計算するときの順序を確認してから，逆に求めていく。

$3\frac{11}{25} - 1.26 \times \square + 1.5$

$= 4.1$

逆算では，③→②→①の順で計算する。

2(1)数と文字を対応させて考える。

A◎B
↓　　↓
□◎ 5

(2)まず四捨五入して 4.6 になる数のはんいを考える。

3 次の問いに答えなさい。

(1) 右のア～クに入る０から９までの整数を答えなさ
い。ただし，イとエとキには０は入らないものとし，
同じ数字が入る□があってもよいものとします。
〔洛星中〕

$$\begin{array}{r} 2\ ア \\ \times \quad イ\ 6 \\ \hline 1\ ウ\ 8 \\ エ\ オ\ カ \\ \hline キ\ ク\ 2\ 8 \end{array}$$

(2) １から９までの整数から７つを選んで，それぞれ a から g とします。
次のような式が成り立つとき，e, f, g を求めなさい。　〔青山学院中〕

$a \times a = b$　　　$c + d = a$　　　$c \times e = f$　　　$c + g = f$

●重要

4 【A】は，整数 A を２つの整数のかけ算で表したとき，その２つの
整数の差のうち，最も小さい数を表すものとします。例えば12は，
12×1，6×2，4×3 と表せて，$12 - 1 = 11$，$6 - 2 = 4$，$4 - 3 = 1$
だから【12】＝1 です。
〔同志社女子中〕

(1) 【78】の値はいくらですか。

(2) 【A】＝1 となる整数 A のうち，３けたのものは全部で何個ありますか。

●重要

5 〈A〉は整数 A の上から３つ目の位を四捨五入した，２つ目までの
がい数を表します。例えば 〈134〉＝130，〈1884〉＝1900 です。
ただし，A は３けた以上の整数とします。
〔東洋英和女学院中〕

(1) 〈35687〉を求めなさい。

(2) 〈B〉＝1000 となる整数 B は何以上何以下ですか。

(3) 〈〈C〉×3〉＝2500 にあてはまる整数 C の中で，最も小さい数はいくつ
ですか。

3(1) かけ算の虫くい
算では，計算したそ
れぞれの段の式を考
える。
2ア×6＝1ウ8
2ア×イ＝エオカ
(2) $a \times a = b$ より，
$a \times a$ の積が１けた
になることから考え
る。

✔チェック！自由自在
約束記号を使っ
た問題にはいろい
ろな種類がある。
どんな問題がある
か調べてみよう。

✔チェック！自由自在
数のはんいを表
す言葉は，「以上」
「以下」のほかに
もある。どんな言
葉があるか調べて
みよう。

■■■ ステップ**3** 発展問題

解答 → 別冊p.12

1 次の□にあてはまる数を求めなさい。

(1) $\left(0.9 \div \dfrac{10}{13} - 1.3 \times 0.7\right) \div \left(3.125 \times \dfrac{7}{2} \div \square - 15.5\right) = 0.13$ 〔鷗友学園女子中〕

重要 (2) $\left\{\left(2 + \dfrac{3}{5} \times 0.75\right) \times \square - 2.34 - 1.83 \div 0.5\right\} \div 8 = 0.125$ 〔早稲田大高等学院中〕

★重要

2 次の式で，ア，イにはそれぞれ同じ数字(1～9)が入ります。次の式が成り立つような2けたの整数アイの中で最も大きい整数を求めなさい。 〔帝京大中〕

　　　アイ×231＝132×イア

3 1から9までの数字から異なる4つの数字を選んで，小さい順に a, b, c, d とします。その4つの数字でつくる4けたの数の中で最大のものを M，最小のものを N とし，M－N について考えます。

　　（例）　$a=1$, $b=2$, $c=3$, $d=4$ のとき，M－N＝4321－1234＝3087

M－N＝6174 のとき，次の問いに答えなさい。 〔清風南海中一改〕

記述 (1) d と a の差を求めなさい。また，なぜそうなるのかを説明しなさい。

(2) M として考えられる数のうち，最大のものを答えなさい。

● 難問

4 2けたの整数 x があります。x を108倍した整数を P，x に1.08をかけて小数第一位を四捨五入してから100倍した整数を Q とします。P と Q との差が12となるような x は全部で何個ありますか。また，これらの総和を求めなさい。 〔東大寺学園中〕

数と計算

1 整数の計算

2 約数と倍数

3 小数の計算

4 分数の計算

5 いろいろな計算

6 数と規則性

理解度診断テスト①

第1章　数と計算

数 と 規 則 性

ステップ1 基本問題

解答→別冊p.14

1　次の(1)〜(5)はそれぞれある規則(きそく)にしたがって数が並(なら)んでいます。□にあてはまる数を求めなさい。

(1) 11, 14, 17, □, 23, …

(2) 1, 3, 9, □, 81, 243, …

(3) 1, 4, 9, 16, 25, □, 49, …

(4) 1, 3, 6, 10, 15, □, 28, 36, …

(5) 1, 1, 2, 3, 5, 8, 13, 21, □, 55, …

2　次のように，数がある規則にしたがって並んでいます。

　　 1, 5, 9, 13, 17, …

(1) 18番目の数は何ですか。

(2) 1番目から18番目までの和はいくらですか。

3　次のように，ある規則にしたがって数が並んでいます。

〔和歌山信愛中一改〕

　　 1, 3, 5, 2, 4, 6, 1, 3, 5, 2, 4, 6, 1, 3, 5, 2, 4, 6, 1…

(1) はじめから数えて596番目の数は何ですか。

(2) はじめから596番目までの和はいくらですか。

ポイント

▶数列

ある規則にしたがって並んだ数の列を数列という。

・となりとの差が等しい数列を等差数列という。

・前の数を何倍かしていく数列を等比(とうひ)数列という。

・前の2つの数の和を並べていく数列をフィボナッチ数列という。

▶等差数列

等差数列では，はじめの数を初項(しょこう)，終わりの数を末項，となりとの差を公差という。

・□番目の数の求め方
　初項+公差×(□-1)

・□番目の数までの和の求め方
　(初項+末項)×項数÷2

▶群数列

数列を，ある規則にしたがって区切り，グループ分けした数列を，群数列という。

数と計算

1 整数の計算

2 約数と倍数

3 小数の計算

4 分数の計算

5 いろいろな計算

6 数と規則性

理解度診断テスト①

■■ ステップ**2** 標準問題

ココが
ねらわれる
● 数列の規則
● 等差数列の公式
● 群数列

解答 → 別冊p.14

1 ある規則（きそく）にしたがって，次のように数が並（なら）んでいます。

　　1, 5, 9, 13, 17, 21, …

連続する３つの数の和が 159 であるとき，３つの数のうち最も小さい数はいくつですか。また，その数ははじめから数えて何番目の数ですか。　　〔大妻中―改〕

2 次の問いに答えなさい。

(1) $\dfrac{2}{111}$ を小数で表したとき，小数第 111 位の数は何ですか。

重要 (2) $\dfrac{22}{7}$ を小数で表すと，小数第 100 位までに 1 は何回現（あらわ）れますか。

〔奈良学園登美ヶ丘中〕

3 次のようにある規則にしたがって数が並んでいます。

〔日本女子大附中〕

　　3, 9, 27, 81, …

(1) 10 番目の数の一の位の数は何ですか。

(2) 1 番目から 155 番目までの数の一の位の数の和はいくつになりますか。

●重要

4 次のように，「最初の数は 3，２番目の数は 5 で，３番目以降（いこう）の数は直前の２つの数の和になる」という規則で数が並んでいます。

〔市川中〕

　　3, 5, 8, 13, 21, …

(1) 11 番目の数はいくつですか。

(2) 最初の数から 2017 番目までの 2017 個（こ）の整数を，それぞれ３でわったあまりの和はいくつですか。

得点アップ

1等差数列では，連続する３つの数の平均（へいきん）は，その３つの数の真ん中の数になる。

2分子÷分母 で小数になおし，規則を見つけて考える。

3一の位の数だけに着目して，規則を見つけて考える。

4(2)最初の数からそれぞれ３でわってあまりを求め，規則を見つけて考える。

5 次のように 2019 個の数が並んでいます。

$$\frac{2019}{1}, \frac{2018}{2}, \frac{2017}{3}, \cdots, \frac{3}{2017}, \frac{2}{2018}, \frac{1}{2019}$$

1 より大きい数は何個ですか。 〔淑徳与野中〕

5 分子と分母の和が 2019+1=2020 になることから考える。

●重要
6 次のように偶数を 4 つずつ並べていき、グループをつくります。
〔藤嶺学園藤沢中〕

(2, 4, 6, 8)　　(10, 12, 14, 16)　　(18, 20, 22, 24)…
第 1 グループ　　　第 2 グループ　　　　第 3 グループ

(1) (90, 92, 94, 96)は第何グループですか。

(2) 4 つの偶数の和が 212 になるのは第何グループですか。

6 (1)各グループの最後の数が 8 の倍数になっている。

7 次のように、ある規則にしたがって数が並んでいます。〔成城中〕
　　1, 1, 2, 1, 2, 3, 1, 2, 3, 4, 1, 2, 3, 4, 5, …

(1) はじめから数えて 30 番目の数は何ですか。

(2) はじめて 50 が現れるのははじめから数えて何番目ですか。

(3) はじめの数から 100 番目の数までの和は何ですか。

7 グループごとに行を変えて書く。
1|1, 2|1, 2, 3|
1, 2, 3, 4|1, …
①→1 番目
1, ②→3 番目
1, 2, ③→6 番目
1, 2, 3, ④→10 番目
⋮
各グループの最後の数が「三角数」番目になっている。

●重要
8 次のように分数をある規則で並べていきます。 〔関西学院中〕

$$\frac{1}{1}, \frac{1}{2}, \frac{2}{2}, \frac{1}{3}, \frac{2}{3}, \frac{3}{3}, \frac{1}{4}, \frac{2}{4}, \frac{3}{4}, \frac{4}{4}, \frac{1}{5}, \frac{2}{5}, \cdots$$

(1) はじめから 52 番目の数を求めなさい。

(2) はじめから 52 番目までの 52 個の数の和を求めなさい。

✔チェック！自由自在
規則にしたがって並んだ数には、三角数や四角数（平方数）もある。どんな数か調べてみよう。

ステップ**3** 発展問題

解答 → 別冊p.15

⊘記述

1 次のように，ある規則で並ぶ数の列があります。アは何ですか。また，どのように考えたのかがわかるように説明しなさい。　〔奈良学園登美ヶ丘中―改〕

$$4, \quad 3, \quad \frac{8}{3}, \quad \frac{5}{2}, \quad ア, \quad \frac{7}{3}, \quad \frac{16}{7}, \quad \frac{9}{4}$$

2 59 を 1111 でわったとき，小数第 6 位の数は　**ア**　で，小数第 2019 位の数は　**イ**　です。　〔芝中〕

◆重要

3 整数の中から，3 の倍数と 7 の倍数だけをすべて取り出して小さい順に並べると，次のようになります。　〔麻布中―改〕

　　3, 6, 7, 9, 12, 14, 15, 18, 21, 24, 27, …

(1) 1 番目から 9 番目までの数の和を求めなさい。

(2) 1 番目から 99 番目までの数の和を求めなさい。

◆重要

4 1 から 99 までの整数を小さい順に左から並べ，2 けたの整数は，十の位の数と一の位の数に分けて 2 つの数にしたものを考えると，下のようになります。　〔明星中(大阪)〕

　　1, 2, 3, 4, 5, 6, 7, 8, 9, 1, 0, 1, 1, 1, 2, …, 9, 8, 9, 9

(1) 全部で何個の数が並んでいますか。

(2) これらの数のうち 3 は何個ありますか。

(3) これらの数を左から順に加えていき，その和がはじめて 400 をこえたとき最後に加えた数は何ですか。また，その和を求めなさい。

数と計算

1 整数の計算

2 約数と倍数

3 小数の計算

4 分数の計算

5 いろいろな計算

6 数と規則性

理解度診断テスト①

理解度診断テスト ①

解答 → 別冊p.16

1 次の計算をしなさい。(24点)

(1) $5 \times 14 + 26 \div 2 - 2$　　〔横浜女学院中〕

(2) $4 - 3 \times 0.9 - 2 \div 4$　　〔大妻嵐山中〕

(3) $\dfrac{5}{6} \div \dfrac{2}{3} - \dfrac{7}{12} \times 1\dfrac{1}{7}$　　〔お茶の水女子大附中〕

(4) $162 - 132 \div (32 - 7 \times 3) \times 6$　　〔東京女学館中〕

(5) $17.2 \times 2 - (17.4 - 7.02 \times 2) \times 10$　　〔大阪女学院中〕

(6) $5 \div \left(\dfrac{1}{4} - 0.2\right) + 5 \times \left(0.4 - \dfrac{1}{5}\right)$　　〔清風南海中〕

2 次の□にあてはまる数を求めなさい。(20点)

(1) $59 - 2 \times (\square \div 3 + 4) = 19$　　〔大谷中(大阪)〕

(2) $(2.4 + \square \div 6) \times 2.2 - 6 = 0.6$　　〔聖セシリア女子中〕

(3) $(10 - \square) \div 2\dfrac{2}{3} - \dfrac{5}{2} = 1$　　〔甲南中〕

(4) $\left(1\dfrac{1}{4} \times \square - 1\dfrac{1}{2} \times 0.125\right) \div \dfrac{3}{4} = 1$　　〔鎌倉学園中〕

(5) $0.625 \times \dfrac{4}{5} - \dfrac{2}{3} \times (\square - 0.25) = \dfrac{3}{8}$　　〔奈良学園中〕

3 次の問いに答えなさい。(10点)

(1) $\dfrac{11}{13}$ より大きく，1 より小さい分数で，23 を分母とする分数をすべて求めなさい。〔城北埼玉中〕

(2) ある整数を 34 でわり，その商を小数第一位で四捨五入すると 12 になりました。このとき，考えられる整数の中で最も小さい整数を求めなさい。〔奈良学園登美ヶ丘中〕

数と計算

1 整数の計算

2 約数と倍数

3 小数の計算

4 分数の計算

5 いろいろな計算

6 数と規則性

理解度診断テスト①

4 92個の消しゴムと150冊のノートと237本のえんぴつを何人かの子どもに公平に分けると，どれも同じ数だけあまりました。子どもの人数は何人ですか。(6点)

5 4でわると3あまり，7でわると4あまる整数について，次の問いに答えなさい。(15点)
〔上宮学園中〕

(1) 最も小さい数は何ですか。

(2) 200に最も近い数は何ですか。

(3) 3けたの数は何個ありますか。

6 $\frac{1}{3}, \frac{2}{3}, \frac{1}{4}, \frac{2}{4}, \frac{3}{4}, \frac{1}{5}, \frac{2}{5}, \frac{3}{5}, \frac{4}{5}, \frac{1}{6},$ … のように，分母が3以上の整数で分子が分母より小さい分数を並べます。この分数の中で，約分すると $\frac{1}{2}$ となる分数が7回目に現れるのは，はじめの分数から数えて何番目の分数ですか。(7点) 〔帝塚山中〕

チャレンジ

7 次のような分母が4の分数が1000個あります。

$$\frac{1}{4}, \frac{2}{4}, \frac{3}{4}, \frac{4}{4}, \frac{5}{4}, \cdots, \frac{999}{4}, \frac{1000}{4}$$

これらをこれ以上約分できない分数まで約分します。(18点) 〔神戸海星女子学院中〕

(1) 約分して整数となった数のうち，2の倍数になるものは何個ありますか。

(2) 分母が2になるものは何個ありますか。

(3) 分子が奇数の分数は何個ありますか。ただし，約分して整数となる数は除きます。

割合

ステップ1 基本問題

解答 → 別冊p.18

1　次の問いに答えなさい。

(1) 45 cm の 3.6 倍は何 cm ですか。

(2) 560 円は 2000 円の何倍ですか。

(3) 180 g の $\frac{3}{4}$ 倍は何 g ですか。

(4) ある整数の $2\frac{1}{2}$ 倍が 60 です。ある整数は何ですか。

2　次の□にあてはまる数を求めなさい。

(1) まさおさんの組の人数は 40 人で，そのうち 21 人が男子です。組全体の人数をもとにした，男子の割合を小数で表すと□です。

(2) 600 人の 25 % は□人です。

(3) 400 円の 3 割 5 分は□円です。

(4) 6 % の食塩水 200 g の中には，食塩が □ g とけています。

3　次の□にあてはまる数を求めなさい。

(1) □ kg の 15 % は 300 g です。　〔玉川聖学院中〕

(2) 仕入れ値が□円の商品に，15 % の利益が出るようにつけた定価は 345 円です。　〔武庫川女子大附中〕

 ポイント

▶割合

ある量をもとにしたとき，比べられる量がもとにする量の何倍であるかを表した数を割合という。

もとにする量
比べられる量
割合
①

割合＝比べられる量÷もとにする量

比べられる量＝もとにする量×割合

もとにする量＝比べられる量÷割合

▶百分率

0.01＝1 %，0.1＝10 %，1＝100 % とする割合の表し方を百分率という。

▶歩合

0.1＝1 割，0.01＝1 分，0.001＝1 厘 とする割合の表し方を歩合という。

1＝10 割

0.123＝1 割 2 分 3 厘

▶食塩水の濃度

食塩水全体をもとにする量としたときの食塩の割合を濃度という。

▶売買損益

仕入れた金額である原価(仕入れ値)にいくらかの利益を見こんで定価をつけ，定価から値引きをして売価(売り値)が決まる。

解答 → 別冊p.18

■■ ステップ2　標準問題

ココが
ねらわれる
● 割合の3用法
● 売買損益
● 食塩水の濃度

変化と関係

1 割合

2 比

3 文字と式

4 2つの数量の関係

5 単位と量

6 速さ

理解度診断テスト②

1 次の問いに答えなさい。

(1) テープ1mの値段は270円です。このテープ1.8mの代金は何円ですか。

(2) $6\frac{3}{7}$ m の $\frac{11}{15}$ 倍は何mですか。

(3) $\frac{2}{7}$ m² の重さが $\frac{3}{4}$ kg の板があります。この板1m²の重さは何kgですか。

2 次の問いに答えなさい。

(1) 60円の300円に対する割合を小数で答えなさい。

要 (2) 500円のおこづかいから100円使いました。おこづかいのどれだけ使いましたか。歩合で答えなさい。

(3) ある畑のじゃがいものとれ高は，去年が4500kgで，今年は5040kgでした。去年のとれ高をもとにした今年のとれ高の割合を小数で答えなさい。

要 (4) 去年2000円だった品物が，今年は2280円になりました。今年は去年よりどれだけ値上がりしましたか。歩合で答えなさい。

(5) 150g入りのジャムが増量されて180gで売られています。どれだけ増量になっていますか。百分率で答えなさい。

得点アップ

1(1) 1mの1.8倍が1.8mであるので，270円がもとにする量，1.8倍が割合となり，テープ1.8mの代金が比べられる量である。

(2) $6\frac{3}{7}$ m がもとにする量，$\frac{11}{15}$ 倍が割合である。

2(2)

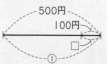

500円がもとにする量，100円が比べられる量である。

(3)

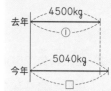

4500kgがもとにする量，5040kgが比べられる量である。

✓チェック！自由自在

割合の線分図には，いろいろな形がある。どんな形があるか調べてみよう。

3 次の□にあてはまる数を求めなさい。

(1) 2700円は6000円の□％にあたります。

(2) 800円の20％は□円の4割(わり)です。 〔大阪薫英女学院中〕

(3) 2500円の商品を3割5分引きで売ると□円になります。

〔東海大付属大阪仰星中〕

(4) ある動物園の昨日の入園者数は850人でしたが，今日の入園者数は昨日よりも2割多くなりました。今日の入園者数は□人です。

●重要 (5) 水230gに食塩20gをとかした食塩水の濃度(のうど)は□％です。

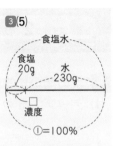

濃度＝食塩÷食塩水

4 次の問いに答えなさい。

(1) Aさんは本をおととい25ページ読みました。昨日はおとといよりも2割多いページ数を読み，今日は昨日よりも2割少ないページ数を読みました。今日は何ページ読みましたか。

●重要 (2) 仕入れ値(しいれね)2500円の商品に40％の利益(りえき)が出るように定価(ていか)をつけましたが，売れなかったので定価の2割引きではん売しました。利益はいくらですか。 〔成城学園中〕

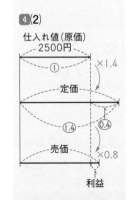

●重要 (3) 落とした高さの$\frac{2}{5}$だけはね上がるボールがあります。このボールをある高さから落としたとき，落とした高さと1回目にはね上がった高さの差が60cmでした。同じ高さからボールを落とすと3回目には何cmはね上がりますか。

学習日　　月　　日

変化と関係

1
割

合

2
比

3
文字と式

4
2つの数量の関係

5
単位と量

6
速　さ

理解度診断テスト②

ステップ3 発展問題

解答→別冊p.18

1 次の問いに答えなさい。

(1) 12％の食塩水をつくるには，42gの食塩に水を何g加えればよいですか。

重要 (2) 200gの食塩水があり，その食塩水に水250gと食塩50gを加えると12％の食塩水になりました。このとき，200gの食塩水は何％でしたか。　　　　　　　　〔清風中〕

重要
2 落とした高さの$\frac{3}{4}$だけはね上がるボールがあります。このボールをある高さから落としたとき，落とした高さと2回目にはね上がった高さの差が87.5cmでした。はじめにボールを何cmのところから落としましたか。

3 海子さんのクラスでは，2学期の終わりに転校した星子さんにクマのぬいぐるみと本を送ることにしました。送料の540円は先生が出してくれます。ぬいぐるみの定価は本の定価のちょうど3倍でしたが，ぬいぐるみは3割引き，本は1割引きで買うことができたので，クラス全員から150円ずつ集めました。送料はクラス全員から集めたお金のちょうど15％でした。　　　　　　　　　　　　　　　　〔神戸海星女子学院中〕

(1) 海子さんのクラスの人数は何人ですか。

(2) 本の定価はいくらですか。

難問 記述
4 ある商品Aの価格から10％値引きして，さらにそこから15％値引きした価格と，ある商品Bの価格から25％値引きした価格が同じになりました。このとき，Bのもとの価格はAのもとの価格の何倍ですか。式や考え方も書いてどのように考えたのかがわかるように説明しなさい。　　　　　　　　　　　　　　　　　　　　　　〔京都学園中—改〕

2

比

ステップ1 基本問題

解答→別冊p.19

1 次の問いに答えなさい。

(1) 3mの8mに対する比を書きなさい。

(2) 次の比の値をそれぞれ求めなさい。

① 5:9　　　② 1.2:2　　　③ $\frac{2}{5}:\frac{3}{7}$

(3) 次の比を簡単にしなさい。

① 24:30　② 3.2:1.2　③ $\frac{3}{5}:\frac{3}{4}$　④ 0.4:$\frac{1}{4}$

〔比叡山中〕

2 次の□にあてはまる数を求めなさい。

(1) 7:5=6.3:□　　　(2) $\frac{2}{3}:\frac{4}{5}$=□:12

(3) A:B=3:8, B:C=12:9 のとき, A:C=□:□ です。

〔報徳学園中〕

(4) Aの5倍とBの7倍が等しいとき, A:B=□:□ です。

3 次の問いに答えなさい。

(1) 縦と横の長さの比が7:5になる長方形のコートをかこうと思います。横の長さを12mにすると, 縦の長さは何mになりますか。

〔京都教育大附属桃山中〕

(2) 父と子どもの年れいの比は4:1で, この2人の年れいの差は24才です。このとき, 父の年れいは何才ですか。　〔帝京八王子中〕

(3) 兄と弟がお金を出し合って3720円のグローブを買いました。兄と弟がそれぞれ出した金額の比が5:3のとき, 弟の出した金額は何円ですか。

〔浦和実業学園中〕

ポイント

▶**比と比の値**

$$A : B → \frac{A}{B} (A÷B)$$

前項　後項　比の値

▶**比例式**

等しい2つの比を等号で結んだものを比例式という。

A:B=C:D

内項

外項

内項の積と外項の積は等しい。

B×C=A×D

▶**連比**

3つ以上の項でつくられた比を連比という。A:B, B:C, A:Cのいずれか2つがわかれば, A:B:Cを求めることができる。

▶**逆比**

A:Bの逆数の比 $\frac{1}{A}:\frac{1}{B}$ を, A:Bの逆比という。

▶**比例配分**

ある数量を一定の比に分けることを比例配分という。ある数量を $a:b$ に分けるとき,

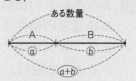

ある数量

$$A = ある数量×\frac{a}{a+b}$$

$$B = ある数量×\frac{b}{a+b}$$

解答 → 別冊p.20

■■ ステップ**2** 標準問題

🎯 ココが ねらわれる
● 比例式
● 連比，逆比
● 比例配分

1 次の比を簡単にしなさい。

(1) $1.35 : 3\frac{3}{4}$

(2) $2\frac{2}{5} : 3\frac{1}{3}$

(3) $1.5\,\text{L} : 9\,\text{dL}$

(4) 3 時間 24 分 : 1 時間 48 分

〔東京家政学院中〕

(5) $0.45 : 2.25 : 4.2$

(6) $\frac{1}{2} : \frac{1}{3} : \frac{1}{4}$

2 次の□にあてはまる数を求めなさい。

(1) $\square : 1\frac{2}{3} = 9 : 10$

(2) $\frac{3}{4} : \square = \frac{3}{5} : 4$　　〔玉川学園中〕

(3) $3 : \frac{7}{2} = \frac{\square}{7} : 4$　〔大阪信愛学院中〕

(4) $\square : \frac{1}{4} = 8.8 : 13.75$

3 次の□にあてはまる数を求めなさい。

(1) A : C = 3 : 2, B : C = 4 : 3 のとき，A : B : C = □ : □ : □ です。
ただし，最も簡単な整数の比で答えなさい。　　　　　　　〔甲南中〕

(2) A : B = $\frac{1}{2} : \frac{1}{3}$, B : C = $\frac{1}{2} : \frac{1}{3}$ のとき，A : B : C = 9 : □ : 4 です。
〔聖園女学院中〕

(3) A : B = $\frac{1}{5} : \frac{1}{3}$, B : C = 2 : 5 のとき，A : C = □ : □ です。
〔和洋国府台女子中〕

得点アップ

1(3)単位を dL にそろえる。
(4)単位を分にそろえる。
(5)すべての項に100をかけて，整数の比にしてから，簡単にする。

3(2)(3) A：B，B：C を整数の比になおしてから連比を求める。

✔チェック!自由自在
　いろいろな比の性質について調べてみよう。

変化と関係
1 割合
2 比
3 文字と式
4 2つの数量の関係
5 単位と量
6 速さ
理解度診断テスト②

4 次の□にあてはまる数を求めなさい。

(1) A の $\frac{3}{4}$ と B の $\frac{4}{5}$ が等しいとき，A：B をできるだけ簡単な整数の比で表すと □：□ になります。　〔帝塚山中〕

●重要 (2) A は B の $\frac{4}{3}$ 倍で，B は C の 0.4 倍のとき，A：B：C をできるだけ簡単な整数の比で表すと □：□：□ になります。　〔法政大中〕

5 次の問いに答えなさい。

(1) 1本の針金を折り曲げて長方形をつくります。縦と横の長さの比が 4：5 になるようにすると，縦の長さは 28 cm でした。この針金の長さは何 cm ですか。　〔甲南女子中〕

●重要 (2) 3つの三角形 A，B，C があります。それぞれの面積の比は，A：B＝3：2，B：C＝3：5 です。三角形 B の面積が 30 cm² のとき，三角形 A，B，C の面積の合計は何 cm² ですか。　〔神戸山手女子中〕

(3) 14400 円を，A さん，B さん，C さんの3人で，3：4：5 の割合で分けると，C さんがもらう金額はいくらですか。　〔帝塚山学院中〕

●重要 (4) 雪子さんと花子さんと春子さんの3人の所持金の合計は 1 万円です。雪子さんと花子さんの所持金の比は 2：3，花子さんと春子さんの所持金の比は 9：5 です。春子さんの所持金はいくらですか。

〔大阪教育大附属平野中〕

(5) カードが何枚かあります。これを A，B，C の3人で分けます。枚数の比が A：B＝5：9，また B の7倍と C の6倍が等しくなるように分けると A と C の枚数の差が 55 枚になります。カードは全部で何枚ありますか。

4 (1)
$$A \times \frac{3}{4} = B \times \frac{4}{5}$$
$\frac{3}{4}$の逆数　$\frac{4}{5}$の逆数
$$\frac{4}{3} : \frac{5}{4}$$
として考える。

5 (1)
④＝28cm
⑤

(3) C は全体の $\frac{5}{3+4+5}$ になる。

14400円
A　B　C
③　④　⑤
⑫

(4) 3人の連比を考える。

雪子	花子	春子
2 :	3	
	9 :	5

38

学習日　　月　　日

変化と関係

1 割合

2 比

3 文字と式

4 2つの数量の関係

5 単位と量

6 速さ

理解度診断テスト②

ステップ**3** 発展問題

解答 → 別冊p.21

1 次の問いに答えなさい。

(1) 2 から 19 までの整数を A，B，C の 3 つの組に分けたとき，A，B，C のそれぞれの組の整数の合計の比(ひ)が 2：3：4 になりました。A にふくまれる整数の合計はいくらですか。

〔四天王寺中〕

(重要) (2) 右の図で，AC：CD＝4：3，AB：BD＝2：3 のとき，AB：BC の比をできるだけ簡単(かんたん)な整数の比で表しなさい。

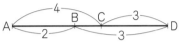

〔武庫川女子大附中〕

(3) ある博物館の入館料は，大人 3 人分と子ども 5 人分が同じ金額(きんがく)になっています。大人 4 人と子ども 7 人でこの博物館に入館すると，入館料の合計が 8200 円になりました。大人 1 人と子ども 1 人の入館料をそれぞれ求めなさい。

〔晃華学園中〕

(記述) (4) シュークリーム 1 個の値段(ねだん)はケーキ 1 個の値段より 150 円安いです。シュークリーム 9 個とケーキ 2 個の値段の比は 2：1 です。シュークリーム 1 個の値段はいくらですか。式や考え方も書いてどのように考えたのかがわかるように説明しなさい。

〔香蘭女学校中―改〕

(難問)

2 A さんには兄と妹がいます。A さんの家では，毎月のおこづかいを次のようにして決めています。まず，3 人に同じ金額だけわたし，その後，お手伝いの回数に比例した金額をわたします。今月のおこづかいは，A さんが 2300 円，兄が 2750 円，妹が 2000 円でした。兄と妹がお手伝いをした回数の比は 3：2 です。 〔帝塚山学院泉ヶ丘中〕

(1) はじめに 3 人がもらった，同じ金額はいくらですか。

(2) A さんと妹がお手伝いをした回数の合計は 22 回です。3 人がお手伝いをした回数はそれぞれ何回ですか。

文 字 と 式

ステップ1 基本問題

解答→別冊p.21

ポイント

1 次のことがらを文字式で表しなさい。

(1) 1冊 x 円のノートを7冊買ったときの代金

(2) 縦が13 cm，横が x cm の長方形の面積

(3) 50 km の道のりを，時速 x km で走ったときにかかった時間

2 次のことがらを等式で表しなさい。

(1) 底辺の長さが x cm，高さが8 cm の平行四辺形の面積は y cm² です。

(2) 2 m のリボンから x cm を切り取ると，y cm 残りました。

(3) まわりの長さが40 cm の長方形の縦の長さを a cm とすると，横の長さは b cm です。

3 1個420円のケーキを x 個買って，120円の箱につめてもらいました。

(1) 代金を y 円として，x と y の関係を式に表しなさい。

(2) ケーキを3個買ったとき，代金はいくらですか。

(3) ケーキを何個か買うと代金が2640円でした。ケーキを何個買いましたか。

▶文字を使った式
・いろいろな数量をことばの式で表し，それをもとにして，わかっている数をあてはめたり，わからない数を文字で表したりしてつくった式を文字式という。

▶数量の関係を表した式
・2量の関係を2つの文字を使って表し，一方に数字をあてはめることで，もう一方を求めることができる。

▶未知数
・わからない数を文字などで表したとき，その文字などを未知数という。（未だ数値が知られていない数という意味）

▶代入する
・未知数に数値をあてはめることを代入するという。（代わりに入れるという意味）

学習日　　月　　日

変化と関係
1 割合
2 比
3 文字と式
4 2つの数量の関係
5 単位と量
6 速さ
理解度診断テスト③

ステップ2 標準問題

解答→別冊p.22

ココが
ねらわれる
● ことばの式を文字式に表す
● x を使った式から x を求める
● 文字式に数字をあてはめる

1 次のことがらを等式で表しなさい。
(1) まわりの長さが x cm の正方形の1辺の長さは y cm です。

(2) 3回の算数のテストで，1回目は a 点，2回目は b 点，3回目は c 点をとったとき，3回のテストの平均点は y 点です。

●重要
2 次の問いに答えなさい。
(1) ある数を5倍して7をひく計算を，まちがって7をひいてから5倍してしまったために，答えが80になりました。正しい答えを求めなさい。
〔多摩大附属聖ヶ丘中〕

(2) ある分数に $\frac{5}{6} \div \frac{2}{3}$ を加えるのをまちがえて，$\frac{5}{6}$ を加えてから $\frac{2}{3}$ でわったため，答えは $4\frac{3}{4}$ になりました。正しい答えを求めなさい。
〔神戸山手女子中〕

●重要
3 正方形の辺を3cmずつ長くしたところ，面積が51cm² 増えました。もとの正方形の1辺の長さを x cm として，x の値を求めなさい。
〔かえつ有明中―改〕

4 ある山では，標高が100m上がるごとに気温が0.6℃下がります。その山で標高2980mの地点Aの気温が15℃でした。
〔立命館宇治中―改〕

述(1) 地点Aから標高が x m下がった地点の気温を y ℃とするとき，x と y の関係を式で表しなさい。また考え方も書いて説明しなさい。

(2) 標高1230mの地点の気温は何℃ですか。

得点アップ

1 (1)
正方形の1辺の長さ
＝まわりの長さ÷4
(2)
3回のテストの平均点
＝3回のテストの合計点÷3

2 (1)ある数を x として式をつくると，$x×5-7=$正しい答えまちがった計算も x を使った式で表し，その式から x を求める。

3 増えた面積は図をかいて考えるとよい。

✔チェック！自由自在
　x を求める計算は逆算で求めることができる。逆算のしかたを調べてみよう。

第2章　変化と関係

2つの数量の関係

ステップ1 基本問題

解答 → 別冊p.22

1 右の表は，長さ x cm の針金と，その重さ y g の関係を調べたものです。

x(cm)	0	2	4	6	8
y(g)	0	6	12	18	24

(1) x と y の関係を式に表しなさい。

(2) x の値が 15 のときの y の値を求めなさい。

2 右のグラフは，針金の長さを x cm，重さを y g として表したものです。

(1) y を x を使った式で表しなさい。

(2) この針金 36 g の長さは何 cm ですか。

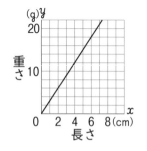

3 右の表は反比例の関係を表しています。

(1) x と y の関係を式に表しなさい。

x	1	2	3	4	6
y	12	6	4	3	2

(2) y の値が 5 のときの x の値を求めなさい。

4 右のグラフは，面積が 12 cm² の長方形の縦の長さを x cm，横の長さを y cm として表したものです。

(1) y を x を使った式で表しなさい。

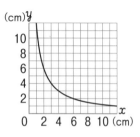

(2) 縦の長さが 8 cm のとき，横の長さは何 cm になりますか。

ポイント

▶比例

・ともなって変わる2つの量があって，一方の値が2倍，3倍，…になると，もう一方の値も2倍，3倍，…になるとき，この2つの量は比例するという。

・比例している2量の関係は，商が一定なので，
$y \div x =$ 決まった数
または，
$y =$ 決まった数 $\times x$
と表すことができる。

・比例のグラフ
0の点を通る直線のグラフになる。

▶反比例

・ともなって変わる2つの量があって，一方の値が2倍，3倍，…になると，もう一方の値は $\frac{1}{2}$，$\frac{1}{3}$，…になるとき，この2つの量は反比例するという。

・反比例している2量の関係は，積が一定なので，
$x \times y =$ 決まった数
または，
$y =$ 決まった数 $\div x$
と表すことができる。

・反比例のグラフ
x も y も 0 にはならない曲線のグラフになる。

ステップ**2** 標準問題

解答 → 別冊p.22

ココが
ねらわれる
● 比例の式とグラフ
● 反比例の式とグラフ
● いろいろなグラフの読みとり

変化と関係
1 割　合
2 比
3 文字と式
4 2つの数量の関係
5 単位と量
6 速　さ
理解度診断テスト②

1 下の表は，底辺が 3 cm の三角形の高さ x cm とその面積 y cm² を表したものです。

x(cm)	1		3	4	
y(cm²)		3			7.5

(1) 表を完成させなさい。

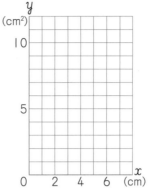

(2) y を x の式で表しなさい。

(3) x と y の関係を右のグラフに表しなさい。

2 下の表は，120 L まで入る水そうに水を入れるときの，1 分間に入れる水の量 x L と満水になるまでにかかる時間 y 分を表したものです。

x(L)	5			20	25
y(分)		12	8		

(1) 表を完成させなさい。

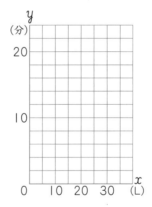

(2) y を x の式で表しなさい。

(3) x と y の関係を右のグラフに表しなさい。

得点アップ

1(1)(2)
（三角形の面積）
y cm²
=（底辺）×（高さ）÷2
　3 cm　　 x cm

2(1)(2)
（満水になるまで
にかかる時間）
y 分
=（満水の量）÷（1分間に
入れる水
の量）
　120 L　　　 x L

✔チェック！自由自在
比例・反比例のグラフ以外の2量の関係を表すグラフについても調べてみよう。

💡重要

3 次の(1)～(3)について，y を x の式で表しなさい。また，x と y が比例しているものには○，反比例しているものには×，どちらでもないものには△を書きなさい。

(1) 面積が $48\,cm^2$ の平行四辺形の底辺の長さ $x\,cm$ と高さ $y\,cm$

(2) $50\,cm$ の値段が 200 円であるリボンの長さ $x\,cm$ と代金 y 円

(3) $40\,cm$ の針金で長方形をつくるときの縦の長さ $x\,cm$ と横の長さ $y\,cm$

3 比例の式と反比例の式にあてはまるかどうか考えよう。

4 花子さんは，家から駅までの道のりを一定の速さで行くと，駅までどれくらいの時間がかかるかを調べました。速さと時間の関係をグラフに表すと右のようになりました。〔大妻中野中―改〕

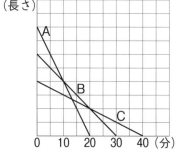

(1) 花子さんの家から駅までの道のりは何 m ですか。

(2) 分速 $x\,m$，かかる時間を y 分としたとき，x と y の関係を式で表しなさい。

(3) 一定の速さで自転車で駅まで行くと，ちょうど 3 分で駅にとう着しました。このとき，自転車の速さは時速何 km でしたか。

4 道のり
＝速さ×時間
であることから考える。

📝記述

5 3 本のろうそく A，B，C があります。これらのろうそくに火をつけてから燃えつきるまでにかかる時間と，ろうそくの長さとの関係を表したのが右のグラフです。〔関西大倉中―改〕

(1) 3 本のろうそくに火をつけるタイミングをずらして，すべて同時に燃えつきるようにするためにはどうすればよいですか。ろうそくに火をつける順番や時間の差を考えて説明しなさい。

(2) A，B，C のろうそくがある時間ですべて同じ長さになるには，B，C のろうそくに火をつけてから何分後に A のろうそくに火をつければよいですか。また，そのとき，ろうそく A の長さはもとの長さの何倍になっていますか。考え方も書いて説明しなさい。ただし，すべてのろうそくは燃えつきていないとします。

5(2) 2 本のグラフが交わったところが，2 つのろうそくの長さが等しくなったところであることから，グラフの数値を見て考える。

ステップ**3** 発展問題

解答 → 別冊p.23

♥重要

1 歯数が 120 の歯車 A と歯数が 100 の歯車 B と歯数が 45 の歯車 C が右の図のようにかみあっています。

〔智辯学園和歌山中〕

(1) 歯車 A が 240 回転すると，歯車 B は何回転しますか。

(2) 歯車 C が 5 分間に 200 回の割合で回転するとき，歯車 A は 1 時間に何回転しますか。

2 あるガス会社のガス料金は，次の式で表されます。
　　（ガス料金）＝（基本料金）＋（「1 m³ あたり」で定められている料金）×（使用量）
10 月と 11 月のガスの使用量とガス料金は右の表の通りでした。

月	使用量	ガス料金
10 月	25 m³	5640 円
11 月	30 m³	6120 円

〔平安女学院中〕

(1) 基本料金はいくらですか。

(2) 12 月の使用量は 34 m³ でした。12 月のガス料金はいくらですか。

◎難問

3 ちひろさんは，A 地点から F 地点までのハイキングコースをとちゅう 1 回休けいして歩きました。グラフ①はそのときの時間と速さの関係を，グラフ②は C 地点の高さを 0 m としたときの時間と高さの関係を表したものです。ただし，グラフ①には EF 間の速さが表されていません。　〔鎌倉女学院中〕

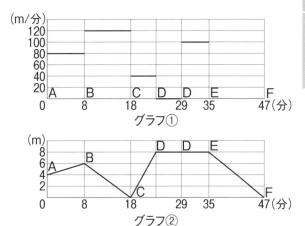

(1) CD 間では，30 m 進むと 1 m 高くなります。休けいしたのは何分間ですか。

(2) AB 間の道のりは AF 間全体の $\frac{4}{25}$ です。EF 間の速さは分速何 m ですか。

(3) A 地点を出発してから 2 回目に高さが 5 m になるのは，出発してから何分後ですか。また，4 回目に高さが 5 m になるのは，F 地点から何 m 手前ですか。

5 単位と量

ステップ1 基本問題

解答→別冊p.24

1 次の□にあてはまる数を求めなさい。

(1) 0.05 km=□ m

(2) 67 cm=□ km 〔梅花中〕

(3) 39 g=□ kg

(4) 4.71 kg=□ g

(5) 2 時間 18 分=□ 分

(6) 1 時間 20 分=□ 秒

〔追手門学院中〕

2 次の問いに答えなさい。

(1) りんご 5 個の重さを測ると，それぞれ 74 g，80 g，77 g，73 g，76 g でした。平均の重さは何 g ですか。

(2) かずおさんのテストの結果は，国語，算数，理科，社会の 4 教科の平均点が 82 点で，国語 90 点，算数 74 点，社会 86 点でした。理科は何点でしたか。

3 次の問いに答えなさい。

(1) A さんの家では，6000 m^2 の田んぼから，2400 kg の米がとれました。1 m^2 あたり，何 kg の米がとれましたか。

(2) B 市の人口は 124853 人で，面積は 54 km^2 あります。B 市の人口密度を，小数第一位を四捨五入して整数で求めなさい。

(3) 1 分間に 100 枚印刷できるコピー機 C と 1 秒間に 2 枚印刷できるコピー機 D とではどちらのほうがはやく印刷できますか。

ポイント

▶**長さと重さの単位**

1 km=1000 m

1 m=100 cm=1000 mm

1 cm=10 mm

1 t=1000 kg

1 kg=1000 g

1 g=1000 mg

▶**時間の単位**

1 日=24 時間

1 時間=60 分=3600 秒

1 分=60 秒

▶**平均**

いくつかの数や量を，合計が変わらないようにして同じ大きさになるようにならしたものを平均という。

平均=合計÷個数

合計=平均×個数

▶**単位量あたりの大きさ**

ある量が 1 つの決まった量に対してどれだけの量にあたるかを表したものを単位量あたりの大きさという。

▶**人口密度**

1 km^2 あたりの人口を人口密度という。

▶**仕事の速さ**

単位時間(1 秒間，1 分間，1 時間など)にできる仕事の量を仕事の速さという。

変化と関係

1 割 合

2 比

3 文字と式

4 2つの数量の関係

5 単位と量

6 速 さ

理解度診断テスト②

ステップ2 標準問題

ねらわれる
● 単位換算
● 平　均
● 人口密度

解答→別冊p.24

♥重要

1 次の□にあてはまる数を求めなさい。

(1) $0.36 \text{ km} + 430 \text{ cm} + 18 \text{ m} + 26.4 \text{ m} = \square \text{ m}$

(2) $0.4 \text{ t} + 210 \text{ kg} + 46000 \text{ g} = \square \text{ kg}$

(3) 8日7時間22分－5日13時間46分＝□日□時間□分　〔立命館守山中〕

2 次の問いに答えなさい。

(1) 5mの重さが7kgの鉄の棒があります。この鉄の棒4.2kgの長さは何mですか。　〔松蔭中(兵庫)〕

(2) $\dfrac{2}{3}$ 分間で $1\dfrac{5}{6}$ L の水を入れることのできる水道管があります。この水道管を使うと，1分間では何Lの水が入りますか。　〔東京学芸大附属世田谷中〕

重要 (3) Aさん，Bさん，Cさん，Dさんの4人があるテストを受けました。Aさん，Bさん，Cさんの3人の平均点は72点でした。Dさんが80点のとき，4人の平均点は何点ですか。　〔法政大第二中〕

重要 (4) 人口16120人で面積が58 km² のA町と，面積が72 km² で人口密度が715人のB市が合ぺいしてC市となりました。C市の人口密度を求めなさい。ただし，人口密度は1 km² あたりの人口です。　〔清風中〕

得点アップ

1 (1)(2)式の単位を答えの単位にそろえてから計算する。
(3)筆算する。
　　8日　7時間22分
－)5日13時間46分

✔チェック!自由自在

単位には，基本単位，補助単位がある。単位について調べてみよう。

2 (1) 1 kg あたりの長さを求めて考える。
(3) Aさん，Bさん，Cさんの合計を求めて，Dさんの点数を加えると4人の合計点数がわかる。
(4)まずはB市の人口を求めることを考える。

3 形が長方形の水田で，お米をさいばいしています。この水田で収かくしたお米をすべてたくと，160人がお茶わん15はいずつのご飯を食べることができます。この水田の横はばが10mであるとき，水田の縦の長さを以下の条件を使って求めなさい。

〔立命館守山中〕

[条件]

① お茶わん1ぱいのご飯に必要なお米の量は60gである。

② お茶わん1ぱいには，3000つぶの米つぶが入っている。

③ 水田1m²あたりの米の収かく量は30000つぶである。

④ 水田1m²あたりに植えるいねのほ数は400本である。

3 必要な条件と不要な条件があるので，注意する。
160人が15はいずつなので，15×160＝2400（ぱい分）の米が収かくできる水田の面積を考える。

●重要

4 晃子さんは八百屋で野菜A，B，Cを買います。Aは1ふくろに2個入っていて100円，Bは1ふくろに1個入っていて50円，Cは1ふくろに2個入っていて200円です。また，ある栄養素がAには1個あたり1mg，Bには1個あたり0.5mg，Cには1個あたり2mgふくまれています。ただし，消費税については考えないものとします。

〔晃華学園中〕

(1) A，B，Cそれぞれの200円分のふくろの数，野菜の個数，ふくまれる栄養素の量を次の表のようにまとめてみました。AとBについて，空らんをうめて，表を完成させなさい。

	A	B	C
ふくろの数	ふくろ	ふくろ	1ふくろ
野菜の個数	個	個	2個
栄養素の量	mg	mg	4mg

4 (1)の表を完成させるとどの野菜をいちばん多く買えばよいかがわかる。どれも必ず1ふくろは買うので，それぞれ1ふくろずつ買った残りのお金で，いちばん多く買うべき野菜をできるだけ多く買うように考える。

記述 (2) 1000円で，野菜の個数も栄養素の量も最も多くなるように，A，B，Cを買いたい。A，B，Cそれぞれを何ふくろ買えばよいですか。ただし，A，B，Cのどれも必ず1ふくろは買うものとします。(1)の結果をもとに理由も書いて答えなさい。

変化と関係

1 割合

2 比

3 文字と式

4 2つの数量の関係

5 単位と量

6 速さ

理解度診断テスト②

■■■ ステップ**3** 発展問題

解答 → 別冊p.25

1 次の問いに答えなさい。

(1) A，B，C，D の 4 人が算数のテストを受けました。B は A より 3 点高く，C は B より 6 点低く，D は C より 11 点高い得点でした。4 人の平均点が 84 点のとき，A の得点を求めなさい。

〔湘南学園中〕

重要 (2) 4 人の中学生がいます。この中から 3 人ずつ選んで平均体重を求めたところ，51 kg，55 kg，58 kg，53 kg となりました。

〔獨協中〕

① 4 人の平均体重は何 kg ですか。

② いちばん重い人の体重は何 kg ですか。

2 次の問いに答えなさい。

重要 (1) 車で家を出てから 200 km 走行したとき，残りのガソリンは 30 L でした。さらに 50 km 走行したとき，残りのガソリンは 26 L でした。この車には，家を出るとき何 L のガソリンが入っていましたか。

〔清風中〕

(2) ある日，3 つの町 A，B，C の人口密度を調べると，1 km^2 あたりそれぞれ 70 人，50 人，65 人でした。次の日，A から B に何人かが引っこしたところ，3 つの町の人口密度はすべて同じになりました。

〔洛星中〕

① A の面積と B の面積の比を求めなさい。

② 引っこしが行われる前の，A の人口と B の人口の比を求めなさい。

●難問

3 1 L サイズの牛乳パックの重さは 50 g です。これを 1 個リサイクルすることで，二酸化炭素のはい出量を 23.4 g さく減できます。また，二酸化炭素 14 kg は 1 本のスギの木が吸収する二酸化炭素量と同じです。ある年の国内の牛乳パックのリサイクル量は 68.5 千 t でした。この年の二酸化炭素さく減量は，約□万本分のスギの木が吸収する二酸化炭素量に相当します。□にあてはまる数を小数第一位を四捨五入して答えなさい。

〔青山学院中〕

速 さ

ステップ1　基本問題

解答 → 別冊p.26

1　次の問いに答えなさい。

(1) 360 m を 45 秒で走る人の秒速は何 m ですか。

(2) 分速 75m で歩く人が 465m 進むのにかかる時間は何分ですか。

(3) 秒速 4.8 m で進む自転車が 240 m 進むのにかかる時間は何秒ですか。

(4) 時速 45 km で走るバスが，6 時間に進む道のりは何 km ですか。

(5) 分速 300 m の自転車が，5.25 分間に進む道のりは何 m ですか。

2　次の問いに答えなさい。

(1) 時速 60 km は分速何 m ですか。また秒速何 m ですか。〔梅花中〕

(2) 7.2 km を自転車で行くと 45 分かかりました。この自転車の速さは時速何 km ですか。〔松蔭中(兵庫)〕

(3) かえでさんは午前 7 時 48 分に家を出発して，一定の速さで歩いたところ，午前 8 時 16 分に 1680 m はなれた公園に到着しました。かえでさんの歩く速さは時速何 km ですか。〔神戸龍谷中〕

(4) 時速 48 km の速さで走っている車が 10.4 km 進むには何分かかりますか。〔早稲田摂陵中〕

(5) 時速 120 km で走る特急電車が，2 時間 30 分走り続けると，何 km 進みますか。

ポイント

▶**時速・分速・秒速**

時速とは 1 時間に進む道のりのことで，1 時間に □ km 進む速さを時速 □ km と表す。同じようにして，分速 □ m，秒速 □ m などと表す。
3 つの速さの関係は次のようになる。

▶**速さの公式**

・速さ＝道のり÷時間
速さを求めるときは，道のりと時間の単位を速さの単位にそろえてから計算する。
・道のり＝速さ×時間
道のりを求めるときは，速さか時間のどちらか一方に単位をそろえてから計算する。
・時間＝道のり÷速さ
時間を求めるときは，道のりか速さのどちらか一方に単位をそろえてから計算する。

3 次の□にあてはまる数を求めなさい。

(1) 家から図書館までの 6.2 km の道のりを，はじめの 20 分は分速 100 m で歩き，そのあと分速□m で走ったところ，家を出発してから 40 分後に図書館に着きました。　　　　　　　　〔帝塚山学院中〕

(2) K さんは自転車とバスを乗りついで家から学校まで通学します。家から学校までのきょりは 26.5 km であり，分速 250 m の自転車で 10 分間走り，時速 40 km のバスに□分間乗ると到着します。　　　　　　　　〔関西大北陽中〕

(3) 家から駅まで 1.5 km の道のりを，姉は自転車に乗って時速 18 km の速さで，妹は分速 75 m で歩いて行きました。2 人が同時に家を出発すると，姉は妹より□分はやく駅に着きます。　　　　　　　　〔昭和女子大附属昭和中〕

(4) 3000 m の道のりを，行きは分速 150 m，帰りは分速 600 m で往復したときにかかる時間は□分で，平均の速さは分速□m です。　　　　　　　　〔追手門学院中〕

4 A さんは家から 1500 m はなれたスーパーまで行き，牛乳を買ってから同じ道を通って家に帰りました。右のグラフは，A さんが家を出発してからの時間と A さんと家とのきょりの関係を表したものです。　　〔プール学院中〕

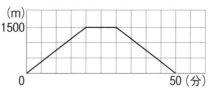

(1) スーパーにいた時間は何分間か求めなさい。

(2) 家を出発してから 42 分後，A さんと家とのきょりは何 m か求めなさい。

変化と関係
1 割合
2 比
3 文字と式
4 2つの数量の関係
5 単位と量
6 速さ
理解度診断テスト②

▶平均の速さ

平均の速さは，進んだ道のりに対して，いろいろな速さで進んだとしても，

進んだ道のりの合計
　÷進んだ時間の合計

で求めることができる。
特に

　往復の平均の速さ
＝往復の道のり
　÷往復にかかった時間

で求めることができる。

▶速さのグラフ

グラフの縦軸を道のり，横軸を時間とすると，グラフのかたむきが大きいほど速さははやく，横軸に平行なときは止まっていることを表す。

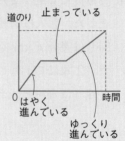

▶2人の速さのグラフ

2 人がちがう速さで同じ方向に進むグラフから，同じ時間進んだとき 2 人がどれだけはなれているか，また 2 人がある道のりを進んだときの時間差がわかる。

■■ **ステップ2 標準問題**

解答→別冊p.26

1 **次の□にあてはまる数を求めなさい。**

(1) 時速４kmで30分歩いた道を時速10kmで走ると□分かかります。
〔大阪女学院中〕

(2) 時速４kmで15分かかる道のりを時速□kmで行くと10分かかります。
〔帝塚山学院中〕

(3) 時速90kmで走る列車Ａと，秒速27mで走る列車Ｂの１分間に進むきょりの差は□mです。
〔東洋英和女学院中〕

(4) 育男さんと英子さんは，Ａ地点から12kmはなれたＢ地点まで往復しました。２人は同時にＡ地点を出発し，育男さんは，行きは毎時６km，帰りは毎時４kmで歩き，英子さんは行きも帰りも同じ速さで歩きました。２人はちょうど同じ時間にもどってきました。このとき，英子さんの速さは毎時□kmです。
〔奈良育英中〕

2 **次の問いに答えなさい。**

重要 (1) 片道3.6kmの道のりを往復したところ，往復の平均の速さは分速80mでした。行きは分速120mで進んだとすると，帰りは分速何mで進みましたか。

(2) ある日，Ａさんは自宅から１kmはなれた学校へ向かいました。朝８時に自宅を走って出発したＡさんは，自宅から600mの地点で友人に会い，そこからいっしょに歩いて学校まで行きました。Ａさんの走る速さはつねに時速12km，歩く速さはつねに時速４kmです。この日，Ａさんは家から学校まで平均時速何kmで通学したことになりますか。
〔立命館宇治中〕

得点アップ

1 (1)(2)速さが「時速」で表されているので，時間を「分」から「時間」になおしてから計算する。

30分＝$\frac{30}{60}$時間

　　＝$\frac{1}{2}$時間

(3)時速，秒速を分速になおして考えるとよい。

2

✔チェック！自由自在

道のりがわからないとき，平均の速さをどのように求めればよいか調べてみよう。

(2)走ったときと歩いたときのそれぞれかかった時間を求めてから，平均時速を求める。

☑重要

3 次の問いに答えなさい。

(1) A さんは，家から学校に行くのに，分速 80 m で歩いていくと午前 8 時
に着き，分速 200 m で自転車に乗っていくと午前 7 時 54 分に着きま
す。家から学校までの道のりは何 m ですか。　　　　〔龍谷大付属平安中〕

(2) 太郎さんは，自分の家と郵便ポストの間を，行きは分速 90 m，帰りは
分速 60 m の速さで往復したところ，全部で 10 分かかりました。この
とき，太郎さんの家から郵便ポストまでの道のりは何 m ですか。

〔京都学園中〕

(3) 100 m の直線コースで太郎さんと次郎さんが競走したところ，太郎さ
んがゴールしたときに，次郎さんはゴールの手前 10 m を走っていまし
た。もし，太郎さんがスタートの 10 m 後ろに下がってから 2 人同時
に走り出したとすると，太郎さんがゴールしたとき，次郎さんはゴー
ルの手前何 m のところにいますか。　　　　　　　　〔東京都市大等々力中〕

(4) 太郎さんが 10 歩走る間に，花子さんは 7 歩走り，太郎さんが 8 歩で
走るきょりを，花子さんは 7 歩で走ります。太郎さんと花子さんの走
る速さの比を最も簡単な整数の比で表しなさい。　　　　　〔滋賀大附中〕

☑重要

4 右のグラフは，急行列車と普通
列車が A 駅から B 駅を通って C
駅に向かうようすを表したもの
です。ただし，列車の速さはそ
れぞれ一定とします。〔星美学園中〕

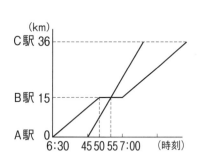

(1) 急行列車の速さは時速何 km ですか。

(2) 急行列車は何時何分に C 駅に着きますか。

(3) 普通列車は急行列車が C 駅に着いてから 19 分後に C 駅に着きました。
普通列車は B 駅で何分間停車していましたか。

③(1)(2)道のりが一定
のとき，速さの比と
かかった時間の比は
逆比になる。
(3)時間が一定のとき，
速さの比と進んだ道
のりの比は等しい。

☑チェック！自由自在
　速さ・時間・道
のりがそれぞれ一
定のとき，残りの
比は，それぞれど
のような関係にな
っているか調べて
みよう。

(4)きょり
＝歩幅×同じ時間に
　進む歩数
より，速さの比を考
えよう。

④(1)急行列車が A 駅
から B 駅まで進んだ
ときのグラフを読み
とる。
(3)普通列車の速さを
求め，B 駅で停車し
なかった場合の C 駅
に着くまでにかかる
時間を考える。

ステップ3 発展問題

解答 → 別冊p.27

★重要

1 次の問いに答えなさい。

(1) 友子さんは平らな道を分速60mで歩きます。上り坂は平らな道の2割減, 下り坂は平らな道の2.5割増の速さになります。友子さんはA町から峠をこえてB町まで行くことにしました。A町から峠までは上り坂で4kmあり, 峠からB町までは下り坂で3kmあります。友子さんはA町を出発してから何時間何分何秒後にB町に着きますか。　〔普連土学園中〕

(2) Aさんは22.5kmの道のりを1時間15分で走り, Bさんは100mを13秒で走ります。この速さで2人が同時にスタートして同じコースを走ります。Bさんが300m走ったとき, AさんはBさんの後ろ何mの地点にいますか。　〔金蘭千里中〕

(3) Aさんが家から学校まで往復しました。行きは分速120mで走って, 帰りは歩きました。往復の平均の速さは分速90mでした。Aさんの歩く速さは分速何mですか。　〔三田学園中〕

(4) AさんとBさんはそれぞれ一定の歩幅で, 一定の速さで歩きます。Aさんが18歩で歩く道のりをBさんは14歩で歩き, 1分間にAさんは30歩, Bさんは35歩だけそれぞれ歩きます。AさんとBさんの速さの比を最も簡単な整数の比で表しなさい。　〔慶應義塾中〕

2 次の問いに答えなさい。

(1) 100mをAさんは14.4秒で, Bさんは16.2秒で, Cさんは18秒で走ります。3人が同時にスタートして, Aさんが90m走ったとき, BさんとCさんの差は何mですか。　〔甲南女子中〕

(2) かな子さんとしおりさんの2人が徒競走をしました。2人とも100mを走ったところ, しおりさんはかな子さんより4秒遅れてゴールしました。次に, かな子さんが25m後ろからスタートしたところ, 2人は同時にゴールしました。ただし, 2人は同時にスタートし, それぞれ一定の速さで走るものとします。　〔実践女子学園中〕

① かな子さんとしおりさんの走る速さの比を, 最も簡単な整数の比で表しなさい。

② かな子さんの走る速さは秒速何mでしたか。

変化と関係

1 割合

2 比

3 文字と式

4 2つの数量の関係

5 単位と量

6 速さ

理解度診断テスト②

重要

3 A 地点から B 地点までの道のりを，時速 72 km の速さで行けば，予定より 30 分はやく着き，時速 48 km の速さで行けば，予定より 1 時間 30 分おそく着きます。

(1) A 地点から B 地点まで，何時間で行く予定だったかを，りょうたさんとゆきさんはそれぞれ次のように考えました。 **ア** ， **ウ** ， **オ** にあてはまる数字を， **イ** には式を， **エ** には比を書きなさい。

「りょうたさんの考え方」 もし，予定の時間だけ走ったと考えると，時速 72 km で進んだきょりと，時速 48 km で進んだきょりの差が **ア** km になる。だから，予定の時間は **イ** を計算して， **ウ** 時間になる。

「ゆきさんの考え方」 時速 72 km の速さで行くときと，時速 48 km の速さで行くときにかかる時間の比は， **エ** であることから，時速 72 km で行くと **オ** 時間かかることがわかる。だから予定の時間は **ウ** 時間になる。

記述 (2) (1)のゆきさんの考え方は速さと比のどのような性質を利用しているのかを，以下の枠内のことばを使って説明しなさい。ただし，すべてのことばを使うとはかぎりません。

| 速さ | 時間 | きょり | 同じ比 | 逆比 | 一定 |

(3) A 地点から B 地点までの道のりは何 km ですか。

難問

4 3 人のランナー A，B，C がいます。A の走る速さは分速 240 m，B の走る速さは分速 200 m です。3 人が同じきょりを走ったところ，B は A より 6 分多く，C は B より 4 分多くかかりました。 〔六甲学院中〕

(1) C の走る速さは分速何 m ですか。

(2) 3 人が合計で 37 km 走りました。A は C の 2 倍のきょりを走り，B と C は同じ時間走りました。A，B，C はそれぞれ何分間走りましたか。

(3) 3 人が A，B，C の順にリレーをしました。それぞれ同じきょりずつ走ったところ，A がスタートしてから C がゴールするまでに 44 分 10 秒かかりました。1 人が走ったきょりは何 m ですか。

理解度診断テスト ❷

出題範囲 p.32〜55

時間 **40分**

得点　　　　点

理解度診断 Ⓐ Ⓑ Ⓒ

解答 → 別冊p.29

1 次の問いに答えなさい。(48点)

(1) 4105秒は何時間何分何秒ですか。　　　　　　　　　　　　　　　　　　　　〔広島学院中〕

(2) 5時間45分の2割4分は何秒ですか。　　　　　　　　　　　　　　　　　　〔関西大北陽中〕

(3) 国語, 算数, 理科, 社会のテストを受けました。国語は66点, 算数は71点, 理科は65点で, 4教科の平均点は74点でした。社会は何点でしたか。　　　　　〔松蔭中(兵庫)〕

(4) 1Lの重さが930gの油があります。この油の3.6Lの重さは何kgですか。

〔追手門学院大手前中〕

(5) 時速8kmで走っている人が, 18km走るのに何分かかりますか。　〔京都教育大附属桃山中〕

(6) 大, 中, 小の3つの歯車があり, この順にかみ合っています。中の歯車が10回転すると, 大の歯車は7回転, 小の歯車は14回転します。小の歯車の歯は25個です。大の歯車の歯は何個ありますか。　　　　　　　　　　　　　　　　　　　　　　〔東京家政学院中〕

(7) 4%の食塩水200gに40gの食塩と400gの水を加えると, 何%の食塩水ができますか。

〔桃山学院中〕

(8) 原価200円の品物に3割の利益を見こんで定価をつけましたが, 売れないので定価の1割引きにしました。売り値はいくらになりましたか。　　　　　　　　　〔日本大豊山中〕

変化と関係

1 割合

2 比

3 文字と式

4 2つの数量の関係

5 単位と量

6 速さ

2 次の問いに答えなさい。（18点）

(1) 3つの数 A，B，C があります。A の 6 倍と B の 10 倍と C の 15 倍が等しいとき，A：B：C を最も簡単な整数の比で表しなさい。

(2) あるクラスの人数は 36 人で，男子と女子の人数の比は 5：4 です。男子の 3 割と女子の 25％ の生徒が図書委員に立候補しました。このクラスから図書委員に立候補した生徒は男女合わせて何人ですか。　　　　　　　　　　　　　　　　　　　　　　〔成蹊中〕

(3) 行きに時速 6 km で 30 分かかった道のりを時速何 km の速さで帰ると，往復の平均の速さが時速 4.8 km になりますか。　　　　　　　　　　　　　　　　　　　〔立命館宇治中〕

3 なおきさんとあきこさんが 100 m 走をしました。なおきさんがゴールインしたとき，あきこさんはゴールまで 5 m ありました。なおきさんもあきこさんも一定の速さで走るものとします。（16点）　　　　　　　　　　　　　　　　〔大阪教育大附属天王寺中〕

(1) なおきさんだけをスタートラインから 5 m うしろに下げて，もう 1 回走りました。どちらが先に何 m の差をつけてゴールインしましたか。ただし，なおきさんとあきこさんはそれぞれ最初と同じ速さで走るものとします。

(2) あきこさんの 100 m 走の記録は 18 秒でした。なおきさんの 100 m 走の記録は何秒でしたか。

チャレンジ

4 ふくろ A の中にえんぴつがたくさん入っています。このえんぴつの 2 割 4 分の本数を x 本ずつ何人かの生徒に配り，残ったえんぴつに 121 本のえんぴつを加えると，はじめにふくろ A に入っていたえんぴつの本数より 20％ 多い本数になりました。そのえんぴつの 40％ をはじめに配った生徒と別の何人かに y 本ずつ配ると，はじめに配った人数より 4 人多く配ることができました。（18点）　　　　　　　　　　　〔京都女子中〕

(1) はじめにふくろ A に入っていたえんぴつは何本ですか。

(2) えんぴつを配った人数は合計で何人ですか。

グラフと資料

ステップ1 基本問題

解答 → 別冊p.30

1 右の円グラフは，ある中学校の生徒50人に所属している部活動について調査した結果です。ホッケー部，サッカー部，箏曲部，家庭科部，バトン部に所属している生徒の人数は，それぞれ19人，9人，8人，6人，5人です。〔羽衣学園中〕

部活動の割合

その他
バトン部 5
家庭科部 6
箏曲部 8
ホッケー部 19
サッカー部 9
⑦

(1) 円グラフにある「その他」の生徒の人数を答えなさい。

(2) 全体に対して，「ホッケー部」に所属している生徒の人数の割合を百分率で答えなさい。

(3) 円グラフにある「バトン部」の⑦の角度を答えなさい。

2 右のグラフは，おさむさんのクラスの通学にかかる時間を調べたものです。ただし，階級は5以上10未満のように分けられているとします。

(人)
12
10
8
6
4
2
0
5 10 15 20 25 30 35(分)

(1) このクラスの人数を求めなさい。

(2) 通学にかかる時間が20分未満の人は，全体の何％ですか。

ポイント

▶円グラフと帯グラフ

・円グラフは360°を100％として，それぞれの割合に応じて，おうぎ形に区切り，割合の大きい順に真上から右回りにかいていく。

・帯グラフは長方形の横の長さを100％として，それぞれの割合に応じて，小さな長方形に区切り，割合の大きい順に左からかいていく。

・円グラフも帯グラフも「その他」という項目があれば，大きさに関係なく最後にかく。

▶度数分布表と柱状グラフ

ある資料全体をいくつかの区間に分け，その区間に属する人数や個数をまとめた表を度数分布表といい，それをグラフに表したものを柱状グラフ（ヒストグラム）という。

それぞれの区間を階級，その資料の個数を度数という。また階級の中央の値を階級値という。

▶代表値

資料の特ちょうを表すものに平均値，中央値，最ひん値がある。

解答 → 別冊p.30

■ ステップ**2** 標準問題

◎ ココが ● 円グラフ
ねらわれる ● 帯グラフ
● 柱状グラフ

1 下の帯グラフと円グラフについて，次の問いに答えなさい。

通った乗り物の割合

色紙の枚数の割合

0　10　20　30　40　50　60　70　80　90　100(%)

| 自転車 | 乗用車 | トラック | バス | その他 |

(1) 帯グラフは，ある場所で 20 分間に通った乗り物の割合を表しています。
200 台の乗り物が通ったとき，自転車は何台通りましたか。

(2) 円グラフは，箱の中に入っている色紙の枚数の割合を表しています。青
の紙が 75 枚のとき，箱の中に色紙は全部で何枚入っていますか。

■重要

2 右のグラフは，ある中学校で視力検査をし
た結果をまとめたものです。視力が 1.0 未
満の生徒は 270 人でした。 〔三輪田学園中〕

(1) 中学生全体は何人ですか。

中学生全体

視力1.0
未満の
生徒

60%

視力1.0未満の生徒

眼鏡を
使用し
ている
生徒

40%

(2) 視力が 1.0 未満の生徒で眼鏡を使用している生
徒は何人ですか。

(3) 視力が 1.0 未満の生徒で眼鏡を使用している生徒は，中学生全体の何
％ですか。

得点アップ

1(1)グラフから自転
車の割合を読みとる。
(2)グラフの目もりが
円グラフを 100 等
分していることから，
青の紙の割合を読み
とる。

2(1)上のグラフより，
視力 1.0 未満の生徒
270 人の割合を読み
とって考えるとよい。
(2)下のグラフより，
眼鏡を使用している
生徒の割合を読みと
って考えるとよい。
(3)(1)，(2)の答えを使
って解く。

✓チェック！自由自在
いろいろな資料
の整理の方法につ
いて，グラフ以外
の方法も調べてみ
よう。

ステップ**3** 発展問題

解答 → 別冊p.30

1 右のグラフは，ある小学校の児童の好きな教科について表しています。全校生徒は 480 人です。　〔帝京八王子中〕

好きな教科

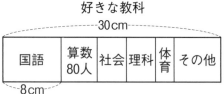

(1) 算数が好きな人は，グラフでは何 cm で表されていますか。

(2) 国語が好きな人は何人いますか。

◆重要 ◎難問
2 次の資料は，あるクラスの生徒 30 人の身長(単位 cm)です。　〔神奈川大附中〕

　　151, 158, 159, 150, 153, 144, 156, 172, 160, 165
　　147, 154, 161, 162, 144, 157, 153, 148, 150, 167
　　152, 142, 145, 163, 155, 149, 151, 164, 146, 157

(1) 生徒の身長を 5 cm ずつに区切ったはんいの表に整理しなさい。また，柱状グラフで表しなさい。

身長(cm)	人数(人)
140 以上～145 未満	
145　　～150	
150　　～155	
155　　～160	
160　　～165	
165　　～170	
170　　～175	
合計	30

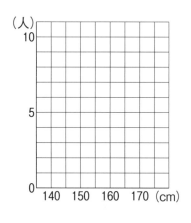

(2) 生徒を身長の低い順に一列に並べます。前から 8 人目と後ろから 8 人目の生徒の身長の差は何 cm ですか。

第3章　データの活用

場合の数

ステップ1　基本問題

解答→別冊p.31

1 次の問いに答えなさい。

(1) A, B, C の 3 人の子どもがいます。この 3 人が一直線に並ぶとき，並び方は全部で何通りありますか。

(2) ①, ②, ③, ④ の 4 枚のカードから 2 枚を選んで 2 けたの整数をつくるとき，全部で何通りの整数ができますか。

(3) 1 枚のコインを続けて 2 回投げます。表と裏の出方は全部で何通りありますか。

2 次の問いに答えなさい。

(1) 5 人の生徒から 2 人の図書係を選ぶ選び方は何通りありますか。

〔天理中〕

(2) A, B, C, D, E, F の 6 チームで，バレーボールの試合をします。どのチームも 1 回ずつ総あたり戦をすると，全部で何試合しますか。

3 次の問いに答えなさい。

(1) ⓪, ①, ②, ③ の 4 枚のカードから 2 枚を選んで 2 けたの整数をつくります。全部で何通りの整数ができますか。

(2) ①, ②, ③, ④, ⑤ の 5 枚のカードから 3 枚を選んで 3 けたの偶数をつくります。全部で何通りできますか。

ポイント

▶樹形図

すべての場合を枝状にかいて考えるとき，このような図を樹形図という。

▶順列

A, B, C, D の 4 人の中から委員長と副委員長を選ぶような場合は，

(委員長，副委員長)

(A, B) ⎱ 別々のもの
(B, A) ⎰ として考える

このように順序を考える並べ方を順列という。

順列は樹形図にかくとわかりやすい。

12 通りある。

▶組み合わせ

A, B, C, D の 4 人の中から，委員 2 人を選ぶような場合は，

(委員，委員)

(A, B) ⎱ 同じもの
(B, A) ⎰ として考える

このように順序を考えない選び方を組み合わせという。

6 通りある。

4 赤, 青, 黄, 白の4色のうち3色を使い
右のア〜ウをぬり分けて旗をつくるとき,
全部で何種類の旗ができますか。

5 ふくろの中に白玉が3個(白$_1$, 白$_2$, 白$_3$)と, 赤玉が2個(赤$_1$,
赤$_2$)入っています。ここから玉を同時に2個取り出します。

(1) 2個とも同じ色になる取り出し方は何通りありますか。

(2) 2個の色が異なる取り出し方は何通りありますか。

6 大, 小2つのさいころを同時にふります。

(1) 出た目の和が10以上になる目の出方は何通りありますか。

(2) 出た目の積が10以下になる目の出方は何通りありますか。

7 右の図で, AからBまで遠回りせずに行く
方法を考えます。

(1) 道順は全部で何通りありますか。

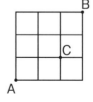

(2) Cを通って行く方法は何通りありますか。

(3) Cを通らないで行く方法は何通りありますか。

8 100円玉, 50円玉, 10円玉がたくさんあります。これらを
使って210円を支払うには何通りの支払い方がありますか。
ただし, 使わないものがあってもよいとします。

▶ **2つのさいころの表**
大小2つのさいころを同時にふる問題では, 36通りの目の出方について, 表にかくとわかりやすい。
和の表

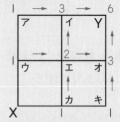

小＼大	1	2	3	4	5	6
1	2	3	4	5	6	7
2	3	4	5	6	7	8
3	4	5	6	7	8	9
4	5	6	7	8	9	10
5	6	7	8	9	10	11
6	7	8	9	10	11	12

▶ **道順の図**

XからYまで行くとき, Xから一直線で行けるア, ウ, カ, キへは1通りの行き方がある。
エは, ウ, カからの
　　1+1=2(通り)
イは, ア, エからの
　　1+2=3(通り)
同様にそれぞれの点の1つ下の点と左どなりの点の数を加えていく。

▶ **支払いの表**
支払う金額を考える問題では, いちばん金額の大きい硬貨または紙へいからの枚数ごとに表にかく。

100円	2	1	1	…
50円	0	2	1	…
10円	1	1	6	…

学習日　　月　　日

ステップ2 標準問題

ねらわれるココが
- 順　列
- 組み合わせ
- 表を書いて考える問題

解答→別冊p.32

1 次の問いに答えなさい。

(1) [0], [1], [2], [3], [4]の5枚(まい)のカードから3枚を選んで3けたの数をつくるとき，全部で何通りの数ができますか。〔関西大倉中〕

(2) [1], [2], [3], [4], [5]の5枚のカードから3枚を使って3けたの整数をつくります。500以上の整数は何個(こ)つくれますか。〔京都橘中〕

重要 (3) [0], [1], [3], [5]の4枚のカードを一度だけ用いて，3けたの整数をつくります。5の倍数は全部で何個できますか。〔清風中〕

(4) 4階建ての倉庫があり，各階に1つずつ電気のスイッチがあります。この電気のスイッチは，「つける」と「消す」の2種類です。この倉庫の電気のつけ方は全部で何通りあるか求めなさい。ただし，すべての階の電気が消えているときも1通りとします。〔プール学院中〕

重要

2 次の問いに答えなさい。

(1) [A], [B], [C], [D]と書かれた4枚のカードを一列に並(なら)べるとき，[C]と[D]がとなりあって並ぶのは何通りありますか。〔和洋国府台女子中〕

(2) 男子2人，女子4人を1チームとして，リレーをします。〔開智中〕

① 1番目と6番目に男子が走る場合，走る順番は全部で何通りですか。

② 男子が続けて走らない場合，走る順番は全部で何通りですか。

得点アップ

1 (1)[0]が百の位にはならないことに注意する。

(2)百の位が[5]になる。

(3)一の位が[0]のときと[5]のときをそれぞれ考える。

(4)「つける」ときは「○」，「消す」ときは「×」として，樹形図(じゅけいず)で考える。

チェック！自由自在
順列や組み合わせを考えるとき，樹形図だけでなく，計算で解く方法もあるから，調べてみよう。

2 (1)[C]と[D]を1枚のカード[CD]と[DC]として考える。

(2)② (1)のように2人の男子が続けて走る場合の数を求め，その数をすべての場合の数からひく。

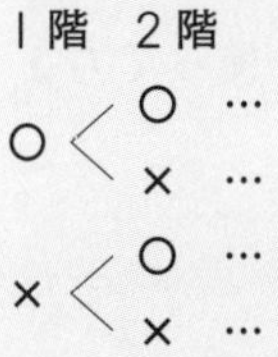

3 次のように玉を並べる方法は全部で何通りありますか。 〔報徳学園中〕

(1) 赤玉5個と白玉1個の計6個を横一列に並べる方法

(2) 赤玉4個と白玉2個の計6個を横一列に並べる方法

●重要

4 次の問いに答えなさい。

(1) 10円玉が5枚, 50円玉と100円玉がそれぞれたくさんあります。これらを使って300円の商品を, おつりが出ないように買います。使わない硬貨があってもよいとき, 硬貨の組み合わせは全部で何通りありますか。 〔京都学園中〕

(2) 10円玉3枚と50円玉3枚と100円玉5枚の硬貨の一部または全部を使ってちょうど支払うことができる金額は何種類ありますか。 〔奈良学園中〕

5 図のように, 大きな円の円周上に等しい間かくで, A, B, C, D, E, Fと書かれた小さい円を6個置きます。まず, 円Aの位置に小石を置き, さいころをふって出た目の数だけ, 小石が時計回り（矢印の方向）に小さい円の上を移動します。

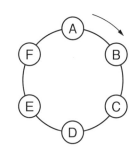

（例） さいころを2回ふって, 1回目と2回目のさいころの目がそれぞれ2, 3であったとき, 小石は円Aから円C, そして円Cから円Fに移動します。 〔広尾学園中〕

(1) さいころを2回ふって小石を動かした後, 小石が円Bの位置にあるような目の出方は何通りありますか。

(2) さいころを3回ふって小石を動かした後, 小石が円Dの位置にあるような目の出方は何通りありますか。

(3) さいころを3回ふったとき, 小石が1回目と2回目では円Dの位置には止まらず, 3回目ではじめて円Dの位置に止まるような目の出方は何通りありますか。

3 6個を並べる位置をA～Fとおいて, その中から, 白を置く位置を考える。

○ ○ ○ ○ ○ ○
↑ ↑ ↑ ↑ ↑ ↑
A B C D E F

4 (1)表で300円のはらい方を考える。ただし10円玉が5枚しかないことに注意する。

100円	3	2	2	…
50円	0	2	1	…
10円	0	0	5	…

(2) 0円より多く100円未満, 100円以上200円未満
⋮
で支払うことができる金額を表にする。

5 それぞれの記号の位置に移動するためのさいころの目の和は次のようになる。
A…6, 12, 18
B…1, 7, 13
C…2, 8, 14
D…3, 9, 15
E…4, 10, 16
F…5, 11, 17

■■■ ステップ**3** 発展問題

解答 → 別冊p.34

〔奈良学園中〕

1 1 から 6 までの整数の中から異なる 3 個の数を選ぶことにします。

(1) 3 個の数の和が偶数となる選び方は何通りありますか。

(2) 3 個の数の積が偶数となる選び方は何通りありますか。

(3) 3 個の数の和が 3 でわり切れる数となる選び方は何通りありますか。

◆重要

2 次の問いに答えなさい。

〔開智中(埼玉)〕

(1) 4 枚のカード □□22 を並べて 4 けたの整数をつくります。4 けたの整数は何種類できますか。

(2) 4 枚のカード □□23 を並べて 4 けたの整数をつくります。4 けたの整数は何種類できますか。

(3) 9 枚のカード □□□□2223 から 4 枚選び，それらを並べて 4 けたの整数をつくります。4 けたの整数は何種類できますか。

◎難問

3 右の図のように，9 つの小さな正方形の区画があり，ななめにも進むことができます。1 区画だけななめに進んでよいとき，A から B まで最短きょりで行く方法は何通りですか。

〔甲陽学院中〕

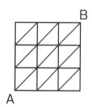

65

理解度診断テスト ❸

出題範囲　p.58〜65

時間 **50分**

得点 　　　　　　　点

理解度診断 Ⓐ Ⓑ Ⓒ

解答 → 別冊p.34

1 右の帯グラフは，図書室にある本の分類を表したものです。(12点)〔梅花中〕

(1) 芸術は全体の何 % になりますか。

図書室にある本の分類

社会	文学	科学	芸術	その他
27%	25%	15%		23%

(2) 社会と科学の本の数の比を求めなさい。

(3) 文学の本の数が 800 冊あるとき，図書室にある本は全部で何冊ありますか。

(4) 全体の帯グラフの長さを 12 cm とするとき，科学の帯グラフの長さは何cmにすればよいですか。

2 右のグラフは，おさむさんのクラスの 50 m 走の記録を表したものです。ただし，階級は 6.8 以上 7.0 未満のように分けられているとします。(12点)

(1) おさむさんのクラスは，全員で何人いますか。

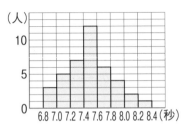

(2) はやいほうから数えて，7.2 秒未満の人は，クラス全体の人数の何 % にあたりますか。

(3) 7.0 秒で走った人が 1 人だけいました。この人は，はやいほうから数えて何番目ですか。

(4) おさむさんは，このクラスではやいほうから数えて 15 番目の記録でした。おさむさんは，何秒以上何秒未満のはんいにいますか。

3 次の資料は，りょうたさんのクラスの男子 11 人のテストの得点です。(12点)

　　　85　70　65　100　70　87　90　95　75　70　73

(1) いちばん高い得点といちばん低い得点の差を求めなさい。

(2) 男子 11 人の平均点はいくらですか。

(3) 中央値はいくらですか。

(4) 最ひん値はいくらですか。

4 ある学校の国語，算数，理科，社会，体育の５科目の先生の人数を円グラフで考えます。図１は，体育をのぞいた４科目の先生の人数と割合を円グラフで表したものです。国語を表すおうぎ形の中心角は108°です。図２は，５科目すべての先生の人数の割合を円グラフに表したものです。(10点)　〔品川女子学院中〕

4科目の先生

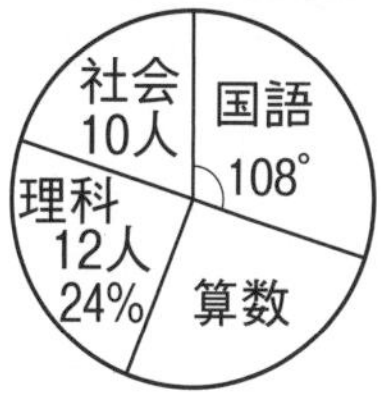

（図１）

(1) 算数の先生は何人ですか。

5科目の先生
約12.3%

（図２）

記述 (2) 体育の先生の人数が全体の約12.3%であるとすると，体育の先生は何人であると考えられますか。考えた過程もかきなさい。

5 次の問いに答えなさい。(20点)

(1) ①, ①, ①, ②, ③の５枚のカードがあります。この中から３枚を使って３けたの整数をつくります。異なる整数は全部で何通りできますか。　〔同志社女子中〕

(2) A, B, C, Dの４人の女の子と，X, Yの２人の男の子がいます。一列に並んで写真をとるとき，両はしが男の子で，間に女の子が並ぶとすると何通りの並び方がありますか。　〔女子美術大付中〕

(3) ８チームでバレーボールの試合をします。どのチームとも１試合ずつ対戦する総あたり戦をするとき，合計何試合になりますか。　〔大妻嵐山中〕

(4) １枚のメダルを続けて４回投げるとき，表と裏の出方は全部で何通りありますか。

6 次の問いに答えなさい。（10点）　　　　　　　　　　　　　　　　　　　〔江戸川学園取手中〕

(1) 500円玉3枚，100円玉7枚，10円玉6枚で支払うことができる金額は全部で何通りありますか。

(2) 500円，100円，10円の3種類の硬貨がたくさんあります。3種類の硬貨を使って1600円を支払う方法は何通りありますか。ただし，どの硬貨も少なくとも1枚は使うものとします。

7 図のように，格子状に線がひいてあり，線の上を点が動きます。
（12点）〔帝塚山中〕

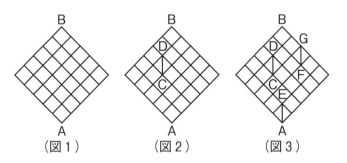

(図1)　　(図2)　　(図3)

(1) 図1のとき，点Aから点Bまで点が動くとき，移動きょりが最も短くなる経路は何通りありますか。

(2) 図2のように，CDに経路を追加します。点Aから点Bまで点が動くとき，移動きょりが最も短くなる経路は何通りありますか。

(3) 図3のように，さらに図2にAE，FGに経路を追加します。点Aから点Bまで点が動くとき，移動きょりが最も短くなる経路は何通りありますか。

チャレンジ

8 右の図のような1辺の長さが1cmの正五角形ABCDEがあります。点Pは，コインを投げて表が出れば反時計回りに正五角形の周上を2cm移動し，裏が出れば，反時計回りに正五角形の周上を1cm移動します。最初点Pは点Aにあり，ちょうど点Aにもどったときをあがりとするゲームをします。例えば，1回目と2回目に表が出て3回目に裏が出ると，点PはA→C→E→Aと移動し，ちょうど1周であがりとなります。（12点）

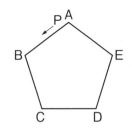

〔神戸海星女子学院中〕

(1) ちょうど1周してあがる方法は何通りありますか。

(2) ちょうど2周してあがる方法は何通りありますか。

第4章　平面図形

第5章　立体図形

第6章　文章題

第7章　公立中高一貫校　適性検査対策問題

中学入試　予想問題

平面図形の性質

ステップ1 基本問題

解答 → 別冊p.37

1 右の図のように，ふつうの四角形に下の①～④の条件を順に加えていくと，ふつうの四角形はどんな四角形に変わっていきますか。ア～オの中に四角形の名前を書き入れなさい。

〔条件〕

① 1組の向かい合う辺を平行にする。

② 残りの向かい合う辺を平行にする。

③ 4つの角を直角にする。

④ 4つの辺の長さを等しくする。

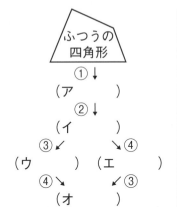

2 次の図形について，あとの問いに答えなさい。

ア 正方形　　**イ** 正三角形　　**ウ** ひし形　　**エ** 平行四辺形

オ 円　　**カ** 二等辺三角形　　**キ** 正六角形　　**ク** 正五角形

(1) 線対称な図形を選び，対称の軸が何本あるか答えなさい。

(2) 点対称な図形を選びなさい。

3 次の色のついた三角形と合同な三角形の記号を書きなさい。

ポイント

▶**線対称**

1つの直線(対称の軸)を折り目として折ったとき，折り目の両側がぴったり重なる図形を線対称な図形という。

対称の軸

▶**点対称**

ある点(対称の中心)を中心として180°回転させたとき，もとの図形にぴったり重なる図形を点対称な図形という。

対称の中心

▶**合同**

形も大きさも同じである図形を合同という。合同な図形では，対応している角の大きさや辺の長さは等しい。

▶**三角形の合同条件**

・3組の辺がそれぞれ等しい。

・2組の辺とその間の角がそれぞれ等しい。

・1組の辺とその両はしの角がそれぞれ等しい。

平面図形

1
平面図形の性質

2
図形の角

3
図形の面積

4
図形の移動

理解度診断テスト④

4 右の図の三角形 ABC は，三角形 ADE の
縮図です。

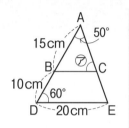

(1) 三角形 ABC は三角形 ADE を何倍に縮小し
ていますか。

(2) 角⑦の大きさを求めなさい。

(3) 辺 BC の長さは何 cm ですか。

5 次の問いに答えなさい。

(1) 実際に 2.5 km ある長さは，縮尺 $\dfrac{1}{50000}$ の地図上では何 cm で
すか。

(2) 縮尺 $\dfrac{1}{25000}$ の地図上の 3 cm は実際には何 m ですか。

〔聖母女学院中〕

6 右の図のような縦 27 m，横 36 m の長
方形の形をした土地があります。

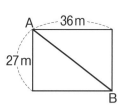

(1) $\dfrac{1}{1000}$ の縮図をかきなさい。

(2) A から B まで一直線の道をつくります。道の長さは何mですか。

▶相似

形は同じだが，大きさがち
がう図形を相似という。相
似な図形では，対応する辺
の長さの比（相似比）は等し
く，対応する角の大きさも
それぞれ等しい。

▶三角形の相似条件

・3 組の辺の比がすべて等
しい。

・2 組の辺の比とその間の
角が等しい。

・2 組の角がそれぞれ等し
い。

▶相似な三角形の辺の長さ

よく使われる三角形の相似
の型

・ピラミッド型
・ちょうちょ型
・直角三角形型

▶縮尺

地図の縮尺は実際の長さを
地図上で表すときに縮めた
割合のことである。

縮尺 1：□，$\dfrac{1}{\square}$ の地図では，

×□

地図上の長さ　実際の長さ

×$\dfrac{1}{\square}$

実際の長さや角度の一部を
はかりとり，その縮図をか
くことで，はかりとれなか
った実際のおよその長さを
計算で求めることができる。

ステップ2 標準問題

解答 → 別冊p.37

1 次の図に三角形はいくつありますか。それぞれ求めなさい。

〔慶應義塾普通部〕

(1) 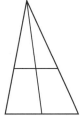　　　(2)

2 右の図は，ひし形を8つの三角形に分けたものです。

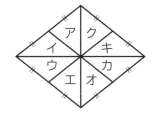

(1) アの三角形と線対称の位置にある三角形はどれですか。すべて答えなさい。

(2) イの三角形と点対称の位置にある三角形はどれですか。すべて答えなさい。

■重要

3 次の□にあてはまる数を求めなさい。

(1) 実際に 8.5 km ある長さは，縮尺 50000 分の 1 の地図上では □ cm です。

〔比治山女子中〕

(2) 実際の 4.8 km を 8 cm に縮めてつくった地図の縮尺は□分の 1 です。

〔清泉女学院中〕

(3) まわりの長さが 4 km の土地の□分の 1 の縮図をかくと，まわりの長さは 16 cm になりました。

〔淳心学院中〕

得点アップ

1 小さい三角形から順に，小さい図形を2つ，3つ，…組み合わせてできる大きい三角形も数えていく。

2 (1)アと合同な三角形はエ，オ，クなので，その中から，縦，横，ななめのいろいろな線を折り目として折ったとき重なる図形を考える。

(2)イと合同な三角形はウ，カ，キなので，その中から，イをある点を中心として，180°回転させたとき重なる図形を考える。

3 地図　　実際

(1) □ cm　　8.5 km
$\times \frac{1}{50000}$

(2) 8 cm　　4.8 km
$\times \frac{1}{□}$

(3) 16 cm　　4 km
$\times \frac{1}{□}$

4 右の図で，直線 ℓ が対称の軸とな
るように，線対称な図形を完成さ
せなさい。　　　　　　〔星野学園中〕

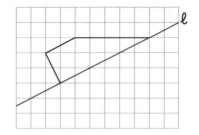

5 次の正五角形の辺の長さが 2 倍になるような正五角形を作図しな
さい。　　　　　　　　　　　　　　　　　　　　〔芝浦工業大附中〕

●重要

6 右の図のように，直角三角形
の中に正方形がぴったり入っ
ています。　　　〔成城中〕

(1) 正方形の 1 辺の長さは何 cm で
すか。

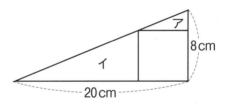

(2) 三角形アの面積は何 cm² ですか。

(3) 正方形と三角形イの面積の比を求めなさい。

平面図形
1 平面図形の性質
2 図形の角
3 図形の面積
4 図形の移動
理解度診断テスト④

4 直線 ℓ を折り目と
して折ったとき，各
頂点が重なる点を結
ぶ。

5 正五角形の 1 つの
頂点からほかの頂点
とをそれぞれ結び，
1 つの頂点からほか
の頂点までの長さの
2 倍となるような点
をとって結ぶ。

✔チェック！自由自在
　相似な図形は平
面だけでなく立体
でもある。立体の
相似についても調
べてみよう。

6 直角をはさむ 2 辺
が 8 cm と 20 cm
の直角三角形と，ア，
イの直角三角形は相
似なので，その底辺
と高さの比が，
20 cm：8 cm=5：2
であることと，正方
形の縦と横の長さが
等しいことから考え
る。

ステップ**3** 発展問題

解答→別冊p.38

1 1辺の長さが8cmの正方形の折り紙があります。この折り紙を図1のように，きっちりと3回折り，三角形ABCをつくりました。

次に，図2のように点Aを中心としたおうぎ形，直角三角形BDE，直角三角形CFGの3つの図形を切り取りました。この後，この折り紙を広げました。

広げたときにできる図形を右の正方形に定規・コンパスを用いてかきなさい。ただし，切り取られた部分はしゃ線で表しなさい。　〔六甲学院中〕

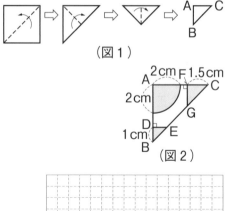
（図1）

（図2）

♥重要

2 右の図は，まことさんの学校のしき地の縮図です。100mを5cmに縮めてあります。

(1) 縮尺は何分の1ですか。

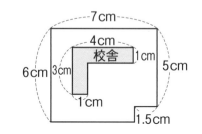

(2) しき地のまわりの実際の長さは何mですか。

(3) 校舎の面積は実際には何m²ですか。

平面図形

1 平面図形の性質

2 図形の角

3 図形の面積

4 図形の移動

理解度診断テスト④

3 縮尺 $\dfrac{1}{50000}$ の地図上で，縦 1 cm，横 4 cm の長方形の形をした土地があります。

〔武庫川女子大附中〕

(1) この土地の実際の面積は何 km² ですか。

(2) この土地の周囲を時速 8 km で 1 周走ると，何分何秒かかりますか。

◎難問
4 右の図で，三角形 XOY は直角二等辺三角形です。OX を対称の軸として，点 A に対応する点を B とします。また，OY を対称の軸として点 B に対応する点を C とします。

(1) 点 C を図にかき入れなさい。

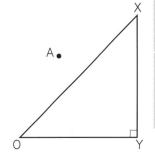

(2) 角 AOC の大きさを求めなさい。また，どのように考えたのかがわかるように説明しなさい。

◎難問
5 AD＝75 cm で，AB の長さがわからない長方形 ABCD があります。その長方形の内側に，3 辺の長さが AE＝60 cm，ED＝45 cm，DA＝75 cm の直角三角形 AED と，CF＝21 cm，FB＝72 cm，BC＝75 cm の直角三角形 CFB を置いたところ，右の図のようになりました。　〔慶應義塾普通部〕

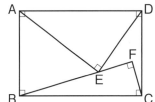

(1) 底辺を AD としたときの三角形 AED の高さを求めなさい。

(2) AB の長さを求めなさい。

2

図形の角

ステップ**1** 基本問題

解答 → 別冊p.39

1 右の図で，直線⑥と直線⑥は平行です。角⑦～角⑦の大きさをそれぞれ求めなさい。

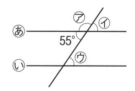

2 右の図は，1組の三角定規を組み合わせてつくった図形です。角⑦，角⑦の大きさをそれぞれ求めなさい。　〔京都聖母学院中〕

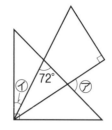

3 正八角形について，次の問いに答えなさい。

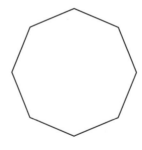

(1) 内角の和の大きさを求めなさい。

(2) 1つの内角の大きさを求めなさい。

(3) 外角の和の大きさを求めなさい。

(4) 対角線は全部で何本ひけますか。

ポイント

▶同位角と錯角

平行線に1つの直線が交わった図形では，次の性質が成り立つ。

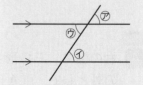

⑦＝⑦…同位角

⑦＝⑦…錯角

▶三角定規

三角定規は下の2つ(30°，60°，90°の直角三角形と，直角二等辺三角形)で1組になっている。

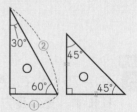

▶多角形の性質

・□角形の内角の和
　＝180°×(□−2)

・□角形の外角の和
　＝360°

・正□角形の1つの内角の大きさ
　＝180°−(360°÷□)

・□角形の対角線の数
　＝(□−3)×□÷2

平面図形

1 平面図形の性質
2 図形の角
3 図形の面積
4 図形の移動
理解度診断テスト①

4 次のそれぞれの図で角⑦の大きさを求めなさい。

(1)
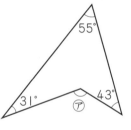
〔関西大第一中〕

(2)

〔甲南中〕

(3)
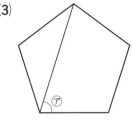
（正五角形）

(4)
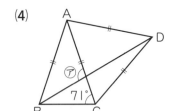
二等辺三角形 ABC と
正三角形 ACD を組み合わせた
図形
〔富士見中〕

(5)
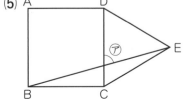
正方形 ABCD と
正三角形 CDE を組み合わせた
図形
〔関西大第一中〕

(6)

（長方形の紙を折り曲げたもの）
〔浅野中〕

5 右の図のように長方形の紙を折った
ときの角⑦の大きさを求めなさい。
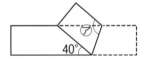

▶ちょうちょ型とブーメラン型

ちょうちょ型

⑦＋④＝⑦＋エ

ブーメラン型

⑦＋④＋⑦＝エ

▶正方形と正三角形
正方形と正三角形を組み合わせた図形では，
(30°, 75°, 75°)
(15°, 15°, 150°)
の二等辺三角形ができることが多い。
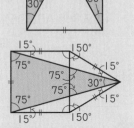

▶図形の折り返し
図形の一部を折り返すと，折り返した部分どうしは合同なので，対応する辺の長さと角度はそれぞれ等しい。
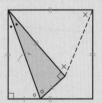

■**ステップ2 標準問題**

解答 → 別冊p.40

1 次のそれぞれの図で角⑦の大きさを求めなさい。

(1)
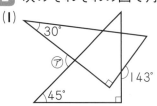

$\left(\begin{array}{l}2\text{つの三角定規を重ね合わせた}\\ \text{図形}\end{array}\right)$

〔関西創価中〕

(2)
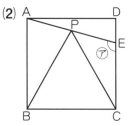

$\left(\begin{array}{l}\text{正方形 ABCD と正三角形 PBC}\\ \text{点 A, P, E は一直線上}\end{array}\right)$

〔大谷中(大阪)〕

★重要

2 次のそれぞれの図で角⑦の大きさを求めなさい。

(1)
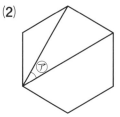

(正五角形 ABCDE)

〔品川女子学院中〕

(2)
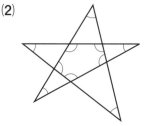

$\left(\begin{array}{l}\text{正六角形に2本の対角線をひいた}\\ \text{図形}\end{array}\right)$

〔横浜中〕

★重要

3 次のそれぞれの図で印のついた角の大きさの和を求めなさい。

(1)

(2)

〔京都女子中〕　　　　　　　　　　〔中央大附属横浜中〕

得点アップ

1(2)正方形と正三角形の辺の長さが等しいことからできる二等辺三角形を見つける。

✔チェック!自由自在
　三角形の内角と外角の関係を調べてみよう。

2正多角形の1つの角の大きさを求め,図形の中の二等辺三角形を見つける。

3(1)ちょうちょ型を利用して考える。
(2)星型の先の角と,中の五角形の内角の和に分けて考える。

4 右の図のような AB と AC の長さが等しい二等辺三角形があります。AD と BD と BC の長さが等しいとき，角⑦の大きさを求めなさい。〔奈良学園登美ヶ丘中〕

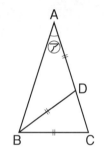

4二等辺三角形の等しい角と，三角形の内角と外角の関係より考える。

●重要
5 次の問いに答えなさい。

(1) 右の図の三角形 ABC において，角⑦の大きさを求めなさい。ただし，同じ印の角は同じ大きさです。　〔清泉女学院中〕

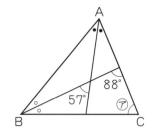

5(1)・＋○＝57°
(2)・＋40°＝○
・・＋⑦＝○○

(2) 右の図の角⑦の大きさを求めなさい。〔甲南中〕

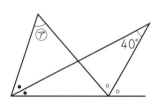

6 右の図のように，正方形 ABCD を BE を折り目として折りました。点 F は点 A が移った点を表します。CF と CD とでできる角を⑦とするとき，角⑦の大きさを求めなさい。
〔清教学園中〕

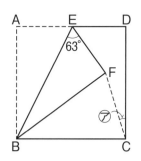

6正方形の辺の長さがすべて等しいことから，折ってできる二等辺三角形を見つける。

●重要
7 右の図のおうぎ形で，BC を折り目として折ると，点 A が点 D に重なりました。角⑦，角①の大きさをそれぞれ求めなさい。
〔明星中(大阪)〕

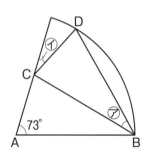

7DA に補助線をひいて考える。

ステップ**3** 発展問題

解答 → 別冊p.42

●重要

1 右の図において直線アと直線イは平行で，五角形 ABCDE は正五角形です。角⑦と角④の大きさを求めなさい。〔ラ・サール中〕

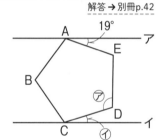

2 右の図は，正八角形の2つの辺をのばした直線の交点を表したものです。角⑦の大きさを求めなさい。〔湘南学園中〕

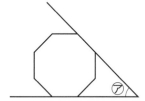

●記述

3 右の図のように，合同な6つの正方形を並べました。角⑦と角④の大きさの和を求めなさい。また，どのように考えたのかわかるように説明も書きなさい。〔同志社香里中―改〕

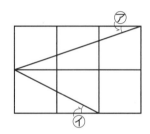

4 右の図で，印をつけた角度の和を求めなさい。〔跡見学園中〕

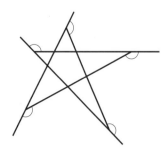

●重要

5 右の図の三角形 ABC は AB＝AC の二等辺三角形です。AD＝DE＝EF＝FB＝BC のとき，角⑦の大きさを求めなさい。

〔頌栄女子学院中〕

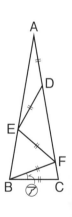

平面図形

1 平面図形の性質

2 図形の角

3 図形の面積

4 図形の移動

理解度診断テスト④

6 右の図のように，三角形 ABC を辺 BC 上の点 D と点 A を結ぶ
線で折り返したところ，辺 AB と辺 DE が平行になりました。
角⑦の大きさを求めなさい。　〔芝中〕

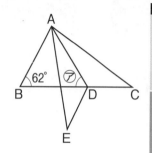

7 右の図のように，1 枚の長方形の紙を AC で折り，さらに
BC で折ります。角⑦の大きさを求めなさい。　〔鎌倉学園中〕

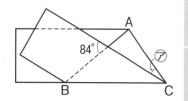

●重要

8 右の図のように，正方形 ABCD の辺 BC を延長（えんちょう）した線上に
点 E があります。AE と BD の交点を F とし，点 C と F を
結んだところ，CE と CF の長さが同じになりました。この
とき，角⑦，角⑦の大きさを求めなさい。　〔頴明館中〕

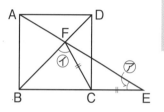

●難問

9 次の図において，角⑦や角⑦の大きさを求めなさい。

(1)

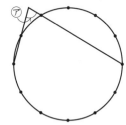

（円周上の点は円周を 12 等分する点）〔開智中〕

(2)

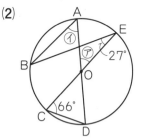

$\left(\begin{array}{l}\text{A, B, C, D, E は円周上の点}\\ \text{点 O は円の中心}\end{array}\right)$

〔武庫川女子大附中〕

３ 図形の面積

ステップ1 基本問題

解答 → 別冊p.43

1 次の図形の面積を求めなさい。

(1)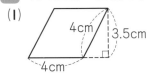

(2)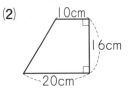

(3)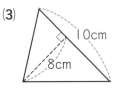

2 次の図形の面積を求めなさい。

(1)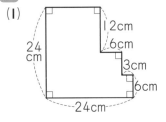

(2)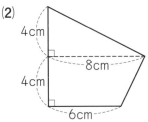

3 次の図形の色のついた部分の面積を求めなさい。

(1)

〔大阪女学院中〕

(2)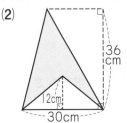

(3)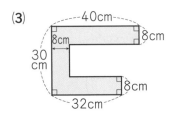

(4)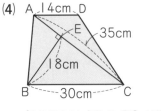

$\left(\begin{array}{l}\text{ABCD は AD と BC が平行な}\\\text{台形}\end{array}\right)$

〔青山学院中〕

ポイント

▶**三角形・四角形の面積**

・三角形の面積
＝底辺×高さ÷2

・正方形の面積
＝１辺×１辺

・長方形の面積
＝縦×横

・平行四辺形の面積
＝底辺×高さ

・台形の面積
＝(上底＋下底)×高さ÷2

・ひし形の面積
＝対角線×対角線÷2

▶**いろいろな図形の面積**

・基本の図形に分ける

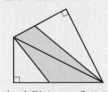

(三角形2つに分ける)

・全体から一部をひく

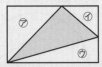

(長方形から⑦①⑦の三角形をひく)

・等積変形

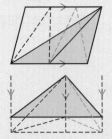

(面積を変えずに形を変える)

4 次の図形の色のついた部分の面積を求めなさい。円周率は 3.14 とします。

(1)
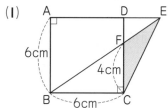

(2)
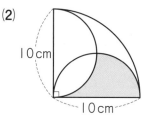

5 次の図形の色のついた部分のまわりの長さと面積を求めなさい。円周率は 3.14 とします。

(1)
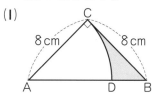

(2)
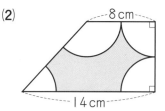

（中心角が 90° と 180° のおうぎ
形を組み合わせた図形で，点は
各円の中心）

〔プール学院中〕

6 次の図形の色のついた部分の面積を求めなさい。円周率は 3.14 とします。

(1)
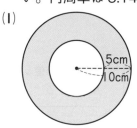

（点 A は円の中心）

〔横浜女学院中〕

(2)
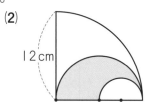

（半径が等しいおうぎ形と台形を
組み合わせた図形）

〔聖園女学院中〕

7 右の長方形の図で，色のつい
た部分の面積の和を求めなさ
い。　〔和歌山信愛女子短大附中〕

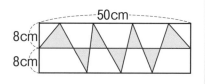

平面図形

1 平面図形の性質

2 図形の角

3 図形の面積

4 図形の移動

理解度診断テスト ④

・等積移動

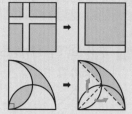

（面積を変えずに場所を
移動）

▶ 円とおうぎ形

・円周の長さ
＝直径×3.14

・円の面積
＝半径×半径×3.14

・おうぎ形の弧の長さ
＝直径×3.14×$\frac{中心角}{360}$

・おうぎ形の面積
＝半径×半径×3.14×$\frac{中心角}{360°}$
＝弧の長さ×半径÷2

・おうぎ形からおうぎ形を
ひいた形の面積
＝（内側の弧の長さ＋外側
の弧の長さ）×半径の差
÷2

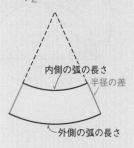

ステップ2 標準問題

- ●組み合わせた図形の面積
- ●底辺や高さが等しい三角形の面積比
- ●相似な三角形の面積比

解答 → 別冊p.44

♥重要

1 次の図で，(1)は色のついた部分の面積を，(2)は台形 ABCD の面積を求めなさい。

(1)
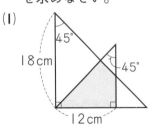
〔関西大第一中〕

(2)
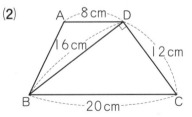
〔近畿大附中〕

得点アップ

1 (1)直角二等辺三角形の性質を使って考える。

(2)三角形 BCD の面積を使って考える。

2 右の図において，色のついた部分の面積の合計は何 cm² ですか。
〔甲南女子中〕
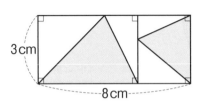

2 平行線を使って等積変形する。

3 次の図において，色のついた部分の面積を答えなさい。ただし，(2)は A と B の面積をそれぞれ求めなさい。円周率は 3.14 とします。

(1)
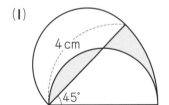
〔自修館中〕

(2)
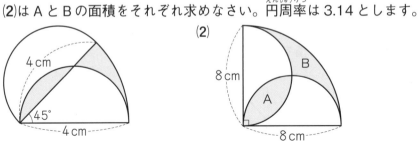
〔滝川中〕

3 (1)(2)(4)等積移動する。

✓チェック！自由自在

 の面積を簡単に求める方法を調べてみよう。

(3)
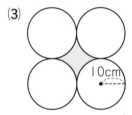
(同じ半径の円 4 個)
〔國學院大久我山中〕

(4)
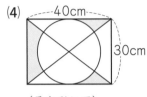
(長方形と円)　〔立教池袋中〕

✓チェック！自由自在

面積の単位の関係を調べてみよう。

平面図形

1 平面図形の性質
2 図形の角
3 図形の面積
4 図形の移動
理解度診断テスト④

★重要

4 右の図のように，断面が半径 5 cm の円になる
パイプ 7 本に長さが最も短くなるようにひも
をまきつけます。まきつけるのに必要なひも
（図の太線部分）の長さは何 cm になりますか。
円周率は 3.14 とします。　〔奈良学園登美ヶ丘中〕

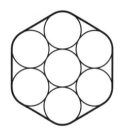

④外側の 6 つの円の
中心を結び，ひもと
円が接している部分
のおうぎ形がわかる
ように補助線をひく。

5 右の図は，半径 10 cm の円と，その中心を
通る 5 本の直線でできています。色のつい
た部分のまわりの長さの合計は何 cm です
か。円周率は 3.14 とします。〔田園調布学園中〕

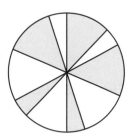

⑤5 つのおうぎ形の
弧の部分を全部つな
ぎ合わせて考える。

6 右の図のように，円 O の中に半円が 5 つあ
るとき，色のついた部分の面積は何 cm² で
すか。円周率は 3.14 とします。　〔淑徳与野中〕

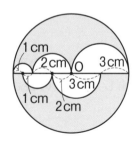

⑥大きな円から半円
を 5 つひく。
×3.14 の計算は，
分配法則でまとめる。

★重要

7 右の図のように，1 辺 12 cm の正方形と円
がぴったり重なっています。色のついた部
分の面積を求めなさい。円周率は 3.14 とし
ます。
　〔東京女学館中〕

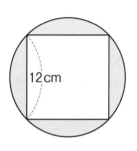

⑦半径がわからない
円の面積は，
半径×半径の値 がわ
かれば求めることが
できる。

85

💛重要

[8] 次の図の色のついた部分の面積をそれぞれ求めなさい。円周率は 3.14 とします。

(1)
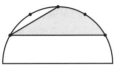

（半径 3 cm の半円と，曲線部分を 6 等分する点）

〔明治大付属中野中〕

(2)
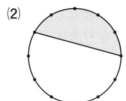

（半径 6 cm の円と，円周を 12 等分する点）

〔西大和学園中〕

[9] 右の図で，AF：FB＝3：5，FE：EC＝1：1，BD：DC＝3：2 のとき，三角形 ABC の面積は三角形 EDC の面積の何倍ですか。〔桜美林中〕

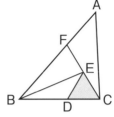

💛重要

[10] 右の図のように 1 辺が 10 cm の正三角形の面積を 5 等分しました。FD の長さは何 cm ですか。〔香蘭女学校中〕

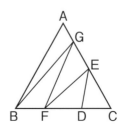

💛重要

[11] 右の図で AD の長さは AC の長さに等しく，BE の長さは AB の長さの 2 倍，CF の長さは BC の長さの 3 倍です。三角形 ADE の面積が 12 cm² のとき，三角形 DEF の面積は何 cm² ですか。〔初芝富田林中〕

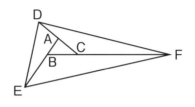

[8] 円の中心から補助線をひいて考える。

✔チェック！自由自在
　30°や150°をふくむ三角形の面積の求め方を調べてみよう。

[9] [10]

高さが等しい三角形の面積比は，底辺の比と等しいことを使って考える。

[11] 三角形 ABC の 1 辺の長さをそれぞれ 1 として辺の比を整理し，

⑦：⑦ の面積比が，(a×c)：(b×d) になることから考える。

86

平面図形

1 平面図形の性質

2 図形の角

3 図形の面積

4 図形の移動

理解度診断テスト（4）

🔴重要

12 右の図のように，面積が 48 cm² の平行四辺形の辺上に点をとったとき，色のついた部分の面積は何 cm² ですか。

〔公文国際学園中〕

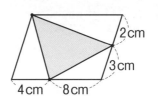

13 次の図の(1)(2)はともに長方形です。色のついた部分の面積を求めなさい。

(1)

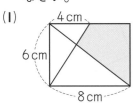

〔清教学園中〕

(2)

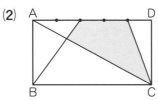

$$\left(\begin{array}{l}長方形 \ ABCD = 210 \ cm^2 \\ 点は辺 \ AD \ を \ 5 \ 等分する点\end{array}\right)$$

〔桐光学園中〕

🔴重要

14 右の図のような長方形があります。
BE＝EF＝FG＝GC＝2 cm，
DH＝HC＝3 cm で，点I，J はそれぞれ
対角線 BD と直線 AE，AH との交点です。

〔桃山学院中〕

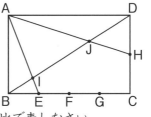

(1) BI と IJ と JD の長さの比を最も簡単な整数の比で表しなさい。

(2) 三角形 AIJ の面積は何 cm² ですか。

12 色のついた部分の面積以外の三角形の面積が，平行四辺形のどれだけの割合にあたるかを考え，色のついた部分の面積の割合を求める。

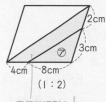

（1：2）

平行四辺形の $\frac{1}{2}$

⑦は，平行四辺形の $\frac{1}{2} \times \frac{2}{3} \times \frac{3}{5}$ になる。

13 台形内の面積比を使って考える。

14(1)

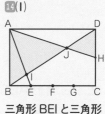

三角形 BEI と三角形 DAI の相似から，
BI：ID を求め，三角形 ABJ と三角形 HDJ の相似から，BJ：JD を求め，和がどちらも BD で等しいことから，BI：IJ：JD を求める。

87

ステップ3 発展問題

解答 → 別冊p.47

1 右の図は三角形と半円を組み合わせたものです。色のついた部分の面積は何cm²ですか。円周率は3.14とします。〔松蔭中(兵庫)〕

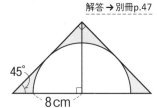

●重要

2 右の図は，1辺が8cmの合同な2つの正方形ABCDとEFGHを，点Hが正方形ABCDの対角線の交点に一致するように重ねたものです。〔武庫川女子大附中〕

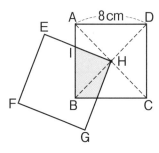

(1) 色のついた部分の面積は何cm²ですか。

(2) 色のついた部分の周の長さが17cmのとき，EIの長さは何cmですか。

3 右の図のように正三角形の中に正六角形があり，正六角形の頂点D，E，Fは正三角形の辺上にあります。〔智辯学園和歌山中〕

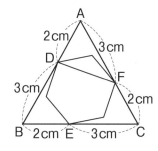

(1) 正三角形ABCの面積は三角形ADFの面積の何倍ですか。

(2) 正三角形ABCの面積は，正六角形の面積の何倍ですか。

●重要

4 右の図のような平行四辺形ABCDがあります。
AE：EB＝1：2，CF：FD＝1：1，AG：GD＝1：2であるとき，三角形CIHの面積は平行四辺形ABCDの面積の何倍ですか。〔東邦大付属東邦中〕

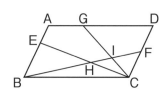

平面図形

1 平面図形の性質

2 図形の角

3 図形の面積

4 図形の移動

理解度診断テスト④

5 次の問いに答えなさい。　〔暁星中〕

(1) 図１は，いくつかの円と正三角形を組み合わせた図形です。このとき，いちばん大きい円といちばん小さい円の面積比を最も簡単な整数比で求めなさい。

（図１）

(2) 図２は，いくつかの円と正三角形と正方形を組み合わせた図形です。このとき，いちばん大きい円といちばん小さい円の面積比を最も簡単な整数比で求めなさい。

（図２）

▼重要

6 右の図の三角形 ABC は，辺 AB の長さが９cm，辺 AC の長さが 12 cm，辺 BC の長さが 15 cm の直角三角形です。図のように，この三角形 ABC の内側に長方形 DEFG をつくりました。

〔神戸海星女子学院中〕

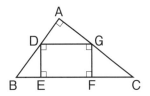

(1) 辺 AG の長さが４cm のとき，三角形 ABC は三角形 FGC を何倍に拡大したものですか。

(2) 点 G が辺 AC の真ん中の点のとき，長方形 DEFG の面積を求めなさい。

(3) 三角形 ADG と三角形 FGC の面積が等しくなるとき，長方形 DEFG の面積を求めなさい。

(4) 長方形 DEFG が正方形になるとき，この正方形の１辺の長さを求めなさい。

▼重要

7 右の図のような，おうぎ形と１辺の長さが８cm の正方形を組み合わせた図形があります。点 A，B はおうぎ形の弧の長さを３等分する点です。色のついた部分の面積の和を求めなさい。円周率は 3.14 とします。

〔西大和学園中〕

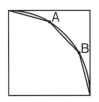

難問

8 右の図は，おうぎ形 AOB を点 B を中心に 45°回転したようすを表しています。色のついた部分の面積は何 cm² ですか。円周率は 3.14 とします。

〔慶應義塾中〕

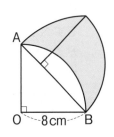

図形の移動

▂▃▅ ステップ1 基本問題

解答→別冊p.49

1　図1のような台形 ABCD があります。点 E は台形 ABCD の辺上を，秒速 1 cm で点 B から点 C を通って点 D まで動きます。図2のグラフは，点 E が点 B を出発してからの時間と三角形 AED の面積の関係を表したものです。〔開智中(和歌山)〕

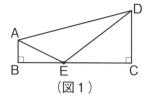
（図1）

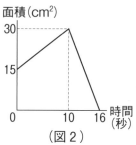
（図2）

(1)　辺 AB の長さは何 cm ですか。

(2)　点 E が点 B を出発してから6秒後の三角形 AED の面積は何 cm² ですか。

(3)　三角形 AED の面積が 20 cm² になるのは，点 E が点 B を出発してから何秒後と何秒後ですか。

2　図1のように，1辺の長さが5cmの正方形 A と1辺の長さが 10 cm の正方形 B があります。図1の状態から A を 15 秒間だけ一定の速さで右に動かし，A と B の重なった部分の面積と時間の関係を一部分だけ示したものを図2とします。〔浦和実業学園中〕

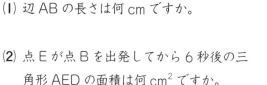
（図1）

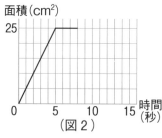
（図2）

(1)　A が動く速さは秒速何 cm ですか。

(2)　図2を完成させなさい。

3　右の図は，1辺6cmの正三角形 ABC を，直線 X 上をすべらないように辺 BC がふたたび直線 X 上に重なるまで転がしたものです。頂点 A が動いたあとの線を図にかき入れなさい。またその長さも求めなさい。円周率は 3.14 とします。

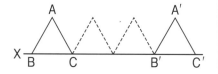

▶ポイント

▶点の移動とグラフ

1では，点 E が B にあるときが，グラフの0秒後で，そのときの三角形 AED の面積が 15 cm² であることがわかる。
点 E が C にあるときが，10秒後，D にあるときが，16秒後である。

▶図形の平行移動

2のように，図形を一定の方向に動かす移動を平行移動という。

▶図形の回転移動

図形を，ある点を中心として一定の角度だけ回転させる移動を回転移動という。

▶図形の転がり移動

直線上をすべることなく図形を転がすとき，1点を中心として，他の点はおうぎ形の弧をえがくように移動する。

▶正三角形の転がり移動

頂点が動いたあとにできる線は，正三角形の1辺を半径とする中心角 120° のおうぎ形の弧となる。

4 右の図のように，長方形 ABCD を矢印の向きに，直線 ℓ の上を転がしていきます。た

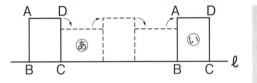

だし，辺 AB の長さは 4 cm，辺 AD の長さは 3 cm，対角線 AC の長さは 5 cm とし，円周率は 3.14 とします。　〔京都橘中〕

(1) あの位置まで転がしたとき，点 D が動いた長さを求めなさい。

(2) いの位置まで転がしたとき，点 A が動いた長さを求めなさい。

✿重要

5 右の図のような，おうぎ形 OAB があります。このおうぎ形を，矢印の方向に点 O がふたたび直線 ℓ 上にくるまですべらないように回転させます。円周率は 3.14 とします。

〔春日部共栄中〕

(1) 点 O が動いてできる道のりを図示しなさい。

(2) (1)で図示した道のりと直線 ℓ で囲まれた部分の面積を求めなさい。

6 右の図のように，半径 2 cm の円が長方形の辺上を回転しながらちょうど 1 周しました。円周率は 3.14 とします。

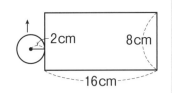

(1) 円の中心が通ったあとを図にかき入れなさい。

(2) (1)の長さを求めなさい。

(3) 円が通過した部分の面積は何 cm² ですか。

▶長方形の転がり移動
頂点が動いたあとにできる線は，長方形の縦，横，対角線をそれぞれ半径とする中心角 90° のおうぎ形の弧になる。

▶おうぎ形の転がり移動
中心が動いたあとにできる線は，転がしたおうぎ形と同じ半径で中心角 90° のおうぎ形の弧×2＋転がしたおうぎ形の弧と同じ長さの直線になる。

▶長方形の外側を転がる円
6 のように，長方形の外側を円が転がるとき，円の中心が動いたあとの線は，長方形の辺と同じ長さの直線と，4 つのおうぎ形の弧になる。
円が通った部分の面積は，長方形 4 つと，おうぎ形 4 つを合わせた面積になる。

▶長方形の内側を転がる円
長方形の内側を円が転がるとき，円の中心が動いたあとの線は，長方形の辺よりもそれぞれ半径 2 つ分短い辺の長方形になる。
円が通ったあとの面積は，全体の長方形の面積から，円が通らない部分の面積をひいて求める。

● 点の移動
● 図形の平行移動と回転移動
● 図形の転がる移動

解答→別冊p.50

1 図1のような AD＝20 cm の長方形
ABCD があります。長方形の辺上を，
点 P は A→D→C→B の順に，点 Q は
B→C→D→A の順に，それぞれ一定の
速さで移動しました。図2は，点 A を
出発した点 P が点 B に着くまでの
三角形 APB と三角形 AQB の面積
の差と時間の関係を表したグラフで
す。ただし，点 P，Q は同時に出発
し，点 P の速さは点 Q の速さより
速いものとします。　　　〔本郷中〕

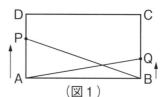

(図1)

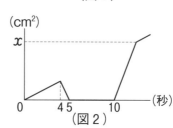

(図2)

(1) 点 P の速さは秒速何 cm ですか。

(2) 辺 AB の長さは何 cm ですか。

(3) 図2の x の値を求めなさい。

●重要
2 右の図のように，アの直線上に
直角三角形と長方形があります。
直角三角形を，この図の位置か
ら秒速 1 cm で，矢印の方向に，アの直線にそって動かします。
〔同志社女子中〕

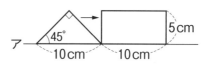

(1) 動きはじめてから 7 秒後に直角三角形と長方形が重なっている部分の
面積は何 cm² ですか。

(2) 直角三角形と長方形が重なる部分の面積が 8 cm² になるときが 2 回あ
ります。これは直角三角形が動きはじめてから何秒後と何秒後ですか。

●重要
3 右の図のように，直角三角形 ABC を頂
点 C を中心として 90° 回転させました。
色のついた部分は辺 AB が通ったあとを
表しています。円周率は 3.14 とします。
〔関西大倉中〕

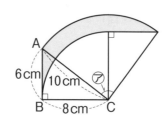

(1) 角⑦の大きさを求めなさい。

(2) 色がついた部分の周囲の長さを求めなさい。

(3) 色がついた部分の面積を求めなさい。

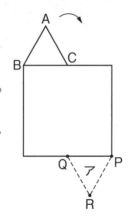

4 右の図のような，1辺の長さが6cmの正三角形が，1辺の長さが12cmの正方形のまわりを，図の位置からアの位置まですべることなく時計回りに転がります。円周率は3.14とします。

〔明星中(大阪)〕

(1) 頂点Aが重なる点はP，Q，Rのうちどれですか。

(2) 頂点Aが動いたあとにできる線の長さを求めなさい。

(3) 頂点Aが動いたあとにできる線の長さ，頂点Bが動いたあとにできる線の長さ，頂点Cが動いたあとにできる線の長さのうち，

① 最も長いものと最も短いものは，それぞれどの頂点のものか答えなさい。

② 最も長いものと最も短いものの差を求めなさい。

●重要

5 右の図のように，縦10cm，横20cmの長方形から1辺4cmの正方形を切り取った図形アと，ともに半径2cmの円イと円ウがあります。図形アの内側に円イ，外側に円ウをそれぞれ辺にそってはなれないように1周転がしました。円周率は3.14とします。

〔関西大学中〕

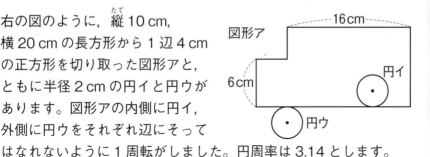

(1) 円イの中心が動いた長さは何cmですか。

(2) 円ウの中心が動いた長さは何cmですか。

(3) 円ウが動いたあとにできる図形の面積は何cm²ですか。

4 正方形の辺のまわりに，正三角形をかいてから，各頂点が通った道すじを作図して考える。

✓チェック！自由自在
　図形の外側や内側を，図形が転がる問題はいろいろあるので調べてみよう。

5 円は，直線上では直線的に移動するが，かどでは内側と外側での移動のしかたのちがいがあるので，注意して考える。

平面図形

1 平面図形の性質
2 図形の角
3 図形の面積
4 図形の移動
理解度診断テスト④

ステップ3 発展問題

解答→別冊p.51

[1] 右の図のような，AB，BC，CA の長さがそれぞれ
20 m，16 m，12 m であり，角 C の大きさが 90°
である直角三角形 ABC の 3 つの頂点の位置に牛が
1 頭ずつロープでつながれています。A，B，C に
つながれているロープの長さは，それぞれ 16 m，
12 m，20 m です。このとき，牛が動くことのできる部分の面積は全部で何 m² ですか。
ただし，牛の大きさ，ロープの太さは考えないものとし，ロープはのびないものとし，
円周率は 3.14 とします。　　　　　　　　　　　　　　　　　　　　　　〔豊島岡女子学園中〕

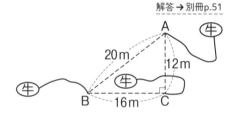

🔻重要

[2] 図 1 のような長方形 ABCD があります。点 P は辺 AD 上を，点
Q は辺 BC 上を何度も往復します。点 P は頂点 A から，点 Q は
頂点 B から同時に出発します。点 P が動きはじめてからの時間
と四角形 ABQP の面積の関係は図 2 のようなグラフになりまし
た。点 P より点 Q がはやく動きます。　　　　　〔慶應義塾中〕

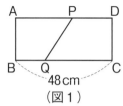
（図 1）

(1) 四角形 ABQP の面積が長方形 ABCD の面積の半分になる
2 回目の時間は点 P が出発してから何秒後ですか。

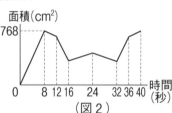
（図 2）

(2) 四角形 ABQP が正方形になる 2 回目の時間は，点 P が出
発してから何秒後ですか。

🔻重要

[3] 横の長さが 18 cm，縦の長さが 21 cm の長方形 ABCD の内側
の図の位置に 1 辺の長さが 6 cm の正三角形があります。この
正三角形が長方形の内側を辺にそって図の矢印の向きにすべら
ないように転がっていきます。正三角形の頂点 P が辺 BC 上に
はじめて重なったときに転がることをやめます。　　〔世田谷学園中〕

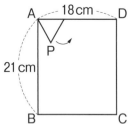

(1) 転がることをやめるまでに，正三角形は何回転がりましたか。ただ
し，正三角形を図の矢印の向きに転がして，正三角形のどこかの頂点が長方形の辺に重なっ
たときを 1 回転がると数えることにします。

(2) 転がることをやめるまでに，頂点 P が動いたあとの線の長さは何 cm ですか。円周率は 3.14
とします。

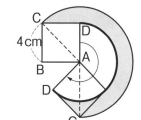

重要

4 右の図のように，1 辺が 4 cm の正方形 ABCD を，頂点 A を中心にして頂点 C が辺 DA の延長線上にくるまで時計回りに回転させました。円周率は 3.14 とします。〔和洋九段女子中〕

(1) 正方形を何度回転させましたか。

(2) 頂点 D が動いてできる太線の長さは何 cm ですか。

(3) 辺 CD が動いてできる色のついた部分の面積は何 cm² ですか。

5 図 1 のように，半径 10 cm の円の内部に 1 辺の長さが 10 cm の正方形 ABCD があります。図 2 のように，点 A を円周上につけたまま，点 B が円周につくまで，正方形を回転させます。次に，点 B を円周上につけたまま，点 C が円周につくまで回転させます。このような回転を同じ向きにくり返していきます。図 1 の位置からもとの位置にもどってくるまで回転を 6 回くり返します。（点 A～D の位置はもとにもどるとはかぎりません。）点 B の動いた道すじの長さを，四捨五入して小数第二位まで求めなさい。ただし，この正方形の対角線の長さは 14.1 cm，円周率は 3.14 とします。〔栄光学園中〕

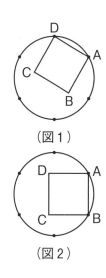

（図1）

（図2）

難問

6 図 1 のように，半径 1 cm の円を A から D まで太線にそってすべらないように転がしました。ただし，AB＝5 cm，CD＝5 cm，B から C の曲線は半径 4 cm の円の円周の一部です。円周率は 3.14 とします。〔女子学院中〕

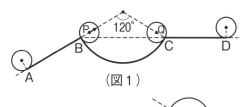

（図1）

（図2）

(1) 円の中心が動いてできる線の長さを求めなさい。ただし，答えは小数第二位を四捨五入しなさい。式も書くこと。

(2) 円の中心が P にきたとき，図 1 のように円に矢印をかきました。円の中心が Q にきたときの矢印を図 2 にかきこみなさい。また，矢印と点線の角度のうち，小さいほうの角度もかきこみなさい。

平面図形

1 平面図形の性質

2 図形の角

3 図形の面積

4 図形の移動

理解度診断テスト④

理解度診断テスト ④

出題範囲　p.70〜95

⏱時間 **50分**　👤得点 　　　点　理解度診断 Ⓐ Ⓑ Ⓒ

解答 → 別冊p.53

1 次の□にあてはまる数を求めなさい。(20点)

(1) 正六角形には対称の軸が□本あります。

(2) 正十角形の1つの内角の大きさは□°です。

(3) 縮尺1:25000の地図上で，16cmの長さは実際のきょりでは□kmです。　〔女子聖学院中〕

(4) 縮尺50000分の1の地図上で，7cm² の土地は実際には□km² です。　〔鎌倉学園中〕

2 次の図の角⑦，角⑦の大きさを求めなさい。(18点)

(1)
```
(1組の三角定規を重
ねたもの)
〔トキワ松学園中〕
```

(2)
36°
```
(長方形 ABCD を対角線
BD で折り返した図形)
〔立命館中〕
```

(3)
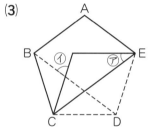
```
(正五角形 ABCDE を CE で折
り曲げた図形)
〔神奈川大附中〕
```

3 右の図のような平行四辺形 ABCD があります。
AE：EB＝1：1，DF：FC＝2：1 とします。また，
AF と BD，ED の交点をそれぞれ P，Q とします。

(18点)〔青山学院横浜英和中〕

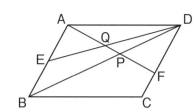

(1) BP：PD を最も簡単な整数の比で表しなさい。

(2) AQ：QP を最も簡単な整数の比で表しなさい。

(3) 平行四辺形 ABCD の面積が 60cm² であるとき，四角形 BPFC の面積は何 cm² ですか。

平面図形

1 平面図形の性質

2 図形の角

3 図形の面積

4 図形の移動

理解度診断テスト④

4 右の図は，半径 6 cm の円を 4 等分した図形の 1 つで，点 P は半径 OA を 2 等分した点，点 Q は弧 AB を 3 等分した点の 1 つです。このとき，色のついた部分の面積は何 cm² ですか。円周率は 3.14 とします。(8 点)　〔城北中〕

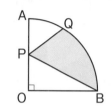

5 右の図のように，AB が 6 m，BC が 4 m の長方形の土地を囲うさくがあります。点 P で長さ 8 m のロープに犬がつながれています。この犬はさくの外を動くことができます。点 P は BC の間のみ動きます。犬が動くことのできるはんいの面積を求めなさい。ただし，犬の体長は考えないものとし，円周率は 3.14 とします。(10 点)

〔関西学院中〕

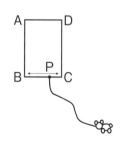

6 右の図のように，半径 5 cm の円 A，B，C，D が並んでいます。円 A，B，C は固定されており，そのまわりを円 D がすべらないように回転しながら 1 周して，もとの位置にもどります。このとき，円 D の中心が動く長さは何 cm ですか。円周率は 3.14 とします。(10 点)

〔六甲学院中〕

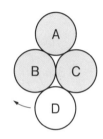

チャレンジ

7 次の各問いに答えなさい。　〔法政大第二中〕

(1) 図 1 の三角形 ABC において，線分 AH と線分 BC は垂直です。このとき，BH：HC を最も簡単な整数の比で答えなさい。(6 点)

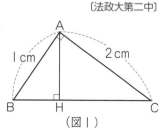

（図 1）

(2) 図 2 の三角形 ABC において，三角形 ABC の内側に円がぴったりとくっついています。(10 点)

① 円の半径は何 cm ですか。

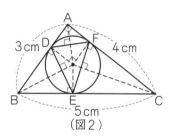

（図 2）

② 三角形 DEF の面積は何 cm² ですか。

1

第5章　立体図形

立体の体積と表面積

▂█▄ ステップ1 基本問題

解答 → 別冊p.55

1 次の立体の体積と表面積を求めなさい。

(1)

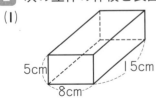

5cm 8cm 15cm

(2)

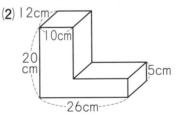

12cm 10cm 20cm 26cm 5cm

2 次の立体の体積と表面積を求めなさい。円周率は 3.14 とします。

(1)

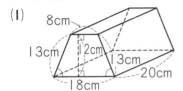

8cm 13cm 12cm 3cm 18cm 20cm

(2)

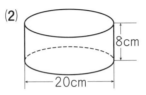

8cm 20cm

✐記述

3 右の図は，1辺の長さが9cmの立方体を高さが半分のところで底面と平行に切り取り，その切り口の正方形の対角線の交点をOとし，Oと底面の各頂点を結んでできた立体です。この立体の体積を求めなさい。また，その求め方も書きなさい。　〔和洋国府台女子中〕

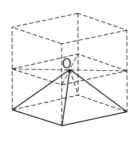

O

4 右の円すいの体積と表面積を求めなさい。円周率は 3.14 とします。

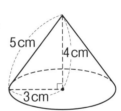

5cm 4cm 3cm

ポイント

▶ **柱体の体積と表面積**

・柱体の体積
＝底面積×高さ

・柱体の表面積
＝底面積×2＋高さ
　　×底面のまわりの長さ

▶ **角柱の展開図**

底面が2つと，側面を合わせた図になる。
三角柱の展開図

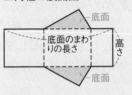

底面　底面のまわりの長さ　高さ　底面

▶ **角すい・円すいの体積と表面積**

・角すい・円すいの体積
＝底面積×高さ×$\frac{1}{3}$

・角すい・円すいの表面積
＝底面積＋側面積

▶ **すい体の展開図**

底面が1つと，側面を合わせた図になる。
円すいの展開図

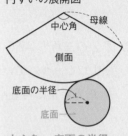

母線　中心角　側面　底面の半径　底面

$\frac{中心角}{360} = \frac{底面の半径}{母線}$

・円すいの表面積
＝底面積
　＋母線×底面の半径×円周率

5 右の直方体の展開図を組み立てました。

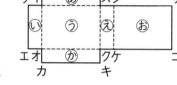

(1) 辺アセと重なる辺はどれですか。

(2) ⊕の面と垂直になる面をすべて答えなさい。

(3) 辺エオと平行になる面をすべて答えなさい。

6 下の図は，ある立体の投影図です。それぞれの立体の名まえを答えなさい。

(1)   (2)   (3)

真正面から見た図

真上から見た図

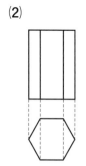

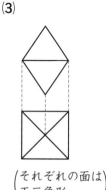

(それぞれの面は正三角形)

7 右の図の図形を直線Lのまわりに1回転させてできる立体の体積は何 cm³ ですか。円周率は 3.14 とします。　　〔攻成学園中〕

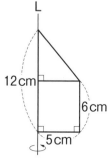

8 右の図のような底面が正六角形の六角柱を次のように切ると，切り口の形はどのような図形になりますか。

(1) 底面に平行に切る。

(2) 点アと点エを通り，底面に垂直に切る。

(3) 点カ，点オ，点キ，点コをふくんだ平面で切る。

▶投影図と回転体

・立体を，真正面と真上から見た図をあわせた図を投影図という。

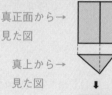

真正面から→見た図

真上から→見た図

見取図→

・1つの直線を軸として平面図形を1回転させたときの立体を回転体という。

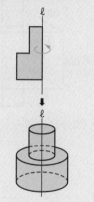

▶立方体の切り口

立方体の切り口は，次の順序で考える。

①同じ平面上にある点は，切り口にふくまれるので，点を結ぶ。

②平行な面には平行な切り口をかく。

③切り口の辺と立方体の辺をのばして新たに交点をとり，①，②を確認する。

■■ ステップ2 **標準問題**

● 立体の体積・表面積
● 立体の展開図
● 立方体の切断

解答 → 別冊p.56

重要

① 次の□にあてはまる数を求めなさい。

(1) 0.08 L は □ cm^3 です。　〔ノートルダム女学院中〕

(2) 0.01 m^3×0.3−40 dL+120 cm^3÷0.02=□ L　〔桃山学院中〕

得点アップ

①(1) I L=1000 cm^3
(2) I m^3=1000 L

② 次の立体の体積と表面積をそれぞれ求めなさい。

(1)
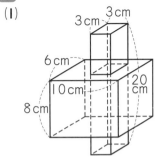

（直方体を組み合わせた立体）

〔大阪信愛学院中〕

(2)
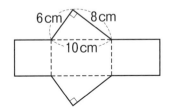

〔滝川中〕

②(1) 2つの直方体の体積の和から重なった直方体の体積をひく。
表面積は，3方向（真正面，真横，真上）から見た図の面積の和の2倍になる。

重要

③ 右の展開図の立体の表面積が 168 cm^2 であるとき，この立体の体積を求めなさい。　〔聖セシリア女子中〕

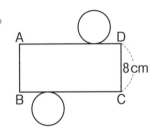

③ 側面積
=表面積−底面積×2
側面の横の長さが底面のまわりの長さになり，側面の縦の長さが三角柱の高さになることから考える。

④ 右の図のような円柱の展開図があります。長方形 ABCD の面積は 150.72 cm^2 です。円周率は 3.14 とします。　〔藤嶺学園藤沢中〕

(1) 底面の円の半径は何 cm ですか。

(2) 円柱の表面積は何 cm^2 ですか。

④ AD が底面の円のまわりの長さになることから考える。

✓チェック！自由自在
体積の単位の関係を調べてみよう。

⑤ 右の図は，円すいの展開図です。この円すいの表面積を求めなさい。円周率は 3.14 とします。　〔清風中〕

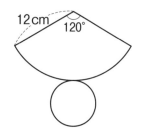

⑤円すいの展開図では，

$$\frac{中心角}{360} = \frac{底面の半径}{母線}$$

⑥ 右の図のように，2 面に色がぬられた立方体があります。下の図は，その立方体の展開図で 1 面だけ色がぬってあります。もう 1 面も展開図にぬりなさい。　〔三田学園中〕

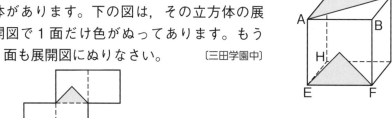

⑥展開図の各面の頂点に，見取図の A～H の記号を書きこんで考える。

重要

⑦ 1 辺の長さが 2 cm の正方形を右の図のように並べてできた図形があります。この図形を，直線 AB を軸として 1 回転させて立体をつくりました。円周率は 3.14 とします。　〔武庫川女子大附中〕

(1) この立体の体積は何 cm³ ですか。

(2) この立体の表面積は何 cm² ですか。

⑦回転体の見取図をかいて考える。

重要

⑧ 右の図のように，1 辺の長さが 18 cm の立方体 ABCD-EFGH があり，辺 BF 上に点 P，辺 CG 上に点 Q があります。BP＝9 cm，CQ＝6 cm です。　〔海城中〕

(1) 3 点 D，P，Q を通る平面と辺 AE が交わる点を R とするとき，AR の長さを求めなさい。

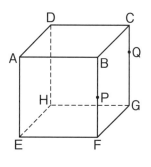

(2) 3 点 D，P，Q を通る平面でこの立方体を切ったとき，点 E をふくむ立体の体積を求めなさい。

⑧円柱，三角柱，向かい合う 2 組の辺が平行である四角形を底面とする四角柱，底辺の辺の数が偶数の正多角形を底面とする柱体をななめに切った立体の体積＝底面積×高さの平均

✔チェック！自由自在
立方体を切断すると，切り口はいろいろな形になる。どんな形になるか調べてみよう。

9 右の図は，ある正四角すいを底面と平行な平らな面で切断した図形です。もとの正四角すいの体積は何 cm³ ですか。〔横浜女学院中〕

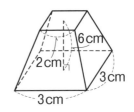

9
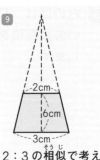
2：3の相似で考える。

💡重要

10 右の図のように，大きな円すいから小さな円すいを切り取った立体があります。円周率は 3.14 とします。〔大妻嵐山中〕

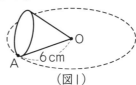

(1) 切り取った円すいの高さは何 cm ですか。

(2) 立体の体積は何 cm³ ですか。

(3) 立体の表面積は何 cm² ですか。

10(3)円すい台の展開図
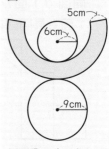
側面積はくふうして考える。

✔チェック！自由自在
　円すい，円すい台のいろいろな性質について調べてみよう。

💡重要

11 次の問いに答えなさい。円周率は 3.14 とします。〔高輪中〕

(1) ① 図１のように，OA＝6 cm の円すいを平面上ですべらないように転がしたところ，ちょうど 6 回転してもとの位置にもどりました。この円すいの表面積は何 cm² ですか。

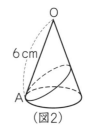
（図1）

② 図２のように，点Ａから①の円すいの側面を最も短い道のりで 1 周して点Ａにもどる線の長さは何 cm ですか。

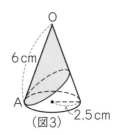
（図2）

11(1)① 6 回転してもとの位置にもどったので，円の $\frac{1}{6}$ が側面のおうぎ形になる。
②展開図で考える。
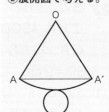

(2) 図３は，底面の半径が 2.5 cm の円すいです。点Ａから円すいの側面を最も短い道のりで 1 周して点Ａにもどる線で，側面を 2 つの部分に分けます。点Ｏをふくむ色のついた部分の面積は何 cm² ですか。

O
6 cm
A
2.5 cm
（図3）

●重要

12 右の図のように，1辺の長さが12cmの正方形の折り紙があります。この折り紙の3か所をそれぞれまっすぐに折って三角すいをつくります。ただし，頂点B，C，Dは1点で重なるようにします。

〔実践女子学園中〕

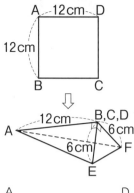

(1) 折り目によってできる三角形AEFを，右の正方形ABCDに定規を使ってかきなさい。点E，Fもかき入れること。

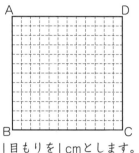

1目もりを1cmとします。

(2) 三角形AEFの面積は何cm²ですか。

(3) 三角すいの底面を三角形AEFとすると，三角すいの高さは何cmですか。

13 図1は，1辺の長さが8cmの立方体に高さが8cmの円柱の穴をあけた図です。円柱の穴は，次の①〜③の手順であけました。円周率は3.14とします。 〔芝浦工業大附中〕

① 面AEFBに対角線をひきます。

② ①でひいた対角線の交点を中心に半径2cmの円をかきます。

③ ②でかいた円を底面とする円柱の穴をあけます。

(1) 点Aをふくむ立体の体積を求めなさい。

(2) 点Aをふくむ立体の表面積を求めなさい。

(3) 図2は，図1の立体の面BFGCに，図3のように長方形PQRSを底面とする高さが8cmの直方体の穴をあけた図です。点Aをふくむ立体の体積を求めなさい。

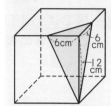

12 つくった三角すいは，立方体の一部になる。

(3)体積を使うと，三角形AEFを底面としたときの高さがわかる。

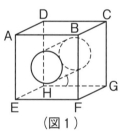

(図1)

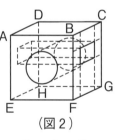

(図2)

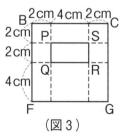

(図3)

13(1)立方体の体積から円柱の体積をひく。

(2)円柱の側面積の部分も表面積として考える。

(3)穴の体積は，高さ8cmの円柱と高さ8cmの直方体の体積の和から，それらが重なっている立体の体積をひいたものになる。

ステップ3　発展問題

解答 → 別冊p.58

1　図2は，図1の立体を正面から見たときの図です。
この立体の表面積を求めなさい。円周率は 3.14
とします。　　　　　　　　　〔早稲田実業学校中〕

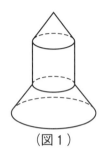

（図1）

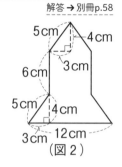

（図2）

●重要

2　右の図の台形 ABCD を直線アを軸として 1 回転させた立体と直線イ
を軸として 1 回転させた立体の体積の差は何 cm³ ですか。円周率は
3.14 とします。　　　　　　　　　　　　　　　　　　〔関東学院中〕

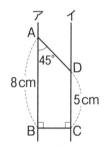

●重要

3　図1は，底面が直角三角形である三角柱です。図2は，図1
の三角柱を 3 点 A，C，E を通る平面で切り，三角すいを取り
のぞいた立体です。　　　　　　　　　　　　　　　　〔晃華学園中〕

(1) 図2の立体の体積を求めなさい。

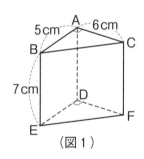

（図1）

(2) 図2の立体の表面積と取りのぞいた三角すいの表面積との差を求
めなさい。

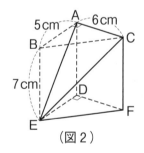

（図2）

4　右の図は，1 辺が 1 cm である立方体を 27 個すきまなく積み重ねて
つくった大きな立方体です。色のついた 3 つの部分をそれぞれ向かい
側の面までまっすぐくりぬきました。残った部分の体積を求めなさい。
　　　　　　　　　　　　　　　　　　　　　　　　〔お茶の水女子大附中〕

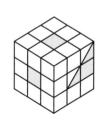

●重要

5 右の図のような立方体 ABCD-EFGH があります。また，点 I, J, K は辺の真ん中の点です。次のような平面で立方体を切ったとき，頂点 A をふくむ立体の体積は，もとの立方体の何倍ですか。

〔渋谷教育学園渋谷中〕

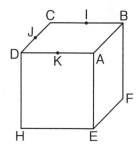

(1) 点 H, I, K を通る平面

(2) 点 B, D, E を通る平面

(3) 点 F, I, J を通る平面

(4) 点 B, D, H を通る平面と，点 H, I, K を通る平面の 2 つの平面で同時に切る

●難問

6 図の立体アは，円柱の $\frac{1}{4}$ です。円周率は 3.14 とします。

〔早稲田中〕

(1) 立体アを 3 つの点 F, P, Q を通る平面で切り分けました。このとき，点 E をふくむほうの立体の体積は何 cm^3 ですか。

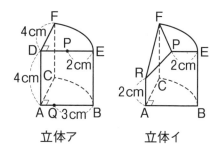

立体ア　　　立体イ

(2) 立体アの辺 AD の真ん中の点を R として，立体アを 3 つの点 F, P, R を通る平面で切り分けました。このとき，点 E をふくむほうの立体を立体イとします。

① 次郎さんは，紙を切って，立体イの展開図をつくろうとして，図ウの状態まで切りました。展開図を完成させるには，さらにどこを切ればよいですか。切る線を右の図にかき入れなさい。ただし，辺上の点は各辺を等分したものです。

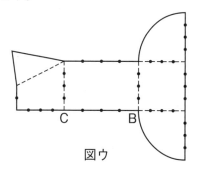

図ウ

② 立体イの表面積は何 cm^2 ですか。

2 容積とグラフ

ステップ**1** 基本問題

解答 → 別冊p.60

1 次の問いに答えなさい。

(1) 内のりが縦 50 cm，横 80 cm，深さ 40 cm の直方体の容器の容積は何 cm³ ですか。

(2) (1)の容器に 165 L の水を入れると，水は入りきらずにあふれました。あふれた水は何 L ですか。

2 直方体の容器 A，B，C があり，底面積はそれぞれ 90 cm²，60 cm²，50 cm² です。A には深さ 20 cm のところまで水が入っており，B と C は空です。

(1) A の水すべてを B に移しかえるとき，B の水面の高さは何 cm になりますか。ただし，容器から水はこぼれないものとします。

(2) (1)のあと，B の水を A と C に移して，A，B，C の水面の高さが同じになるようにしました。水面の高さは何 cm ですか。

3 図１のように，内のりが縦 30 cm，横 14 cm，深さ 20 cm の直方体の容器に水がいっぱいに入っています。　〔滝川中〕

(1) この容器には何 L の水が入っていますか。

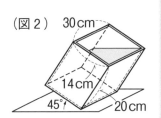

(2) 図２のように，この容器を 45° かたむけると水がいくらかこぼれました。このとき，容器に残っている水は何 L ありますか。

（図２）

▶厚さがある容器の容積

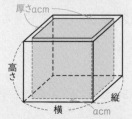

厚さがある水そうの容積は，容器の大きさから厚さをひいた内のりで求める。
縦，横は両側の厚さ２つ分を，高さは底の厚さ１つ分をひくと内のりを求めることができる。

・容積＝(縦−a×2)
　　　×(横−a×2)×(高さ−a)

▶水の移しかえ

水を移しかえる問題では，水の量全体が変化しないことから，底面積×高さ(＝水の量)が一定であることを利用して考える。

▶水が入った水そうを 45° かたむけたとき

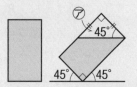

水が入っていない部分⑦は，直角二等辺三角形になる。

4 右の図のような直方体の形をした容器に水を入れ，そこに石を入れました。すると石が全部水につかり，水面が 3.5 cm だけ高くなりました。この石の体積は何 cm³ ですか。

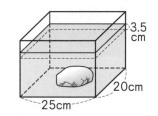

5 図1のような，直方体から小さな直方体を切り取った形の容器に，一定の割合で水を入れていきます。図2のグラフは，図1の容器に水を入れはじめてからの水面の高さと時間を表したものです。

〔東海大付属大阪仰星中〕

(図1)

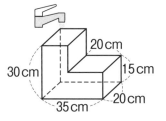

(1) 図1の容器の体積は何 cm³ ですか。

(2) 1分間に容器に入る水の量は何 cm³ ですか。

(図2)

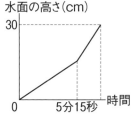

(3) 水を入れはじめてから容器がいっぱいになるまでには何分何秒かかりますか。

6 右の図のように，直方体の水そうが厚さ1cmの直方体の板でしきられています。この水そうに，板の左側から毎分 320 cm³ の割合で水を入れていきます。グラフは，このときの時間と水面の高さとの関係を表しています。水面の高さは，水そうの左側を見てはかったものです。　〔帝塚山学院中〕

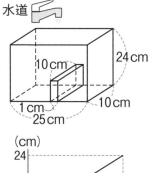

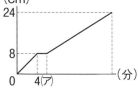

(1) グラフの(ア)にあてはまる数は何ですか。

(2) 水を入れはじめてから水そうが満水になるまでに，何分何秒かかりますか。

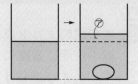

▶水が入った水そうに石を入れたとき

石の体積の分だけ⑦に水が移動して，水面の高さが上がる。

・石の体積
　＝水そうの底面積
　　×上がった水面の高さ

▶段差がある容器の水量とグラフ

底面積が小さくなると，高さの増え方が急になる。

5では，5分15秒後にグラフのかたむきが変化している。これは，高さ15cmまで水が入って，水が入る部分の底面積がせまくなるからである。

▶しきりがある容器の水量とグラフ

しきりがある水そうのグラフでは，水面の上がらない部分がある。このときはしきりをこえて水が他の部分に流れこんでいることを表している。

6で，4分〜(ア)分までの間グラフが水平になっているのは，0分から4分まででしきりの左側に高さ8cmまで水が入り，その後(ア)分までは，しきりの右側に水が入っているため，左側の水面の高さが変化していないことを表している。

■■ **ステップ2 標準問題**

解答 → 別冊p.61

☝重要

1 右の図のような直方体の容器があり，この容器の底面に垂直になるようにしきりを入れます。しきりで分けられた3つの部分に同じ量の水を入れたところ，水面の高さがそれぞれ12 cm，5 cm，4 cm になりました。容器からしきりをとると水面の高さは何 cm になりますか。ただし，しきりの厚さは考えないことにします。

〔筑波大附中〕

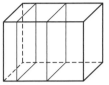

得点アップ

1 3つの部分の水面の高さの比の逆比が，底面積の比になる。

☝重要

2 右の図のような三角柱の容器に深さ3 cm のところまで水を入れました。

〔関西大第一中〕

(1) 容器に入れた水の体積を求めなさい。

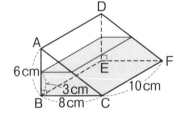

2 (1)三角形 ABC の側から見て，三角形の相似を利用して，台形の上底の長さを求める。
(2)水の量は一定であることから考える。

(2) この水の入った三角柱を，三角形 ABC が底になるようにしたとき，水の深さを求めなさい。

3 図1のように円柱を半分に切った形の容器を水平な台に置き，いっぱいになるまで水を入れました。この容器を図2のようにかたむけて水をこぼしたところ，容器のふちと水面の間の角が 45° になりました。このとき，容器に残っている水の体積は何 cm³ ですか。円周率は 3.14 とします。

〔獨協中〕

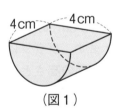

（図1）

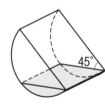

（図2）

3 図2で半円の中心から水面に補助線をひくとわかりやすい。

✔チェック！自由自在
容積の問題では，真正面から見た図をかくとわかりやすいことがある。

★重要

4 図1のような円柱の形をした容器に水がいっぱいに入っています。この中に, 底面の半径が4cmの円柱を図2のように底面が容器の底につくまでまっすぐに入れました。円周率は3.14とします。 〔成城中〕

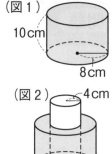

（図1）
10cm
8cm

（図2）4cm

(1) 水は何cm³こぼれましたか。

(2) (1)のあと, この円柱を取り出すと, 水面の高さは何cmになりますか。

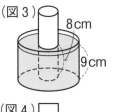

（図3）8cm
9cm

(3) (2)のあと, 別の円柱をまっすぐに入れていき, とちゅうで止めたところ, 図3のように, 水面の高さは9cmで, 円柱の水に入っている部分の高さは8cmになりました。図4はこのようすを正面から見た図です。このとき, 入れた円柱の底面積は何cm²ですか。

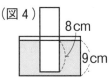

（図4）8cm
9cm

★重要

5 図1のように1辺が20cmの立方体の水そう内に, 側面と平行に高さの異なる2枚の長方形のしきりをつけます。水そうの底はしきりで3つの部分に分かれ, それらを左からA, B, Cとします。最初にAの部分にだけ水がたまるように, この水そうに一定の割合で水を入れていきます。水を入れはじめてからの時間(秒)と, 水そうの底からはかった最も高い水面までの高さ(cm)の関係をグラフで表すと, 図2のようになりました。ただし, 水そうやしきりの厚さは考えないものとします。 〔栄東中〕

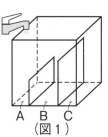

A B C
（図1）

(1) 水そうに入れる水の量は毎秒何cm³ですか。

(2) BとCを分けるしきりの高さを16cmとするとき, AとBを分けるしきりの高さを求めなさい。

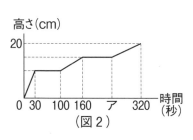

高さ(cm)
20

0 30 100 160 ア 320
（図2）
時間(秒)

(3) (2)のとき, 図2のアに入る数を求めなさい。

4(1)こぼれた水の量は, 容器に入れた円柱の水中にある部分の体積と同じになる。

(2)(1)のときに入っている水の量と円柱を取り出したときの水の量は変わらない。

(3)もとの水面の高さから考えて, 円柱におしのけられた水がどの部分に移動したのかを考える。

5(1)立方体全体に水を入れるのに320秒かかっている。

(2)水そうを次のように分けて, どの部分に入るときが, グラフのどの部分にあたるかを考える。

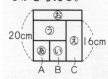

20cm
お
う
あ い え 16cm
A B C

■■ ステップ**3** 発展問題

解答→別冊p.61

1 右の図のように，円柱の形をした2つの容器A，Bがあり，Aには高さ40cm，Bには高さ15cmまで水が入っています。Aに入っている水の $\frac{2}{5}$ をBに移すとAとBの高さは同じになりました。このとき最初に入っていたAとBの水の量を最も簡単な整数の比で表しなさい。

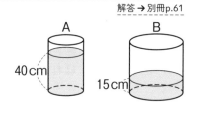

〔品川女子学院中〕

⚑重要

2 右の図のような，直角三角形と長方形で囲まれた立体の中に水が入っています。いま，面BCFEを下にして，水平なゆかの上に置いたところ，水面の高さが $5\frac{1}{3}$ cmになりました。

〔慶應義塾中〕

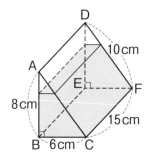

(1) 面ABCを下にすると水面の高さは何cmになりますか。

(2) 面ACFDを下にすると，水面の高さは何cmになりますか。

⚑重要

3 ある容器に水が入っています。この容器に右の図のような直方体のおもりを長方形の面が底面につくようにしずめると容器の水の深さは4cmになり，正方形の面が底面につくようにしずめると容器の水の深さは3cmになります。このおもりを4本用意し，すべて正方形の面が底面につくようにしずめるとき，容器の水の深さを求めなさい。ただし，容器から水はあふれないものとします。〔明治大付属中野八王子中〕

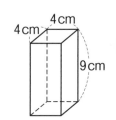

4 図1のように，底面を左から順に，ア，イ，ウとする水
そうがあります。水そうには，底面アの上方に毎分
4.2 L ずつ水を入れることができる A 管がついており，
また，一定の割合で水を出す排水管 B が底面ウについ
ています。はじめ，排水管 B は閉じています。A 管を開
いてこの水そうを満水にしたあと，A 管を閉じ，排水管
B を開いて水を出します。ただし，底面ウがある部分の
水がなくなった時点で終わりとします。図2は，底面
ウを基準にした水面の高さ(高いほう)と水を入れはじ
めてからの時間との関係を表したグラフです。

〔東京女学館中〕

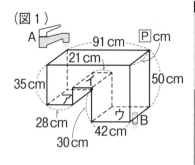

(図1)

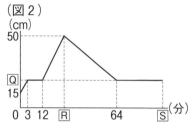

(図2)

(1) 図 | の P，図 2 の Q，R にあてはまる数を求めなさい。

(2) | 分間に，排水管 B から出る水の量を求めなさい。

(3) 図 2 の S にあてはまる数を求めなさい。

❀難問

5 右の図のように，直方体の容器の中に直方体のブロックが置か
れています。BC 間に一定の割合で水を入れ，この容器がいっ
ぱいになるまで水を入れることにしました。しかし，EF 間に
水が流れ出しているとちゅうで水の出が悪くなってしまいまし
た。そのため，EF 間の水の高さが 9 cm になるまで 16 秒多く
かかり，容器に水がいっぱいになるまで 88 秒多くかかってし
まいました。右のグラフは，水を入れはじめてから容器がいっ
ぱいになるまでの時間と辺 AB ではかった水の深さの関
係を表しています。ただし，水は出が悪くなった時点か
らも一定の割合で入れることとします。

〔海城中〕

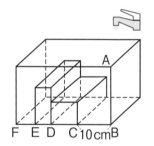

(1) CD の長さを求めなさい。

(2) EF の長さを求めなさい。

(3) 水の出が悪くなったのは，水を入れはじめてから何秒後ですか。

理解度診断テスト ⑤

⏱時間	👤得点		点
40分	理解度診断	Ⓐ Ⓑ Ⓒ	

解答 → 別冊p.63

1 次の展開図を組み立てたときにできる立体の体積を求めなさい。(18点)

(1)

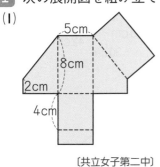

5cm
8cm
2cm
4cm

〔共立女子第二中〕

(2)

10cm　　　26cm

（展開図の面積は 358 cm²）

〔青山学院中〕

(3)

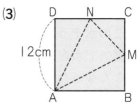

D　　N　　C
12cm　　　　　M
A　　　　　B

(ABCD は正方形，M，N)
(は BC，CD の真ん中の点)

〔洛南高附中―改〕

2 右の図のように 1 辺の長さが 1 cm の正方形を 4 個つなぎあわせました。この図形を，軸のまわりに 1 回転させて立体をつくります。円周率は 3.14 とします。(14点)　　〔大妻中〕

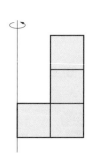

(1) この立体の体積は何 cm³ ですか。

(2) この立体の表面積は何 cm² ですか。

3 1 辺の長さが 2 cm の小さな立方体をいくつか積み重ねて，大きな直方体をつくりました。その直方体から小さな立方体を 20 個とりのぞき，右の図のような立体をつくりました。

(14点)　〔近畿大附中〕

(1) この立体の体積は何 cm³ ですか。

(2) この立体の表面積は何 cm² ですか。

4 図1のような円柱があります。点Aから円柱のまわりを反時計回りに2周して，点Bまでたるまないようにひもをかけたとき，側面の展開図ではそのひもはどのようになりますか。図2にかき入れなさい。(9点) 〔共立女子中〕

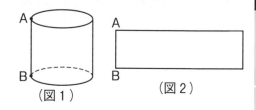

5 図1のような2つの直方体の容器A，Bと直方体の鉄の棒があります。A，B，鉄の棒の底面積の比は7：5：2でAとBにそれぞれ深さ14cmまで水が入っています。(21点) 〔同志社香里中〕

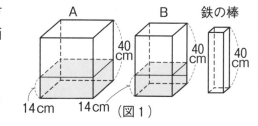

(1) 図1の状態から，Aの水の半分をBに移すとき，Bの水の深さは何cmになりますか。

(2) 図1の状態から，Bの水をすべてAに移します。その後，図2のように，Aに鉄の棒を底につくまで垂直に入れるとき，Aの水の深さは何cmになりますか。

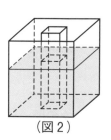
（図2）

(3) 図1の状態から，Aの水の一部をBに移し，A，Bの水の深さの比を3：7にするとき，Aの水の深さは何cmになりますか。

チャレンジ
6 右の図のような直方体の水そうがあります。底面は直方体の板で3つの部分にしきられています。アの部分に毎秒30cm³の割合で水を入れ続けたところ，「水を入れはじめてからの時間」と「イの部分ではかった水の深さ」の関係はグラフのようになりました。ただし，水そう，板の厚さを考えないものとします。(24点) 〔鎌倉学園中〕

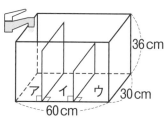

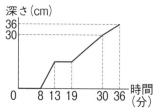

(1) 左側の板の高さを求めなさい。

(2) イの部分とウの部分の面積の比を最も簡単な整数の比で求めなさい。

(3) 右側の板の高さを求めなさい。

規則性や条件についての問題

ステップ1 基本問題

解答 → 別冊p.65

1 次の問いに答えなさい。

(1) 長さ 300 m の道があります。この道の両側に，はしからはしまで桜の木を 12 m 間かくに植えました。桜の木は何本ありますか。

〔大妻嵐山中〕

(2) 公園のまわりを 1 周する道路に，16 m おきに木を植えると，30 本必要でした。この道路の長さは何 m ありますか。

(3) 長さ 28 m のまっすぐな道の両はしに 2 本の木があります。この間に，80 cm おきに花を植えるとすると，花は何本必要ですか。

2 次の問いに答えなさい。

(1) 長さ 15 cm の紙テープ 19 枚をのりでつなぎ，全体の長さを 240 cm にします。つなぎ目ののりしろをすべて同じ長さにすると，のりしろ 1 か所の長さは何 cm ですか。

〔成蹊中〕

(2) 15 本の等しい長さの紙テープを，のりしろ 2 cm にして 1 本につなげたところ 5 m 42 cm になりました。紙テープ 1 本の長さは何 cm ですか。

〔慶應義塾湘南藤沢中〕

3 次の問いに答えなさい。

(1) 3 を 20 回かけます。一の位の数字は何ですか。

〔甲南中〕

(2) 1 に 2 を 2018 回かけた数の一の位の数字は何ですか。

〔大阪桐蔭中〕

ポイント

▶植木算

道路や池のまわりにそって木を植えていくときの，木の本数と間の数を考える。

・両はしに木を植えるとき

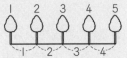

間の数＋1＝木の数

・両はしに木を植えないとき

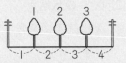

間の数－1＝木の数

・池のまわりに木を植えるとき

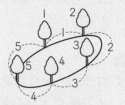

間の数＝木の数

▶周期算

・曜日を求める

何日かあとの曜日は，日数を 7 でわったあまりによって決まる。

例　3 月 21 日が土曜日のとき，4 月 15 日は何曜日ですか。

4/15 ＝ 3/46
　　　+31

（3月）46－（3月）21
＝25（日後）

25÷7＝3 あまり 4

0	1	2	3	4	5	6
土	日	月	火	水	木	金

↑
3/21　　　　水曜日

4 次の問いに答えなさい。

(1) ある平年の元旦が土曜日のとき，その年の５月５日は何曜日ですか。 〔森村学園中〕

(2) ある年の５月１日は水曜日です。その年の１２月１日は何曜日ですか。 〔金蘭千里中〕

(3) ある年の１０月２４日は木曜日でした。同じ年の５月１１日は何曜日ですか。

5 右の図のように，石を１回目に１個，２回目に３個，３回目に５個並べていきます。 〔関西大第一中〕

1回目 ○ ○ ○
2回目 ○ ○ ○
3回目 ○ ○ ○

(1) ５回目に石を並べたとき，置かれているすべての石の数は何個ですか。

(2) 何回目かに石を２１個並べました。このとき，置かれているすべての石の数は何個ですか。

6 次の問いに答えなさい。

(1) ３５人のクラスで，弟と妹のいる人を調べたところ，弟がいる人は１０人，妹がいる人は１２人，どちらもいる人は５人でした。このとき，弟も妹もいない人は何人ですか。

(2) ３０人のクラスで通学方法のアンケートをとったところ，電車通学の生徒は１５人，自転車通学の生徒が１０人，電車と自転車のどちらも使っていない生徒が８人でした。このとき，電車と自転車の両方を使っている生徒は何人ですか。 〔埼玉平成中〕

7 A，B，C，D，E５人の身長を測りました。その結果から，AはBより高く，EはDより高く，CはAより高く，BはEより高いことがわかりました。このとき，Aの身長は高いほうから数えて何番目になりますか。

文章題

1 規則性や条件についての問題

2 和と差についての問題

3 割合と比についての問題

4 速さについての問題

理解度診断テスト⑥

・ご石の数を求める表にまとめて考える。三角数や四角数（＝平方数）となっていることが多い。

▶集合算

全体の数量を２つ以上の条件について，あてはまるものとあてはまらないものの集まりに分けるとき，条件が重なっている部分やその他の部分の数量関係を考える。

ベン図や表でまとめて考える。

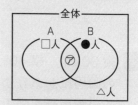

全体

A □人　B ●人

⑦

△人

⑦＝□＋●－（全体－△）

		A		合計
		○	×	
B	○	⑦		●
	×		△	
合計		□		全体

▶推理の問題

いろいろな条件から，その結果について，論理的に考える。表にまとめて考える。

115

ステップ2 標準問題

ねらわれるココが
- 植木算
- 周期算
- 集合算，推理の問題

解答→別冊p.66

1 次の問いに答えなさい。

(1) 池のまわりに48本の木を植えました。木と木の間かくは，1m40cmのところが22か所，残りはすべて85cmです。池のまわりは何mですか。〔聖セシリア女子中〕

(2) 周囲に157本の木が2mおきに植えられている円形の池があります。この池の半径は何mですか。円周率は3.14とします。〔青山学院横浜英和中〕

重要 (3) 長さ140cmの材木を28cmずつに切り分けます。1回切るのに16分かかり，切ったあとは8分休みます。すべて切り終わるのに何分かかりますか。〔浦和実業学園中〕

2 縦30cm，横40cmの画用紙があります。この画用紙を図1のように2cmずつ重ねて画びょうでとめていきます。〔大阪教育大附属天王寺中〕

(図1)

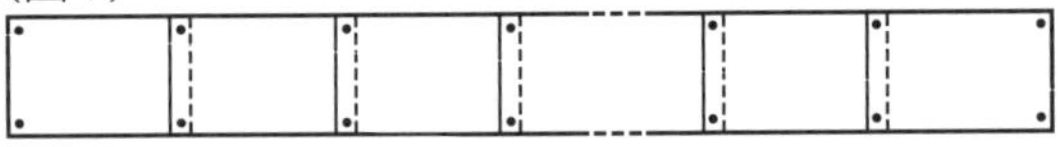

(図2)

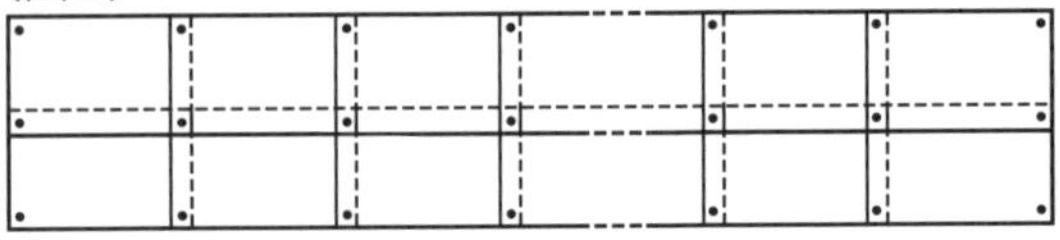

(1) 画用紙30枚を画びょうでとめたとき，横の長さは何cmになりますか。

(2) 画用紙45枚を画びょうでとめたとき，画びょうの数は何個になりますか。

(3) この画用紙を，図2のように2列に並べてはります。画用紙120枚を画びょうでとめたとき，画びょうの数は何個になりますか。

重要

3 7をア個かけ合わせてできる数を〔ア〕と表します。例えば，〔3〕=7×7×7=343 となります。〔雲雀丘学園中〕

(1) 〔5〕を求めなさい。

(2) 〔2019〕の一の位の数を求めなさい。

(3) 〔10〕+〔2〕の下2けたの数を求めなさい。ただし，下2けたとは十の位と一の位の数字の並びのことです。例えば，7251の下2けたは51，1308の下2けたは08です。

得点アップ

1 (1)池のまわりに木を植えることに注意する。
(2)円周÷3.14÷2=半径
(3)材木を最後に切ったあとは休まないことに注意する。

2 (1)(2)画用紙と画用紙のつなぎめの数は，画用紙の枚数−1になる。
(3) 120枚=60枚×2列

3 (2)
7=7
7×7=49
7×7×7=343
7×7×7×7=2401
⋮　⋮
一の位の数字の規則を見つけよう。

4 次の問いに答えなさい。

(1) あるうるう年の 2 月 19 日は水曜日でした。同じ年の 6 月 24 日は何曜日ですか。

(2) あるうるう年の 8 月 8 日が月曜日でした。同じ年の 1 月 1 日は何曜日ですか。
〔近畿大附属和歌山中〕

(3) 毎週月曜日に放送されるドラマがあります。第 24 回の放送が 1 月 15 日のとき, 第 1 回の放送は何月何日ですか。
〔京都女子中〕

●重要

5 整数を 1 から順に何個かたし合わせてできる数は三角数とよばれています。次の図のように, 三角形に並んだ点の数と等しいからです。

1　　　　1+2=3　　　1+2+3=6　　1+2+3+4=10…

このことから, 1 番目の三角数は 1 で, 2 番目は 3, 3 番目は 6, 4 番目は 10, …となることがわかります。また, 奇数を 1 から順に何個かたし合わせてできる数は四角数とよばれています。次の図のように, 四角形に並んだ点の数と等しいからです。

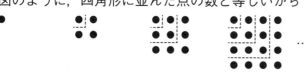

1　　　　1+3=4　　　1+3+5=9　　1+3+5+7=16…

このことから, 1 番目の四角数は 1 で, 2 番目は 4, 3 番目は 9, 4 番目は 16, …となることがわかります。次の **ア** ～ **カ** にあてはまる数を答えなさい。
〔浦和明の星女子中〕

(1) 10 番目の三角数は **ア** で, 10 番目の四角数は **イ** です。

(2) 100 番目の四角数から 100 番目の三角数をひいてできる数は **ウ** 番目の三角数になります。また, 200 番目の三角数の 2 倍に **エ** をたすと, 201 番目の四角数になります。

(3) 49 番目の三角数は **オ** で, この数は **カ** 番目の四角数でもあります。

文章題

1 規則性や条件についての問題

2 和と差についての問題

3 割合や比についての問題

4 速さについての問題

理解度診断テスト⑥

4(1)
6/24＝5/55＝4/85＝…
　↘+31　↘+30　↘+31

(3) 1 ○月□日 ↘7日
　　2 △月◇日
　　⋮ 　⋮ 　⋮ ↘7日
　　23 1月8日 ↘7日
　　24 1月15日 ↘7日

5
三角数　　　　　　番目
① ② ③ ④…
1, 3, 6, 10, …
　↘+2 ↘+3 ↘+4

○番目の三角数
＝(1+○)×○÷2

四角数　　　　　　番目
① ② ③ ④…
1, 4, 9, 16, …
　↘+3 ↘+5 ↘+7

○番目の四角数
＝○×○

6 50 から 100 までの整数のうち, 奇数（きすう）の和と偶数（ぐうすう）の和は, どちらの和がどれだけ大きいですか。 〔桜美林中〕

6
50+52+…+100
−)　　51+…+ 99

●重要
7 右の表のように, ある規則（きそく）にしたがって数字を並（なら）べます。 〔常翔啓光学園中〕

1	2	5	10	…
4	3	6	…	…
9	8	7	…	…
…	…	…	…	…
…	…	…	…	…

(1) 左から 5 番目, 上から 5 番目の位置にある数字は何ですか。

(2) 90 は左から何番目, 上から何番目にありますか。

(3) 左から 12 列, 上から 12 行までに並んでいるすべての数字をたすといくらになりますか。

7 いちばん左の列の数字は, 上から四角数が並んでいることから考える。

●重要
8 右の図のように, 長さの等しいマッチ棒（ぼう）を並べていきます。10 番目の図形ではマッチ棒を何本使いますか。 〔世田谷学園中〕

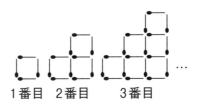

1番目　2番目　　3番目

8
①　　②　　③←番目
4, 10, 18, …
　　+6　　+8

9 下の図のように点を並べていきます。 〔甲南中〕

1番目　　2番目　　　3番目　　　　4番目

(1) 5 番目の図形の点の個数（こすう）は何個ですか。

(2) 点の個数がはじめて 200 個より大きくなるのは, 何番目ですか。

(3) 1 番目から 100 番目までの点の個数は, 合計で何個になりますか。

9
　　　　　　番目
①　②　③　④┘
6, 14, 22, 30, …
　+8　+8　+8

✔チェック！自由自在
　規則（きそく）に注目する問題を周期算という。どのような規則があるか調べてみよう。

118

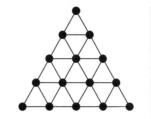

▶重要

10 同じ長さの棒とねん土玉を使って，右の図のような何段かの正三角形をつくります。右の図は，4段の正三角形です。

〔神奈川大附中〕

(1) A さんが何段かの正三角形をつくったところ，棒が 4 本出ているねん土玉が 18 個ありました。

① A さんは何段の正三角形をつくりましたか。

② A さんが使った棒は全部で何本ですか。

(2) B さんが何段かの正三角形をつくったところ，棒が 6 本出ているねん土玉が 36 個ありました。B さんが使ったねん土玉は全部で何個ですか。

▶重要

11 次の問いに答えなさい。

(1) あるクラスの生徒に聞いたところ，兄がいる生徒は 10 人，弟がいる生徒は 8 人，兄も弟もいる生徒は 3 人で，兄も弟もいない生徒は，弟だけいる生徒の 4 倍でした。このクラスの生徒は何人ですか。〔湘南学園中〕

(2) 36 人の生徒にアンケートをしました。サッカーが好きな生徒は 8 人で，野球が好きな生徒は 19 人でした。この結果から，サッカーも野球も好きではない生徒は何人以上何人以下と考えられますか。　〔成城学園中〕

12 A，B，C，D，E，F の 6 人が，100 m 競走をしました。この結果について，次の①〜⑥のことがわかっているとき，1 位から 6 位がだれかを答えなさい。

① A は 1 位でも 4 位でもなかった。
② B は上位 3 位以内に入った。
③ C は E よりも上位であったが，4 位以下であった。
④ D の順位は偶数であった。
⑤ E は F よりも順位が上であった。
⑥ 同じ順位の人はいなかった。

〔関西大倉中〕

右段（ヒント欄）:

10 ねん土玉から出ている棒の本数を考える。

11 ベン図をかいて整理する。
(1)弟だけがいる生徒に注目しよう。
(2)サッカーと野球の両方が好きな生徒の数が，最も多いときと最も少ないときを考える。

12 ①〜⑥のことから，A，B，C，D，E，F の 6 人の順位について，表に整理する。

文章題
1 規則性や条件についての問題
2 和と差についての問題
3 割合や比についての問題
4 速さについての問題
理解度診断テスト⑥

ステップ3 発展問題

解答→別冊p.69

♥重要

1 40人のクラスがあります。このクラスでは出席番号順に3人1グループになって学校周辺のそうじを，日曜日以外の毎日行っています。8月1日水曜日に1，2，3番の人が当番をしました。ただし，欠席者はいないものとします。　〔足立学園中〕

(1) 8月31日は何曜日ですか。

(2) 8月31日に当番となる3人の出席番号は何番ですか。3人すべての番号を答えなさい。

(3) 次に1，2，3番の3人が当番になるのは何月何日ですか。

♥重要

2 右の図のように，1以上の奇数が並んでいます。例えば，上から4段目，左から2番目の数は15です。　〔頴明館中〕

(1) 上から7段目，左から3番目の数を求めなさい。

(2) 上から9段目の数すべての合計を求めなさい。

(3) 2019は，上から何段目，左から何番目の数ですか。

```
               1
             3   5
           7   9   11
        13   15   17   19
      21   23   25   27   29
                  ⋮
```

3 右の図のように，ある規則にしたがって，整数0, 1, 2, 3, 4, 5, 6, 7, 8, 9, … を順に並べます。〔四天王寺中〕

(1) 0を囲む1，2，3，4，5，6，7，8の8個の数を1周目の数とします。1周目の数を囲む9から24までの数を2周目の数とします。このように囲むとき，5周目の数の和はいくらですか。

```
      25  26  27  28  29  30
      24   9  10  11  12  31
      23   8   1   2  13  32
  ・  22   7   0   3  14  33
  ・  21   6   5   4  15  34
  ・  20  19  18  17  16  35
  ・   ・   ・   ・   ・   ・  36
```

(2) 0の位置から右に2，上に3の位置にある数は29です。0の位置から左に5，下に4の位置にある数は何ですか。

120

文章題

1 規則性や条件についての問題

2 和と差についての問題

3 割合などについての問題

4 速さについての問題

理解度診断テスト⑥

●重要

4 ある中学校では，犬とねこの両方を好きな生徒は全校生徒の $\frac{1}{3}$ で，犬を好きな生徒は全校生徒の $\frac{7}{12}$ です。ねこを好きな生徒の人数は両方とも好きでない生徒の人数の2倍で，ねこだけを好きな生徒は14人います。犬だけを好きな生徒の人数は何人ですか。〔青稜中〕

5 A～Fの6人が年れいの高い順に並びました。6人が自分の年れいについて以下のように答えたとき，Dの年れいは，高いほうから数えて何番目になりますか。

A：Bは私より年上です。

B：Fは私より若い人です。

C：私より若い人が1人います。

D：私の年れいはAとCの間です。

E：私より年上の人が何人かいます。

F：Aと私の間には1人います。

〔東京農業大第一中〕

●難問

6 直角二等辺三角形ABCがあります。1つの直角二等辺三角形に対して，直角をなす点から向かい合う辺に垂直な線をひき，三角形を分割していく操作をくり返していきます。2本以上の線が交わってできる点を頂点とよぶとき，次の問いに答えなさい。例えば，1回目の操作のあとの図形は図1で頂点の個数は4個，2回目の操作のあとの図形は図2で頂点の個数は6個，3回目の操作のあとの図形は図3で頂点の個数は9個です。〔栄東中〕

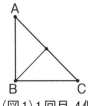 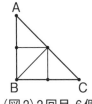 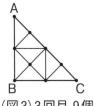

(図1)1回目 4個　　(図2)2回目 6個　　(図3)3回目 9個

(1) 4回目の操作のあとの頂点の個数を求めなさい。

(2) 5回目の操作のあとの頂点の個数を求めなさい。

(3) 9回目の操作のあとの頂点の個数を求めなさい。

和と差についての問題

ステップ1 基本問題

解答 → 別冊p.71

 ポイント

1 次の問いに答えなさい。

(1) あるクラスの生徒数は37人で，男子生徒は女子生徒より3人多いそうです。それぞれの生徒数を求めなさい。

(2) 63円切手と84円切手が合わせて45枚あり，切手代は全部で3360円です。63円切手は何枚ありますか。　〔同志社女子中一改〕

(3) けんじさんは1本80円のサインペンを何本か買うつもりで，買う本数分だけのお金を持ってお店に行きました。すると，1本50円に値下げしていたので，はじめに買おうとしていた本数と同じ数だけ買うと，450円残りました。けんじさんは，はじめに何円持ってお店に行きましたか。

(4) みかんを子どもたちに配るのに，1人に3個ずつ配ると22個あまり，4個ずつ配ると14個たりません。みかんは全部で何個ありますか。　〔國學院大久我山中〕

(5) Aさんは算数のテストを8回受けました。5回目までのテストの平均は69点，残りの3回のテストの平均は73点でした。8回のテストの平均は何点ですか。　〔武庫川女子大附中〕

(6) えんぴつ3本と消しゴム1個を買うと300円で，えんぴつ6本と消しゴム3個を買うと720円でした。えんぴつ1本と消しゴム1個はそれぞれ何円ですか。　〔賢明女子学院中〕

(7) 現在，父の年れいは42才，子どもの年れいは12才です。父の年れいが子どもの年れいの3倍になるのは，いまから何年後ですか。

▶和差算

大小2つの数量の和と差がわかっているとき，それぞれの数量を求めることができる。

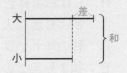

大＝(和＋差)÷2
小＝(和－差)÷2

▶差分け算

大小2つの差を分けて，大から小にわたして，それぞれの数量を等しくして考える。差÷2の分だけわたすと等しくなる。

▶つるかめ算

表や面積図に整理する。

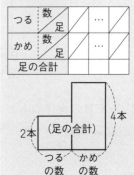

▶差集め算

1個あたりの差を集めると全体の差になることに注目して考える。

全体の差÷1個あたりの差
＝個数

2 桜さんが点数制のゲームをしました。ゲームの問題は全部で20問あり，正解のときは5点もらえ，不正解のときは1点ひかれます。ゲームが終了したとき，桜さんの点数は58点でした。不正解の問題は何問ありましたか。　〔桜美林中〕

3 右の表は，あるクラスで5点満点のテストを行った結果を表していますが，1点と2点の人数は書いてありません。また，3点以上の人数はクラス全体の80%であることと，このクラスの平均が3.2点であることがわかっています。　〔帝塚山学院中〕

得点(点)	1	2	3	4	5
人数(人)			15	9	4

(1) このクラスの人数は何人ですか。

(2) 1点の人数は何人ですか。

4 次の問いに答えなさい。
(1) これまでのテストの平均は82点でしたが，今回は61点だったので，平均が79点に下がりました。全部で何回のテストを受けましたか。

(2) A組とB組合わせて40人の生徒がいます。あるテストをしたところ，A組の平均は62点で，B組の平均は66点，全体の平均は65点でした。B組の人数を求めなさい。　〔龍谷大付属平安中〕

5 次の問いに答えなさい。
(1) くつ下3足と手ぶくろ1組の値段は1675円で，手ぶくろ1組の値段は，くつ下2足の値段よりも50円高いです。くつ下1足の値段は何円ですか。　〔近畿大附中〕

(2) ある店では，みかん3個の値段とりんご2個の値段が同じでした。みかん6個とりんご6個をまとめて買うと金額はちょうど1200円でした。みかん1個の値段は何円ですか。　〔関西創価中〕

▶過不足算
ある個数のものを何人かに配るとき，配る個数によって変化するあまりや不足に注目して考える。
あまりや不足による全体の差÷配る個数の差＝全体の人数

▶平均算
合計と個数から平均を求めたり，2つの平均から全体の平均を求めることを考える。
2つの平均から全体の平均を求める問題ではてんびん図で考える。

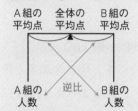

A組の　全体の　B組の
平均点　平均点　平均点

A組の　逆比　B組の
人数　　　　　人数

▶消去算
2つ以上の数量の関係を2つ以上の式に表し，一方の数量をそろえたり，一方の数量を他方におきかえて，考える。

▶年れい算
年れいの差は□年前も□年後も変わらないことに注目して，年数や年れいなどを線分図や表に整理して考える。

ステップ2 標準問題

● 和差算，差分け算，消去算
● 平均算，年れい算
● つるかめ算，差集め算，過不足算

解答 → 別冊p.73

得点アップ

1 次の問いに答えなさい。

(1) 横の長さが縦の長さより6cm長く，まわりの長さが80cmの長方形があります。この長方形の縦の長さは何cmですか。　〔上宮太子中〕

(2) 320円のケーキと240円のシュークリームを合わせて20個買い，140円の箱に入れてもらったところ，代金は5500円でした。このとき，買ったケーキの個数は何個ですか。　〔京都学園中〕

(3) コインを投げて表が出ると東へ3歩，裏が出ると西へ2歩進むゲームをします。コインを100回投げたところ，最初の位置から西に5歩の位置にいました。表は何回出ましたか。　〔六甲学院中〕

(4) 1個160円のプリンと1個280円のケーキがあります。プリンをケーキよりも3個多く買うと，代金の合計のうち，ケーキの代金がプリンの代金よりも120円高くなりました。買ったプリンの個数は何個ですか。　〔甲南女子中〕

(5) ケーキを何人かの子どもに分けるのに，1人4個ずつ分けると12個あまり，1人7個ずつ分けると9個不足します。ケーキは何個ありますか。

(6) 長いすが何きゃくかあります。1きゃくに3人ずつかけるとちょうど5きゃく不足し，1きゃくに5人ずつかけるとちょうど7きゃくあまります。子どもは何人いますか。

(7) えんぴつ3本と消しゴム5個の代金は450円，えんぴつ7本と消しゴム3個の代金は530円です。消しゴムの値段はえんぴつの値段の何倍ですか。　〔関西学院中〕

(8) りんご5個の値段は，かき4個とみかん7個の値段の合計と同じです。このりんごを5個，かきを3個，みかんを5個買うと1480円になり，かきを2個，みかんを5個買うと470円です。りんご1個はいくらですか。　〔帝塚山中〕

1(3) 100回全部裏が出て西へ進んだと考えて表に整理する。
(5) 1人4個ずつ分ける場合と，1人7個ずつ分ける場合を図にかいて整理しよう。
(6) 1きゃくに3人ずつかける場合と，1きゃくに5人ずつかける場合を図にかいて整理しよう。

チェック！自由自在
過不足算の面積図について調べてみよう。

(7)えんぴつ1本の値段を①円，消しゴム1個の値段を□円とすると，
③+⑤=450
⑦+③=530
えんぴつか消しゴムの個数を最小公倍数でそろえて考える。

重要 **(9)** 現在，Aさんの年れいはBさんの年れいの5倍です。18年後，Aさんの年れいはBさんの年れいの2倍になります。現在のAさんの年れいは何才ですか。 〔関西大中〕

(10) 母は38才で，2人の子どもは9才と6才です。2人の子どもの年れいの和が，母の年れいと等しくなるのは，いまから何年後ですか。 〔甲南中〕

2 次の問いに答えなさい。

(1) いま持っているお金で，りんごとみかんを12個ずつ買うと3600円かかって，さらにお金が残ります。残ったお金でりんごをもう1個買おうとすると25円たりませんが，みかんをもう1個買おうとすると35円あまります。いま持っているお金はいくらですか。ただし，消費税は考えないものとします。 〔滝川第二中〕

重要 **(2)** Aさん，Bさん，Cさんの3人姉妹は，お母さんの誕生日プレゼントを買いに行きました。Aさんはケーキを，Bさんは飲み物を，Cさんは花束をそれぞれ買いました。AさんはCさんに200円，BさんはCさんに1800円はらうと，3人の支払った金額が同じになります。花束と飲み物の値段の差はいくらでしたか。 〔同志社女子中〕

3 次の問いに答えなさい。

(1) 太郎さんは店にりんごを買いに行きました。この店では，1個50円のりんごと，4個セットで160円のりんごの2種類が売られています。太郎さんは，この2種類のりんごを合わせて60個買ったところ，代金は2680円でした。1個50円のりんごを何個買いましたか。〔成蹊中〕

要 **(2)** 家から7.5kmはなれたところまで1時間で行こうと思います。歩く速さを分速85m，走る速さを分速145mとすると，何分走ればよいですか。

要 **(3)** 1個が20円，40円，60円の3種類のおかしを合わせて30個買って，合計1260円支払いました。20円のおかしと40円のおかしの個数が同じであるとき，買ったおかしのうち60円のおかしは何個ですか。 〔昭和学院秀英中〕

① (9)現在のBさんの年れいを①として考える。
(10)いまから①年後に，2人の子どもの年れいの和が，母の年れいと等しくなると考える。

② 線分図に表して整理しよう。

③ (2)つるかめ算で考える。
(3)おかしの個数と合計金額の表をつくるとき，20円と40円のおかしがいつも同じ個数になるように増やしていく。

✓チェック！自由自在
つるかめ算の面積図について調べてみよう。

文章題

1 規則性や条件についての問題
2 和と差についての問題
3 割合や比についての問題
4 速さについての問題
理解度診断テスト⑤

4 56人の生徒に，問題A，B，Cの3題からなるテストを行いました。このテストは，問題A，Bがそれぞれ1点，問題Cが3点の5点満点のテストです。ただし，どの問題も正解または不正解のいずれかとします。下の表は，テストの得点と生徒の人数の一部を表したもので，生徒全員の平均点は2.5点でした。　　〔明星中(大阪)〕

テストの得点(点)	0	1	2	3	4	5	計
生徒の人数(人)	4	13		9		4	56

(1) テストの得点が2点の生徒と，4点の生徒は，それぞれ何人でしたか。

(2) 問題Cが正解の生徒は，何人でしたか。

(3) 問題Aが正解の生徒は，何人いたと考えられますか。最も少ないときと，最も多いときの人数をそれぞれ求めなさい。

重要

5 次の問いに答えなさい。

(1) 集金した旅行費用の残金を生徒全員に返金することになりました。生徒1人あたり250円ずつ返金すると1175円あまります。また，女子60人全員に280円ずつ返金し，男子全員に265円ずつ返金すると1900円たりません。　　〔大宮開成中〕

① 男子生徒は何人ですか。

② 旅行費用の残金は何円ですか。

(2) いくつかのみかんを何人かの子どもに分けるのに，1人に6個ずつ分けると28個不足するので，4人に5個ずつ，3人に4個ずつ，残りの子どもには3個ずつ分けると15個あまりました。みかんは何個ありますか。　　〔桐光学園中〕

(3) 84円と63円の切手を合わせて27枚買う予定で店に行きました。ところが，2種類の切手の買う枚数を逆にしてしまったので，予定より代金が63円高くなりました。もともと63円切手は何枚買う予定でしたか。　　〔関西学院中一改〕

4(3)それぞれのテストの得点について，問題A，B，Cのうちどの問題が正解ならばその得点になるかを考えよう。このとき，問題A，Bはともに1点なので注意しよう。

5(2)
4人に5個ずつ
3人に4個ずつ　}15個あまる
残りに3個ずつ
↓
全員に3個ずつ配ると，
(5−3)×4＝8 (個)
(4−3)×3＝3 (個)
8+3+15＝26 (個)
あまる。
(3)個数を逆にして買う問題では，逆にしたときの金額の差と，1個の金額の差について，図をかいて整理しよう。

6 2つのクラスA，Bがあります。Aクラスは男子が20人，女子が24人，Bクラスは男女合わせて45人です。ある日，身体測定を行ったところ，Aクラスの女子の平均身長は154.5cm，Bクラスの女子の平均身長は153.6cm，Bクラスの全体の平均身長は155cmでした。また，A，B2つのクラスの女子全体の平均身長は154cmでした。〔啓明学院中〕

(1) Bクラスの女子は何人ですか。

(2) Bクラスの男子の平均身長を求めなさい。

♦重要

7 春子さん，夏子さん，秋子さんの3人でいっしょに文ぼう具を買いに行きました。春子さんはえんぴつを5本，ペンを6本，消しゴムを3個買って，1200円はらいました。夏子さんはえんぴつを2本，ペンを2本，消しゴムを5個買って，740円はらいました。秋子さんはえんぴつを3本，ペンを4本，消しゴムを1個買って，700円はらいました。〔聖心女子学院中〕

(1) 消しゴム1個の値段はいくらですか。

(2) ペン1本の値段はいくらですか。

8 ある家には父，母，兄，弟がいます。現在，兄は12才で，家族4人の年れいの合計はちょうど100才です。また，母と兄の年れいの和から弟の年れいをひくと父の年れいと等しくなります。さらに3年後には，父の年れいは弟の年れいの6倍になります。〔山手学院中〕

(1) 現在の母の年れいは何才ですか。

(2) 現在の弟の年れいは何才ですか。

(3) 父の年れいが兄の年れいの2倍になるのは，現在から何年後ですか。

6 AクラスとBクラス，男子と女子の人数と平均身長について表をかいて整理し，てんびん図で考えよう。

7 (1)夏子さんと秋子さんの合計金額と春子さんのはらった金額とを比べて考える。

8 (1)母+兄−弟=父なので，
母+兄=父+弟
└─合計100才

(2)3年後の弟の年れいを①として考える。

ステップ3 発展問題

解答→別冊p.76

1 次の問いに答えなさい。

(1) 1，3，5，7，9，11，13，15，17，19 の 10 個の数があります。このうち 9 個の数の和から残りの 1 個の数をひくと，78 になりました。ひいた数は 10 個の数のうちどれですか。

〔奈良教育大附中〕

●重要 (2) A さんと B さんがいくらかずつお金を持っています。A さんが B さんに 150 円をわたすとすると，2 人の所持金が等しくなります。逆に，B さんが A さんに 300 円わたすとすると，A さんの所持金は B さんの所持金の 10 倍になります。A さんの所持金は何円ですか。

〔桐光学園中〕

●重要 2 現在，ある 5 人家族の年れいの合計は 109 才です。父は母より 2 才年上であり，次男の年れいは 9 才です。1 年前は父と長男の年れいの合計と，母と次男と三男の年れいの合計が等しくなっていました。また，8 年前は，三男が生まれていなかったので 4 人家族であり，年れいの合計は 71 才でした。　〔大阪教育大附属池田中〕

(1) 現在の母の年れいは何才ですか。

(2) 父と母の年れいの合計が，3 人の子どもの年れいの合計の 2 倍になるのは，いまから何年後ですか。

3 次の問いに答えなさい。

(1) 3 つの数があります。いちばん大きい数といちばん小さい数の差は 10 でした。3 つの数の平均は 90 で，そのうち 2 つの数の平均は 89 でした。いちばん大きい数は何ですか。〔甲南女子中〕

(2) ある美術館の入場料は，大人，高校生，中学生以下の 3 種類に分かれていて，大人 1 人よりも中学生 6 人のほうが 20 円高くなります。A さんの家族では，大人 2 人，高校生 1 人，中学生 2 人で 9340 円になりました。B さんの家族では，大人 2 人，高校生 2 人，中学生 1 人で 10920 円になりました。中学生 1 人の入場料を求めなさい。

〔白陵中〕

文章題

1 規則性や条件についての問題

2 和と差についての問題

3 割合と比についての問題

4 速さについての問題

理解度診断テスト ⑥

4 1個の値段が30円，60円，100円の3種類のおかしを合わせて35個買って，2600円支払いました。このとき30円のおかしと60円のおかしの代金は同じでした。100円のおかしは何個買いましたか。
〔桐光学園中〕

5 次の問いに答えなさい。

(1) 1本80円のえんぴつを何本か買う予定でお金を用意しましたが，1本50円のえんぴつしかなかったので，予定より5本多く買って20円あまりました。用意したお金はいくらでしたか。
〔法政大中〕

(2) 何本かのペンと，ペンの3倍の本数のえんぴつがあります。何人かの子どもに，ペンを1本ずつ配ると8本あまり，えんぴつを4本ずつ配ると1本不足します。えんぴつの本数は何本ですか。
〔浦和実業学園中〕

◆重要
6 ある学校の生徒が講堂の長いすに座るとき，3人がけで長いすに座っていくと，12人の生徒が座れませんでした。また，5人がけで長いすに座っていくと，1人だけ座る長いすが1きゃくでき，さらに長いすが68きゃくあまりました。
〔明星中(大阪)〕

(1) 長いすは，全部で何きゃくありますか。

(2) この学校の生徒の人数は，何人ですか。

♦難問
7 あるお店のおにぎりは，シャケが1個100円で，イクラ1個はタラコ1個より40円高く売られています。6500円で，おつりのないように45個のおにぎりを買いました。
〔早稲田中一改〕

述(1) シャケを10個と，イクラとタラコを合わせて35個買おうとしたところ，200円たりません。しかし，イクラとタラコの個数を入れかえると，ちょうど6500円で買うことができます。タラコ1個は何円ですか。どのように考えたのかがわかるように説明して求めなさい。

(2) できるだけ多くタラコを買うとすると，タラコは何個買えますか。ただし，どのおにぎりも1個以上は買うものとします。

3 割合や比についての問題

ステップ1 基本問題

解答→別冊p.78

1 次の問いに答えなさい。

(1) 兄と妹の所持金の合計は 5000 円で，兄の所持金は妹の 2 倍より 200 円多いそうです。2 人の所持金はそれぞれいくらですか。

〔東京成徳大中〕

(2) 3000 円を，B は C の 2 倍より 300 円多く，A は C の 4 倍より 600 円多くなるように分けると，3 人の金額はそれぞれいくらになりますか。

(3) 姉は 59 枚，妹は 13 枚の色紙を持っています。姉の枚数を妹の枚数の 3 倍にするには，姉は妹に何枚あげればよいですか。

〔聖園女学院中〕

(4) はじめ，姉は 5000 円，妹は 2000 円持っていました。姉妹が同じ金額を使ったところ，姉の所持金は妹の所持金の 5 倍になりました。姉の所持金はいくらになりましたか。　〔和洋九段女子中〕

2 次の□にあてはまる数を求めなさい。

(1) □ページの本の $\frac{5}{12}$ を読むと，残りは 112 ページです。

〔平安女学院中〕

(2) 本だなに□冊の本があります。A さんが全体の $\frac{1}{5}$ の本を取り出して，そのあと B さんが 56 冊取り出したところ，最初の $\frac{1}{3}$ の本が残りました。

〔大阪桐蔭中〕

ポイント

▶ **分配算**

ある量を決められた差や割合に分ける問題で，線分図で差や割合を整理する。

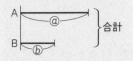

▶ **倍数算**

2 つ以上の数量が増減して，ちがう割合に変化したようすを整理して増減の前と後を比例式にする。

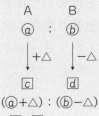

$$(ⓐ+△):(ⓑ-△)$$
$$=\boxed{c}:\boxed{d}$$

▶ **相当算**

ある数量が全体のどれだけの割合であるかを整理して，全体の量を求める。もとにする量の変化を線を増やして線分図にする。

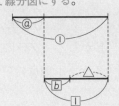

3 次の問いに答えなさい。

(1) 1800 円で商品を仕入れ，2 割の利益を見こんで定価をつけました。その商品を定価から割引きして売ると利益は 36 円でした。定価から何%割引きしましたか。　　〔龍谷大付属平安中〕

(2) ある品物に仕入れ値の 2 割の利益を見こんで定価をつけましたが，売れなかったので定価の 1 割引きにしたところ売れました。この結果，最初の予定より利益が 180 円少なくなりました。このとき，仕入れ値はいくらですか。　　〔明治大学付属中野中〕

4 次の問いに答えなさい。

(1) 濃度 5% の食塩水 240 g に，食塩を 10 g とかすと，食塩水の濃度は何 % になりますか。　　〔桐蔭学園中〕

(2) 5% の食塩水 200 g に 8% の食塩水を何 g まぜると，7% の食塩水ができますか。　　〔淳心学院中〕

5 次の問いに答えなさい。

(1) ある仕事をするのに，A 1 人では 20 日かかり，B 1 人では 30 日かかります。この仕事を 2 人で仕上げるのに，何日かかりますか。

(2) 水道管で水そうに水を入れるのに，A の管では 12 分，B の管では 18 分かかります。最初，A の管で 7 分間水を入れて，残りを A，B 両方の管をいっしょに使って水を入れると，水を入れはじめてからいっぱいになるまでに，何分かかりますか。

6 20 人で働くと 50 日で仕上がる仕事を，25 人で働くと，何日で仕上げることができますか。

7 A 駅で改札をはじめたとき 150 人の行列があり，毎分 10 人の割合で人数が増えていきます。改札口を 1 つ開けると 15 分で行列がなくなりました。改札口を 2 つ開けると，行列は何分でなくなりますか。

▶損益算

原価，定価，売価の割合と価格を表に整理する。

	割合	価格
原価		
定価		
売価		

▶濃度算

食塩水の濃さ，食塩水の重さ，食塩の重さを表に整理する。

食塩水の濃さと食塩水の重さをてんびん図に整理して考える。

▶仕事算

何人かの人がある仕事をするとき，それぞれ 1 日あたりの仕事量から，何日かかるのかを考える。

仕事全体の量を，①としたり，仕事にかかる日数の最小公倍数にしたりする。

▶のべ算

何人かの人が 1 日に何時間かずつ働いてある仕事をするとき，1 日に何時間ずつ何人で働くと何日かかるかを考える。

1 人が 1 日に 1 時間働いてできる仕事を①とする。

▶ニュートン算

はじめにいくらかの量があり，それが一定量ずつ増えるとき，それを一定量ずつ減らすと，どれだけの時間でなくなるかを，線分図に整理する。

■■■ **ステップ2 標準問題**

解答 → 別冊p.79

1 次の問いに答えなさい。

(重要)(1) A，Bの2つの整数の和は969で，AをBでわったときの商は9であまりが39です。Aはいくらですか。

(2) 三角形ABCの角の大きさを調べました。角Aと角Bの大きさの比は3：7でした。また，角Cは角Aの2倍より20°大きい大きさでした。角Cの大きさを求めなさい。　　〔関西学院中〕

(3) AさんとBさんの所持金の比は7：6でした。それぞれが450円の買い物をしたところ，所持金の比は11：9になりました。Aさんははじめいくら持っていましたか。　　〔森村学園中〕

(重要)(4) 姉と妹の所持金の比は5：3でした。姉は1冊400円の本を2冊買い，妹はおじいさんから500円のおこづかいをもらったので，所持金の比が6：5になりました。姉のはじめの所持金は何円でしたか。〔日本大第二中〕

(5) テープを最初に $\frac{1}{4}$ だけ使い，次に残りの $\frac{3}{5}$ を使うと60cm残りました。もとのテープの長さは何cmですか。　　〔東海大付属大阪仰星中〕

(重要)(6) B小学校では，電車で通学している人が全体の $\frac{3}{7}$ より18人多く，それ以外の方法で通学している人が全体の $\frac{2}{3}$ より42人少ないそうです。B小学校全体の人数は何人ですか。

(7) ある品物に原価の4割の利益を見こんで定価をつけ，セールのときに定価の2割引きで売ると，利益は300円でした。この品物の原価はいくらですか。　　〔大阪学芸中〕

得点アップ

1(1)A÷B＝9あまり39なので，AはBの9倍より39大きい。

(4)和と差が一定でないことに気をつけて，はじめとあとの比例式を考えよう。

(5)全体の $\frac{1}{4}$ と残りの $\frac{3}{5}$ のちがいに注意して，線分図に整理する。

(7)原価，定価，売価を表に整理する。

重要 (8) ある商品にいくらかの利益を見こんで定価をつけました。この商品を定価の 15%引きで売ると利益は 2000 円になります。また定価の 3 割引きで売ると利益は 800 円になります。この商品の原価を求めなさい。

〔鷗友学園女子中〕

(9) 5% の食塩水 450g と 9% の食塩水 150g をまぜると何 % の食塩水になりますか。

〔武庫川女子大附中〕

(10) 4% の食塩水が 900g あります。この食塩水から水を 220g 蒸発させ、さらに食塩を 20g 加えると何 % の食塩水になりますか。

〔中央大附属横浜中〕

重要 (11) 3% の食塩水 200g に、濃度のわからない食塩水 100g を入れてよくかきまぜたところ、5% の食塩水になりました。加えた食塩水の濃度は何 % ですか。

〔明治大付属中野中〕

(12) ある仕事をするのに、A 1 人では 12 日、B 1 人では 18 日、C 1 人では 24 日かかります。3 人でこの仕事をはじめましたが、とちゅうで C が何日か休んだので、仕事を終えるのに 6 日かかりました。C は何日休みましたか。

〔大宮開成中〕

重要 (13) ある仕事をするのに、A だけでは 24 日、B だけでは 30 日で終わります。A, B, C の 3 人ですると 8 日で終わります。この仕事を B, C の 2 人ですると何日で終わりますか。

〔三田学園中〕

(14) ある仕事を 6 人で 30 日間すると全体の $\frac{3}{4}$ が終わりました。残りの仕事を 5 人ですると、あと何日かかりますか。

〔松蔭中(兵庫)〕

(15) タンクに 4500L の水が入っています。いま、毎分一定の量の水をじゃ口から注ぎながら、同時にポンプ 4 台を使って水をぬくと 60 分でタンクは空になり、ポンプ 9 台では 25 分でタンクは空になります。20 分以内にタンクを空にするとき、少なくとも何台のポンプが必要か求めなさい。

〔関西学院中〕

文章題

1 規則性や条件についての問題
2 和と差についての問題
3 割合や比についての問題
4 速さについての問題
5 理解度診断テスト⑤

1 (9)わかっている食塩水の濃さ、食塩水の重さより、表に整理する。
(10)蒸発するときには、水だけが減って食塩の重さは変わらない。
(12)仕事全体の量を 12 と 18 と 24 の最小公倍数にして、A, B, C 3 人がそれぞれ 1 日にする仕事の量を考える。
(14) 1 人が 1 日でする仕事の量を①とすると、6 人が 30 日でする仕事の量は、⑥×30＝⑱⓪になる。

✓チェック！自由自在
ニュートン算のボックス解法について調べてみよう。

133

◆重要

2 最初，兄と妹の持っているお金の比は 2：1 でした。兄は本屋で本を買ったので，2 人の持っているお金の比が 5：3 になりました。その後，兄が妹に 500 円わたしたので，2 人の持っているお金の比が 3：2 になりました。〔明治大付属明治中〕

(1) 最初に妹が持っていたお金は何円ですか。

(2) 兄が買った本は何円ですか。

3 花子さんは買い物へ出かけました。480 円の本を買ったあと，残りのお金の $\frac{2}{3}$ で洋服を買ったところ，残金は最初に持っていたお金の $\frac{7}{25}$ になりました。花子さんは最初に何円持っていましたか。〔上宮学園中〕

4 ある商品を 400 個仕入れて，10％ の利益を見こんで定価をつけました。250 個が売れたところで，残りを定価の 20％ 引きにしたところ完売し，1750 円の利益が出ました。1 個の仕入れ値はいくらですか。〔渋谷教育学園渋谷中〕

5 ある店で 200 個のヨーグルトを仕入れ，25％ の利益を見こんで定価をつけました。月曜日は定価で売りましたが，売れ残ったので，火曜日は定価の 10％ 引きの 108 円で売りました。すると売り切ることができ，全部で 3300 円の利益が出ました。〔京都橘中〕

(1) このヨーグルトの定価は 1 個何円ですか。

(2) 月曜日に売れた個数は何個ですか。

2

| 兄 | 妹 |

②　①
↓−□円　↓
（本代）
⑤　③
↓−500円　↓+500円
③　②

3 もとにする量がちがう割合を考えるときは，線分図の線をかきたして，整理する。

4

	割合
原価	①
定価	⑴.⑴
売価	⓪.88

×1.1
×0.8

①で 400 個仕入れ
⑴.⑴で 250 個，
⓪.88で 150 個
売ったことから考える。

文章題

1 規則性や条件についての問題

2 和と差についての問題

3 割合や比についての問題

4 速さについての問題

理解度診断テスト⑥

★重要

6 12％の食塩水 250 g に 24％の食塩水を加えてある濃さの食塩水をつくるつもりが，誤って同量の水を加えたため 5％の食塩水ができました。つくりたかった食塩水の濃さは何％ですか。〔滝川第二中〕

6 誤って水を加えたときは，食塩の量は変わらないことから，まず誤って加えた水の量を求めて考える。

✓チェック！自由自在
濃度算のてんびん図について調べてみよう。

7 A，B，C の 3 つの容器があります。A には 7％の食塩水が 150 g，B には 5.5％の食塩水が 100 g，C には水が入っていて，すべてをまぜ合わせると，4％の食塩水になります。〔日本大中〕

(1) A と B の食塩水にふくまれる食塩の量は，どちらがどれだけ多いですか。

(2) C の水の量は何 g ですか。

(3) A，B 両方の食塩水の濃さが等しくなるように，C のすべての水を，A，B にわけて加えました。C から B に加えた水の量は何 g ですか。

★重要

8 ある仕事をするのに A さん 1 人では 15 日，B さん 1 人では 25 日かかります。この仕事を最初に A さんだけでしました。その後 2 人で何日か仕事をし，残りを B さんだけで仕事をしたところ，この仕事を終えるのに 16 日かかりました。A さんだけで仕事をした日数と 2 人で仕事をした日数の比は 2：1 です。2 人で仕事をしたのは何日ですか。〔東京都市大付属中〕

9 ある牧場に，牛を 30 頭放すと 30 日で牧草を食べつくし，牛を 20 頭放すと 50 日で牧草を食べつくします。この牧場に牛を何頭放すと 75 日で牧草を食べつくしますか。ただし，牧草は毎日一定の量だけはえ，どの牛も毎日同じ量の牧草を食べるものとします。〔桐朋中一改〕

9 1 日にはえる牧草の量を①，牛 1 頭が 1 日に食べる牧草の量を□として，牛 30 頭と牛 20 頭のときについて，それぞれ線分図に整理する。

解答→別冊p.82

1 50本のえんぴつをA，B，C，Dの4人で分けます。BはAより5本多く，CはAより5本少なく，DはCの2倍の本数になるとき，いちばん多くもらえる人は何本もらうことになりますか。 〔公文国際学園中〕

●重要
2 2つの貯金箱A，Bがあります。貯金箱Aには **ア** 枚，貯金箱Bには **イ** 枚のコインが入っています。両方の箱に20枚ずつコインを入れると，箱Aと箱Bに入っているコインの枚数の比は5：2になりました。続けて両方の箱に20枚ずつコインを入れると，箱Aと箱Bに入っているコインの枚数の比は2：1になりました。次に，箱Aから箱Bに **ウ** 枚のコインを移すと，箱Aと箱Bに入っているコインの枚数の比は3：2になりました。 **ア** ～ **ウ** にあてはまる数を求めなさい。 〔神戸海星女子学院中〕

●重要
3 太郎さんは旅行を計画しました。全体の予算の $\frac{3}{5}$ を交通費にして，実際に旅行に行ったところ，交通費は予定の $\frac{4}{3}$ 倍かかり，その他の費用は予定より2100円少なくすみました。その結果，全体の費用は予算の $\frac{9}{8}$ 倍になりました。はじめの予算はいくらですか。 〔青山学院中〕

4 ある作文コンクールの応ぼ者を調べたところ，女子は全応ぼ者の $\frac{5}{8}$ より28人多く，男子は女子の $\frac{4}{7}$ より12人少ないことがわかりました。応ぼ者は全部で何人ですか。〔大妻中〕

5 コップを1個180円で何個か仕入れました。1個360円で売れば，20個売れなかったとしても14400円の利益があります。コップは何個仕入れましたか。 〔世田谷学園中〕

文章題

1 規則性や条件についての問題

2 和と差についての問題

3 割合や比についての問題

4 速さについての問題

理解度診断テスト④

6 容器Aには13％，容器Bには8％の食塩水が，それぞれ360gずつ入っています。容器Aの食塩水240gを容器Bに移してよくかきまぜたあと，容器Bから容器Aに食塩水を移して，12％の食塩水をつくるには，容器Bから何gの食塩水を移せばよいですか。

〔開明中〕

♥重要

7 ある作業をするのにA，B，Cの3台のロボットを使います。3台すべてを使うと6日間で，AとBだけを使うと10日間で，Aだけを使うと24日間で作業を終わらせることができます。 〔帝塚山学院泉ヶ丘中〕

(1) Cだけを使うと，作業をはじめてから何日間で作業を終わらせることができますか。

(2) Aだけを使って4日間作業をしたあと，Bだけを使って何日間か作業し，その後Cだけを使って作業をすると，作業をはじめてから17日間で作業を終わらせることができました。Cだけを使って作業をしたのは何日間ですか。

◔難問

8 2種類の食塩水A，Bがあります。食塩水Aと食塩水Bを3：2の割合でまぜると12％の食塩水になり，食塩水Aと食塩水Bを1：4の割合でまぜると14％の食塩水になります。 〔神戸女学院中〕

(1) 食塩水Aと食塩水Bの濃度をそれぞれ求めなさい。

(2) 水480gに食塩水Aと食塩水Bをそれぞれ同じ重さずつ加えたところ，5％の食塩水になりました。5％の食塩水は何gできましたか。

◔難問

9 ある牧場では，10頭の牛を放すと6日間で草を食べつくし，15頭の牛を放すと3日間で草を食べつくします。この牧場で，8頭の牛を4日間放したあと，さらに何頭か牛を加えたところ，加えてから3日間で草は食べつくされました。あとから加えた牛は何頭ですか。ただし，1日にはえる草の量は一定とし，またどの牛も1日で食べる草の量は同じであるのものとします。 〔清教学園中〕

4

第6章　文章題

速さについての問題

ステップ1 基本問題

学習日　　月　　日

解答 → 別冊p.84

1 次の問いに答えなさい。

(1) 春子さんは分速58m，夏子さんは分速71mで歩きます。2人が同時に出発して，同じ道を同じ方向に行くとき，17分後に2人の間は何mはなれていますか。　　〔十文字中〕

(2) 弟が分速55mで出発してから，20分後に兄が分速95mで追いかけました。兄が弟に追いつくのは兄が出発してから何分何秒後ですか。　　〔東海大付属大阪仰星中〕

2 次の問いに答えなさい。

(1) AさんとBさんが1周400mの円のまわりを歩きます。AさんとBさんが同じ地点から同じ向きに同時に歩きはじめると，20分後にはじめてAさんがBさんを追いぬき，同じ地点から反対向きに同時に歩きはじめると，8分後にはじめて2人は出会います。Aさんの歩く速さは分速何mですか。　　〔金蘭千里中〕

(2) 太郎さんの家から学校までの道のりは900mです。家から学校まで行くのに，はじめは分速160mで走り，とちゅうから分速60mで歩くとします。家を出てから10分で学校に着くとき，分速160mで走る道のりは何mですか。　　〔奈良学園登美ヶ丘中〕

3 兄は分速70m，弟は分速50mで午後6時に学校を同時に出発し，家に向かいました。兄はとちゅうで忘れ物に気づき，それまでと同じ速さで学校にもどり，午後6時12分に学校に到着しました。兄は忘れ物を探すのに4分かかり，その後すぐに分速90mで家に向かったところ，弟と同時に家に着きました。　　〔桃山学院中〕

(1) 兄と弟がすれちがったのは，2人が学校を出発してから何分後ですか。

(2) 学校から家までの道のりは何mですか。

ポイント

▶旅人算

・□mはなれたところから向かい合って進むとき，出会うまでにかかる時間
＝□÷(Aの速さ＋Bの速さ)
　　　　　　　└速さの和

・□m前を行くBをAが追いかけるとき
追いつくまでにかかる時間
＝□÷(Aの速さ－Bの速さ)
　　　　　　　└速さの差

・AとBが一定の時間進んだとき，AとBが進んだきょりの比をⒶ：Ⓑとすると，速さの比もⒶ：Ⓑとなる。

・AとBが一定のきょりを進んだとき，AとBがかかった時間の比をⒶ：Ⓑとすると，速さの比は逆比でⒷ：Ⓐとなる。

▶流水算

・上りの速さ
＝静水での速さ
　　　－流れの速さ

・下りの速さ
＝静水での速さ
　　　＋流れの速さ

・静水での速さ
＝(上りの速さ
　　　＋下りの速さ)÷2

・流れの速さ
＝(下りの速さ
　　　－上りの速さ)÷2

4 次の問いに答えなさい。

(1) 川の上流の A 地点から下流の B 地点まで 25 km あり，その間を船が往復しています。A 地点から B 地点まで 30 分，B 地点から A 地点まで 50 分かかるとき，静水での船の速さは時速何 km ですか。 〔聖セシリア女子中〕

(2) 分速 120 m で流れている川があります。この川を下流から上流へ 17 km 進むのに 56 分 40 秒かかる船があります。この船で，上流から下流へ 4.5 km 進むのにかかる時間は何分何秒ですか。 〔三田学園中〕

5 次の問いに答えなさい。

(1) 長さ 180 m の列車が，長さ 300 m の鉄橋をわたりはじめてから，わたり終えるのに 24 秒かかりました。この列車の速さは，秒速何 m ですか。 〔神奈川大附中〕

(2) 秒速 18 m，長さ 120 m の列車と，秒速 12 m，長さ 150 m の列車がすれちがうのには，何秒かかりますか。

(3) 列車 A は長さ 140 m で，秒速 20 m で走っています。列車 B は長さ 100 m で，秒速 15 m で走っています。列車 A が列車 B に追いついてから追いこすまでに，何秒かかりますか。

6 次の問いに答えなさい。

(1) 1 時 25 分を示す時計の長針と短針の小さいほうの角度は何度ですか。 〔平安女学院中〕

(2) 9 時 45 分と 10 時の間で，時計の長針と短針のつくる角の大きさが 30° になる時刻は 9 時何分ですか。 〔湘南白百合学園中〕

(3) 時計の針が 5 時ちょうどをさしています。長針と短針が重なるのは，5 時何分ですか。 〔大妻嵐山中〕

▶通過算

・人など長さを考えないものの前を通過するとき

通過するのにかかる時間
＝電車の長さ÷電車の速さ

・トンネルなどを通過するとき

通過するのにかかる時間
＝(トンネルの長さ＋電車の長さ)÷電車の速さ

・トンネルに電車全体が入って，かくれて外から見えないとき

トンネル内にかくれている時間
＝(トンネルの長さ－電車の長さ)÷電車の速さ

・A と B の電車がすれちがうとき

すれちがうのにかかる時間
＝(A の長さ＋B の長さ)÷(A の速さ＋B の速さ)
└─速さの和

・A が B の電車を追いこすとき

追いこすのにかかる時間
＝(A の長さ＋B の長さ)÷(A の速さ－B の速さ)
└─速さの差

▶時計算

長針と短針が 1 時間，1 分間に進む角度は次のようになる。

	1 時間	1 分間
長針	360°	6°
短針	30°	0.5°

よって，長針と短針は，
1 分につき 6°－0.5°＝5.5°
ずつ追いついたり，はなれたりする。

● 旅人算
● 通過算・流水算
● 時計算

解答 → 別冊p.85

1 Ａさんの家は駅まで 1.2 km のところにあります。Ａさんが分速60 m で歩いて駅へ出かけた 12 分後に，忘れ物に気づいたお父さんがＡさんを追いかけて家を出ました。お父さんは走って追いかけ，ちょうど駅でＡさんに忘れ物をわたすことができました。お父さんは分速何 m で追いかけましたか。　　　　　　　　　〔明治学院中〕

得点アップ

1 Ａさんが駅まで行くのにかかる時間より，お父さんが駅まで行くのにかかる時間のほうが 12 分短い。

2 Ａさんは毎朝８時に家を出て，分速 60 m で歩くと８時 20 分に学校に着きます。ある朝，とちゅうで忘れ物に気づき，同じ速さで歩いて家に向かってもどっていると，もどりはじめてから５分後に忘れ物を届けに来てくれたお母さんと出会いました。忘れ物を受けとったＡさんは，そこから分速 120 m で走って学校に向かい，８時 23 分に学校に着きました。Ａさんがお母さんと出会ったのは家から何 m のところですか。　　　　　　　　　〔甲南女子中〕

2 忘れ物をしたために，いつもより多く歩いた分を合わせた道のりを考えて，２種類の速さのつるかめ算で考える。

●重要
3 Ａさん，Ｂさんの２人の家の間のきょりは 4.8 km あり，それぞれの家を出発しておたがいの家を折り返して自分の家にもどりました。２人は同時に出発し，12 分後にはじめて出会い，次に出会ったのはＡさんの家から 960 m の地点でした。　　〔大谷中（大阪）一改〕

(1) 出発して 12 分後の２人の進んだきょりは合わせて何 m ですか。

3 (2) １度目に出会うまでに２人が進んだきょりの和，１度目に出会ってから２度目に出会うまでに２人が進んだきょりの和から考える。

●記述 (2) ２度目に出会ったのは，２人が出発してから何分後ですか。またどのように考えたのかがわかるように説明しなさい。

(3) Ａさん，Ｂさんの２人の進む速さはそれぞれ分速何 m ですか。

★重要

4 A さんは P 町から Q 町, B さんと C さんは Q 町から P 町に向かって同時に出発しました。A さん, B さん, C さんの速さはそれぞれ分速 100 m, 80 m, 70 m です。A さんは B さんと出会ってから 2 分後に C さんに出会いました。　〔淳心学院中〕

(1) A さんが B さんと出会ったとき, A さんと C さんは何 m はなれていましたか。

(2) P 町から Q 町までの道のりは何 m ですか。

5 家から駅まで 3 km の同じ道を姉は徒歩で, 妹は自転車で行きました。姉はとちゅうで忘れ物に気づき, 同じ速さでもどりました。妹は姉の忘れ物を持って, 姉のあとを追いかけました。右のグラフは, そのときの 2 人の家からのきょりと時刻の関係を表したものです。　〔大妻嵐山中〕

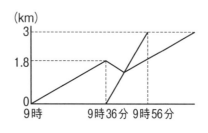

(1) 妹の速さは時速何 km ですか。

(2) 妹が姉に追いついたのは何時何分ですか。

(3) 姉が駅に着いたのは何時何分ですか。

★重要

6 兄と弟が家と郵便局の間の道をそれぞれ一定の速さで往復しました。弟は兄より先に家を出発し, 兄が家を出発したときに, 弟は家から 300 m はなれた地点にいました。また, 兄が郵便局に着いたとき, 弟は郵便局の240 m 手前にいました。右上のグラフは兄が家を出発してからの 2 人の進行のようすを表したものです。　〔神奈川大附中〕

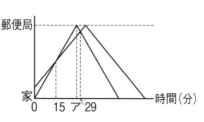

(1) ア にあてはまる数はいくつですか。

(2) 兄の歩く速さは分速何 m ですか。

(3) 弟が郵便局に着いたとき, 兄は郵便局から何 m はなれた地点にいましたか。

4 (1) A さんが B さんと出会ってから, 2 分後に C さんと出会うから, そのときにはなれているきょりがわかる。

(2) (1) のきょりは, B さんが A さんと出会うまでに, B さんと C さんがはなれたきょりになる。

5 (1) グラフの 9 時 36 分から 9 時 56 分までの妹の動きから考える。

(2) 9 時から 9 時 36 分までの姉の動きから, 姉の速さを求めて考える。

6 (1) 300m 先を行く弟に兄が追いつくのに 15 分かかるので, 速さの差がわかることから, ア を考える。

(2) ア 分から 29 分で 240 m はなれた 2 人が出会うことより, 速さの和を求めて考える。

✔チェック!自由自在
　速さのグラフから, 出会いや追いつき, 2 人のきょりの和や差などの読みとり方を調べてみよう。

文章題

1 規則性や条件についての問題

2 和と差についての問題

3 割合や比についての問題

4 速さについての問題

理解度診断テスト⑥

◆重要

7 A町からB町に流れている川があります。A町からB町まで船で下ると3時間かかり、B町からA町まで同じ船で上ると5時間かかります。川の流れの速さが時速2kmのとき、この船の静水での速さは時速何kmですか。また、2つの町の間の道のりは何kmですか。

〔東京家政学院中〕

8 ある川のA地点から21kmはなれた上流にB地点があり、船PがA地点とB地点の間を往復します。今日は、川の流れの速さがふだんの川の流れの速さの2倍で、船Pが、A地点とB地点の間の上りにかかった時間は210分、下りにかかった時間は105分でした。

〔明星中（大阪）〕

(1) 船Pの静水での速さは、分速何mですか。

(2) ふだんの川の流れの速さの日に、船PがA地点とB地点の間の上りにかかる時間と、下りにかかる時間は、それぞれ何分ですか。

(3) ふだんの川の流れの速さの日に、船PはA地点からB地点に向かいました。船PがA地点を出発してしばらくすると、エンジンがこわれていて川の流れだけで下ってきた船Qとすれちがいました。船Pは、そのままB地点に向かい、B地点で30分間休けいをとったあと、A地点に向かって出発したところ、船Pと船Qは、同時にA地点に到着しました。船Pと船Qがすれちがったのは、船PがA地点を出発してから何分後でしたか。

◆重要

9 川の下流にあるA町と16kmはなれた上流のB町があります。PとQの2せきの船が、それぞれA町、B町を同時に出発しました。PとQがすれちがってから2時間後に、PはB町に到着しました。静水での船の速さはPが時速8km、Qが時速4kmです。このとき、川の流れの速さは時速何kmですか。

〔明治大付属中野八王子中〕

---

7 下りにかかった時間と上りにかかった時間の比の逆比が、速さの比になることから考える。

8 (1)上り、下りの速さから静水での速さを求める。
(3)すれちがってからは、

Pの上りの速さ
　＋流れの速さ

ずつはなれ、PがB地点からA地点に向かうときは、

Pの下りの速さ
　−流れの速さ

ずつ追いつく。この2つの速さがどちらも静水での速さであることから考える。

9 Pの上りの速さは、

Pの静水での速さ
　−流れの速さ

Qの下りの速さは、

Qの静水での速さ
　＋流れの速さ

である。これらの速さの和を考える。

10 次の問いに答えなさい。

重要 (1) 長さ 200 m の急行列車 A と長さ 160 m のふつう列車 B があります。A と B が同じ方向に進むとき，A が B の最後尾に追いついてから B を完全に追いこすまでに 90 秒かかります。また，A と B が逆向きに進むとき，出会ってから完全にすれちがうまでに 18 秒かかります。A の速さは秒速何 m ですか。
〔桜美林中〕

(2) 長さが 200 m の列車が，トンネルに入りはじめてから，完全に出終わるまでに 37 秒かかりました。この列車と同じ長さで同じ速さの列車どうしがすれちがうのに 8 秒かかるとき，トンネルの長さは何 m ですか。
〔跡見学園中〕

重要 (3) 一定の速さで走っている電車が，長さ 540 m の鉄橋をわたりはじめてからわたり終えるまでに 50 秒かかりました。また，長さ 360 m のトンネルに電車全体が入っていた時間は 22 秒でした。この電車の速さは時速何 km ですか。また，この電車の長さは何 m ですか。〔智辯学園和歌山中〕

11 長針と短針からなる時計があります。この時計は 9 時ちょうどを示しています。この時計が次に 12 時ちょうどになる 3 時間の間で，長針と短針がつくる角度が 30° になるのは全部で何回ありますか。
〔茗渓学園中〕

★重要
12 時計がちょうど 9 時をさしています。
〔関西大北陽中〕
(1) 短針は 1 分間に何度進みますか。

(2) 長針が短針にはじめて追いつくのは何分後ですか。

(3) 右の図のように，アとイの角度がはじめて等しくなるのは何分後ですか。

10 (1)速さの和と差を考える。
(2)同じ長さ，同じ速さの列車とすれちがうのに 8 秒かかることから，この列車の速さを求める。
(3)鉄橋とトンネルをつなぎ合わせて考える。

11 9 時～10 時
10 時～11 時
11 時～12 時
のそれぞれの時間に，長針と短針がつくる角度が 30° になるのが何回ずつあるか考える。
12 (3)9 時から考えて，長針と短針が進む角度の比が ⑥：⓪.5 になることから考える。

文章題
1 規則性や条件についての問題
2 和と差についての問題
3 組合せについての問題
4 速さについての問題
理解度診断テスト④

■■ ステップ**3** 発展問題

♥重要
解答 → 別冊p.88

1 家から学校まで歩くと 12 分，走ると 8 分かかります。ある日，家から学校まで行くのに，はじめは歩き，とちゅうから走ったら 9 分で着きました。何分歩いて，何分走りましたか。

〔京都橘中〕

2 A 地点から 600 m はなれた B 地点との間にランニングコースがあります。かけるさんとあゆむさんは，同時に A 地点から走りはじめて A 地点と B 地点の間を往復します。1 時間 30 分後には 6 回目のすれちがいをして，1 時間 40 分後にはじめてかけるさんがあゆむさんを追いこします。かけるさんの速さは分速何 m ですか。

〔三田学園中〕

♥重要
3 太郎さんと次郎さんはそれぞれの家を出発し，2 人の家の間を結ぶ同じ道を 1 往復します。右の図は，このときの 2 人のようすを表したものです。〔学習院中〕

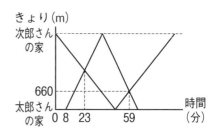

(1) 太郎さんと次郎さんの速さの比を求めなさい。

(2) 太郎さんの速さは分速何 m ですか。

(3) 太郎さんの家と次郎さんの家の間のきょりは何 m ですか。

4 1.2 km はなれた A 地点と B 地点を結ぶ川があります。いま，A から B に川を上る船と，B から A に川を下る船が同時に出発します。A から B に向かう船は静水での速さは分速 75 m，B から A に向かう船は静水での速さは分速 50 m です。この 2 そうがすれちがった地点の A 地点からと B 地点からのきょりの比は 1：2 でした。この川を動力のないボートで B 地点から A 地点に流されるまま向かうのにかかる時間は何分ですか。

〔昭和学院秀英中〕

文章題

1 規則性や条件についての問題
2 和と差についての問題
3 割合や比についての問題
4 速さについての問題
理解度診断テスト⑥

▼重要

5 ある中学校の生徒が1列に並んでハイキングコースを歩いています。最後尾にいた守さんが1.8 km先の先頭まで走って行ったところ,9分で先頭に着くことができましたが,先頭にいた先生に最後尾にもどるよう指示されました。そこで,守さんはその場で列がすぎるのを待っていると,27分で最後尾になりました。もし,守さんが行きと同じ速さで走ってもどったならば何分何秒で最後尾に着いていましたか。

〔青山学院中〕

6 長さ2700 mのトンネルの何mか先に長さ450 mの橋があります。長さ90 mの電車の先頭がトンネルに入りはじめてから,橋をわたりはじめるまでに2分18秒かかりました。また,電車の先頭がトンネルを出はじめたときから,電車が完全に橋をわたり終えるまでに30秒かかりました。

〔かえつ有明中〕

(1) トンネルの出口から橋までのきょりは何mですか。

(2) この電車の速さは,時速何kmですか。

◉難問

7 右の図のような,円周を15等分した点に0から14までのめもりをつけた時計があります。この時計の長針と短針はそれぞれ右回りに一定の速さで回転し,次の①〜③のように動きます。

① 長針は短針よりはやく動きます。
② 2つの針が0で重なったあと,次に重なるのは短針が1周目の9をさすときです。
③ 2つの針が0で重なってから再び0で重なるのは12時間後です。

2つの針が0で重なってから再び0で重なるまでについて,次の問いに答えなさい。

〔洛南高附中〕

(1) 長針と短針は,それぞれ何周しますか。

(2) 長針と短針は,それぞれ1分間に何度回転しますか。

(3) 重なる場合をのぞいて,長針と短針が同時にめもりをさすことは,何回ありますか。

(4) 次の **ア**, **イ** にあてはまる数を求めなさい。ただし, **ア** には0以上60未満の数が入ります。

　0で重なってから6時間 **ア** 分後,長針と短針が同時にめもりをさします。そのとき,長針は **イ** のめもりをさしています。

145

理解度診断テスト ⑥

出題範囲 p.114〜145

時間 40分　得点　　　　点　理解度診断 A B C

解答 → 別冊p.89

1 次の問いに答えなさい。(36点)

(1) 2つの整数があります。2つの数の和は68で，差は12です。2つの数のうちで大きいほうの数を求めなさい。　〔多摩大目黒中〕

(2) 1枚のコインをくり返し投げるゲームをします。最初の点数を10点とし，表が出たら2点を加点，裏が出たら1点を減点します。10回コインを投げたところで点数が18点となりました。このとき表が出た回数は何回ですか。　〔奈良学園登美ヶ丘中〕

(3) えんぴつを1人に5本ずつ配ると12本残り，8本ずつ配ると9本たりません。えんぴつは何本ありますか。　〔同志社中〕

(4) 長さ120cmのひもを3本に切り分けました。いちばん長いひもはいちばん短いひもの3倍より6cm長く，2番目に長いひもはいちばん短いひもの2倍より12cm短いことがわかりました。いちばん長いひもの長さは何cmですか。　〔開智中（和歌山）〕

(5) はじめに上原さんは松坂さんの4倍のお金を持っていましたが，上原さんは200円使い，松坂さんは500円もらったので上原さんの所持金は松坂さんの所持金の2倍になりました。はじめ，上原さんはいくら持っていましたか。　〔滝川中〕

(6) あるときのT中学校の1年生の生徒数は，女子が全体の $\frac{3}{5}$ より40人少なく，男子は全体の $\frac{3}{7}$ より23人多く在籍していました。女子生徒の人数は何人ですか。　〔帝塚山中〕

文章題

1 規則性や条件についての問題

2 和と差についての問題

3 割合や比についての問題

4 速さについての問題

理解度診断テスト⑥

2 　ア　円で仕入れた商品に 25 ％の利益を見こんで定価をつけました。この商品を定価の 100 円引きで売ると 82 円の利益があり，この商品を定価の　イ　％引きで売ると，91 円の損が出ます。　ア　，　イ　にあてはまる数を求めなさい。(10点)　〔女子学院中〕

3 容器 A には 12 ％の食塩水が 300 g，容器 B には 8 ％の食塩水が 200 g，容器 C には 12.5 ％の食塩水が入っています。(14点)　〔大宮開成中〕

(1) B から A に食塩水を 100 g 移しました。A の食塩水の濃度は何％になりましたか。

(2) (1)の操作後，A から B に食塩水を 100 g 移しました。その後，B に毎秒 8 g の割合で C の食塩水を入れていきます。B の食塩水が，(1)の操作後の A の食塩水と同じ濃度になるのは何秒後ですか。

4 水のたまった大きな水そうに，排水口がたくさんついています。排水口はつねに一定の量の水を排出でき，その量はどの排水口も同じです。この水そうに毎分 270 cm³ の水を注ぎ，注ぎはじめると同時に排水口をいくつか開きます。排水口を 4 つ開くと水そうはちょうど 24 分で空になり，排水口を 5 つ開くとちょうど 16 分で空になります。(24点)〔甲陽学院中〕

(1) はじめに水そうにたまっていた水の量は何 cm³ ですか。

(2) 1 つの排水口から 1 分間に排出できる水の量は何 cm³ ですか。

(3) 排水口を 7 つ開くと，水そうは何分で空になりますか。

チャレンジ
5 A さん，B さん，C さんの 3 人が池のまわりの道を 1 周します。3 人とも同じ場所から同時に出発し，A さんは分速 80 m，B さんは分速 60 m で同じ向きに歩き，C さんだけ反対向きに一定の速さで歩きました。C さんは出発してから 20 分後にまず A さんとすれちがい，それからさらに 4 分後に B さんとすれちがいました。(16点)　　〔浅野中〕

(1) C さんの歩く速さは分速何 m ですか。

(2) 池のまわりの道は，1 周何 m ですか。

1 数についての問題

近年注目される公立中高一貫校では，入学者選抜のために「適性検査」が実施されています。数についてはどのような問題が出題されているか，見てみましょう。

解答→別冊p.91

1 ひろしさんとまちこさんの学級では，校外学習で平和公園に行くことになりました。そこで，みんなで千羽づるをつくって持って行こうと考えました。つるは，3色（黄色，青色，赤色）の大きな色模造紙を使ってつくろうと思っています。それらの色模造紙はすべて同じ大きさの正方形です。

〔広島市立広島中〕

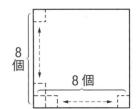

まちこ：まずは，黄色の色模造紙を使ってつくろう！でも，このままで折るには大きすぎるから，小さな正方形に切ったらどうかな。正方形が縦に8個，横に8個並ぶように切ってみようか。

ひろし：そうすると，1000羽の同じ大きさの黄色のつるをつくるためには，黄色の色模造紙は何枚いるのかな？

(1) 1000羽のつるをつくるために必要な黄色の色模造紙の枚数を書きなさい。ただし，できるだけ少ない枚数で答えなさい。

ひろし：次は青色の色模造紙でつくろう！(1)の黄色のつるとはちがう大きさのつるをつくってみようよ。

まちこ：1000羽の同じ大きさの青色のつるをつくってみたら，青色の色模造紙が27枚ではたりなかったけど，28枚あったらできたよ。

ひろし：縦に何個の正方形ができるように切ったの？

(2) 1000羽のつるをつくるとき，青色の色模造紙が28枚必要でした。縦に何個の正方形ができるように切ったのか，書きなさい。

ひろし：次は赤色の色模造紙でつくろう！今度は，1枚の色模造紙を同じ大きさの正方形に切るのではなく，ちがう大きさの正方形に切ってみたいのだけど，どう切ればいいのかな？

まちこ：まず，縦に2個，横に2個の正方形に切って，さらに，切った正方形の1つを縦に2個，横に2個に切れば簡単よね。

ひろし：そうか。そうすると，ちがう大きさの正方形が3個と4個の2種類できるね。

まちこ：この切り方では大きすぎるから，もう少し小さく切ったほうがいいね。そうしたら，赤色の色模造紙1枚すべてを使って，黄色の正方形と青色の正方形のそれぞれと同じ大きさの2種類の正方形をつくってみようよ。いくつずつできるのかな？

⁄記述 (3) 赤色の色模造紙1枚すべてを使って，(1)でつくった黄色の正方形と(2)でつくった青色の正方形のそれぞれと同じ大きさの2種類の正方形はいくつずつできますか。ただし，答えは何通りかありますが，その1つを書き，答えだけではなく考え方も書きなさい。

問題の考え方 小さな正方形の（縦の個数）×（横の個数）が1枚の色模造紙でできるつるの数になる。

記述

1 から 13 までの数字がそれぞれ書いてある 13 枚のカードがあります。けんたさんは、このカードを横一列に 1 から順番に並べました。そして、その上に片面が白色でもう片面が緑色の円形の紙を 1 枚ずつのせて遊んでいます。

ゆうか：けんたさん、何してるの？

けんた：13 枚の円形の紙を、すべて白色の面を上向きにした状態でカードの上にのせて規則のとおりに紙をひっくり返す遊びをしていたんだ。

ゆうか：へえ、おもしろそう。

〈規則〉

1 回目：2 の倍数の数字が書いてあるカードの上にある円形の紙をすべてひっくり返す。

2 回目：3 の倍数の数字が書いてあるカードの上にある円形の紙をすべてひっくり返す。

3 回目：4 の倍数の数字が書いてあるカードの上にある円形の紙をすべてひっくり返す。

⋮

12 回目：13 の倍数の数字が書いてあるカードの上にある円形の紙をすべてひっくり返す。

はじめ	1	2	3	4	5	6	7	8	9	10	11	12	13
	○	○	○	○	○	○	○	○	○	○	○	○	○

1 回目：○ ● ○ ● ○ ● ○ ● ○ ● ○ ● ○

2 回目：○ ● ● ● ○ ● ● ● ● ● ○ ● ○

3 回目：○ ● ● ○ ○ ○ ● ○ ● ● ○ ● ○

⋮

けんた：最後まで続けたときに、12 と 13 のカードの上にある円形の紙は何色になるかなと思って、ためしているんだ。

ゆうか：あっ！最後まで続けなくてもわかるわよ。12 は □ 色で、13 は □ 色よ。

けんた：うわ、すごい。最後までやらなくてもわかるんだね。どうやって考えたの？

ゆうか：こう考えるとわかるのよ。あのね……。

2 人の会話から、2 つの □ にあてはまる色をそれぞれ答えなさい。また、あなたがゆうかさんなら、けんたさんにどのように説明しますか。図や表、数式、ことばなどを使って説明しなさい。

〔茨城県共通〕

問題の考え方　カードの数の約数と円形の紙をひっくり返す回数との間のきまりを見つけよう。

2

図形についての問題

近年注目される公立中高一貫校では，入学者選抜のために「適性検査」が実施されています。図形についてはどのような問題が出題されているか，見てみましょう。

⬛記述

解答→別冊p.92

1 優子さんと良弘さんの小学校では，6年生全員が学級活動の時間に毛筆で「今年の目標を表す一字の漢字」を，正方形の用紙に次の図のような向きで書き，その作品を班ごとに展示します。

〔広島県立三次中〕

（優子さんと良弘さんの班の班員が書いた作品）

次の会話は，学習係の優子さん，良弘さんの2人が，作品の展示のしかたについて話したものです。

良弘：作品をかべにどのように展示したらいいかな。

優子：良弘さん，この図を見て。漢字が読めるように，図のような向きで，となり合う用紙の辺と辺が平行で，そのはばがすべて同じ長さになるように展示しましょう。となり合う用紙の辺と辺のはばを5cmにするのはどうかしら。

良弘：となり合う辺と辺のはばを5cmにするということは，上下と左右に並ぶ用紙の頂点と頂点を結ぶ図の点線の長さをそれぞれ5cmにすればいいね。

優子：ちょっと待って。その頂点と頂点を結ぶ点線の長さを5cmにすると，となり合う用紙の辺と辺のはばが5cmより短くなるわ。

良弘：どうして5cmより短くなるのかな。

優子：授業で習ったことを使えば，説明できるわよ。最初に示した図の点線がある部分を拡大してかいてみるわよ。4つの頂点をA，B，C，Dとして，4つの頂点を直線で結ぶと，図のようになるわよね。となり合う辺と辺のはばはすべて同じ長さにするから，4枚の用紙の間には，点線AC，BDが対角線となる正方形ABCDができるでしょ。この正方形を使って説明するね。

優子さんが最初に示した図

辺と辺のはば

優子さんが最初に示した図の点線がある部分を拡大してかいた図

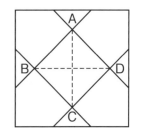

あなたが優子さんなら，上下と左右に並ぶ用紙の頂点と頂点を結ぶ図の点線AC，BDの長さをそれぞれ5cmにすると，となり合う用紙の辺と辺のはばが5cmより短くなることをどのように説明しますか。優子さんの会話に続けて説明する内容を書きなさい。ただし，説明には，定規やコンパスなどの道具は使いません。また，必要があれば，図に線などをかき加えてもかまいません。

（問題の考え方）正方形ABCDの面積を，1辺×1辺と対角線×対角線÷2の2通りの方法で考えると，1辺と対角線の長さを比べることができる。

2 なおみさん，ゆうたさん，たかおさんの3人は，それぞれ1枚の正六角形の紙を持っています。それらの正六角形の紙の大きさは，すべて異なります。3人は，それぞれ自分の持っている紙に，次のような操作を1回行いました。　〔京都府共通〕

操作
① 正六角形の紙を図1のように点線で折る。
② ①で折った紙を図2のように点Aからのびた点線で折り，図3のような点A以外の頂点をB，Cとする三角形ABCをつくる。

（図1）　　　　　　（図2）　　　　　　（図3）

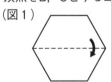 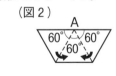

③ 図3の三角形ABCの辺AB，辺ACをそれぞれ3等分する点のうち，頂点Aに近いほうの点をそれぞれ点D，点Eとする。点Dと点Eを結んだ直線をひき，その直線にそって重なっている紙をすべてはさみで切り，図4，図5のような2つの図形をつくる。

（図4）　　　　　　（図5）

---

(1) 操作によりできた三角形ADEの紙をすべて広げた図形は，どのような図形であるか，名まえを答えなさい。

(2) なおみさんが操作を行ってできた三角形ADEは，右の図にかいてある大きさでした。その三角形ADEの大きさをもとにして，四角形DBCEを三角定規とコンパスを利用して右の図にかきなさい。なお，右の図には，四角形DBCEの点Bと，それからのばした点線がかかれているので，それらを利用しなさい。そのとき，自分でかいた線や点は，消さずに残しておきなさい。

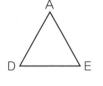

B •-------------------------------

(3) ゆうたさんが操作を行ってできた三角形ADEの面積は，1cm² でした。このとき，ゆうたさんが操作を行ってできた四角形DBCEの紙をすべて広げたときの図形の面積は何cm²ですか。

(4) たかおさんが操作を行ってできた四角形DBCEの面積は，1cm² でした。このとき，たかおさんが操作を行う前に持っていた正六角形の紙の面積は何cm²ですか。

問題の考え方 三角形ADEと三角形ABCの相似比や面積比を考える。

151

3 おさむさんとさくらさんは学校の家庭科クラブに所属しており，クッキーをつくってプレゼント交かんをすることにしました。おさむさんとさくらさんは，クッキーを入れる箱について相談しています。

〔東京都立桜修館中〕

おさむ：プレゼント交かん用のクッキーを入れる箱を準備しよう。

さくら：箱のまわりにひもをかけたほうがプレゼントらしく見えるよね。

（図１）ひものかけ方

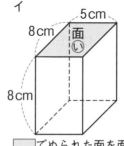

おさむ：そうだね。１辺が８cmの立方体に図１のようにひもをかけて，ちょう結びで結ぶと，そのちょう結びの部分に30cm使って，ひもの全体の長さは94cmになったよ。

さくら：８cm×８cm×５cmの直方体の箱だとどうなるかな。

おさむ：箱の置き方によって，ひもの長さは変わりそうだね。

さくら：箱の置き方は，図２のように２通り考えられるよね。

（図２）ア

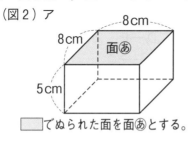

でぬられた面を面あとする。

イ

でぬられた面を面いとする。

(1) 図１と同じひものかけ方をするとき，図２のアとイのどちらかの箱の置き方を選んで記号を書き，使うひもの全体の長さを答えなさい。ただし，図２のアの置き方ではちょう結びの部分は面あに接し，イの置き方ではちょう結びの部分は面いに接することとし，それぞれちょう結びの部分には30cm使うこととします。

(2) (1)で選んだ箱の置き方でひもをかけたとき，ひもの通る直線を次の展開図に直線定規を用いてかきなさい。ただし，ちょう結びの部分はかかないものとします。また，展開図の１ますの１辺は，実際には１cmであることとします。

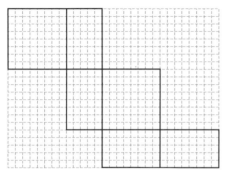

問題の考え方　ちょう結び以外に必要なひもの長さが，直方体の縦，横，高さの長さの何回分必要かを考える。

4 次の問いに答えなさい。

(1) 右の図１は，１辺が１cm のさいころで，向かい合う２つ の面の数の和はどこも７になります。このさいころをたく さん用意します。さいころは，１の面が前，２の面が右，３ の面が上になるように，すべて同じ向きに並べることとし ます。例えば，右の図２のように，横が２cm，縦が１cm， 高さが１cm の直方体になるよう，さいころを２個に並べ た場合，まわりから見えないさいころの面の目の数の合計 は 15 です。このとき，次の問いに答えなさい。

（図１）

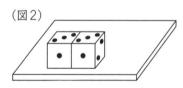
（図２）

(ア) 横が 10 cm，縦が１cm，高さが１cm の直方体になるよう，さいころを 10 個並べた場合， まわりから見えないさいころの面の目の数の合計を答えなさい。

(イ) 横が３cm，縦が３cm，高さが３cm の立方体になるよう，さいころを 27 個並べた場合， まわりから見えないさいころの面の目の数の合計を答えなさい。

(2) さらに，(1)のさいころと同じ大きさである，１辺が１cm の透明な立方体をたくさん用意しま す。さいころと透明な立方体を組み合わせて立体をつくります。例えば，図３のように，横 が２cm，縦が２cm，高さが２cm の立方体になるよう，さいころと透明な立方体を合わせ て８個並べた場合，前，右，上から見た図は図４のようになります。また，それらの図のよ うに見えるときの，さいころの最大の個数は４個であり，最小の個数は３個です。

（図３）

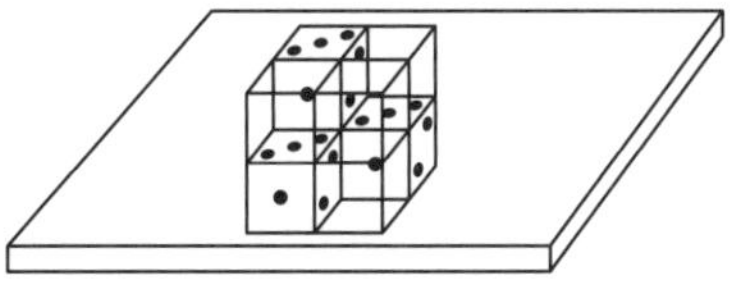

横が３cm，縦が３cm，高さが３cm の立 方体になるよう，さいころと透明な立方体 を合わせて 27 個並べたとき，前，右，上か ら見た図は図５のようになりました。この とき，さいころの最大の個数と最小の個数 をそれぞれ答えなさい。

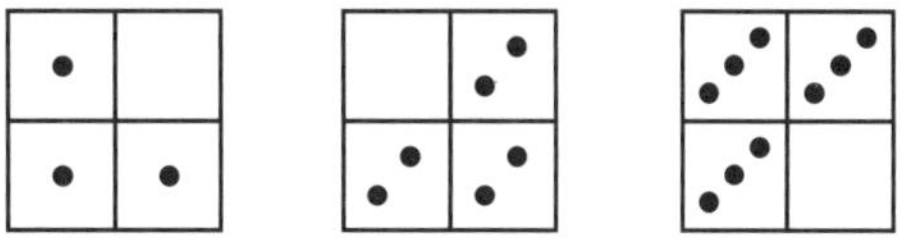

（図４）

前から見た図　　右から見た図　　上から見た図

（図５）

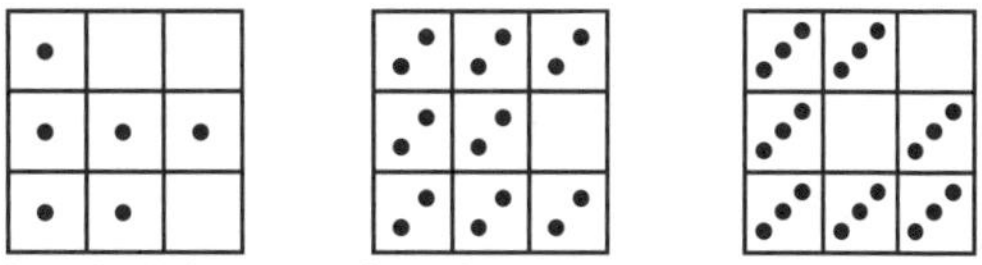

前から見た図　　右から見た図　　上から見た図

問題の考え方　下の段，真ん中の段，上の段に分けて，どの部分をさいころにするのかを考える。

3 規則性についての問題

近年注目される公立中高一貫校では，入学者選抜のために「適性検査」が実施されています。規則性についてはどのような問題が出題されているか，見てみましょう。

解答→別冊p.93

1 次のくみこさんとあきらさんの会話文を読んで，表のア～エにあてはまる数を求めなさい。また，会話文の中の オ にあてはまることばを答えなさい。

〔大阪府立富田林中〕

1辺が5cmの正方形の折り紙を図1のように正方形の対角線の交点に折り紙のかどがくるように，また正方形と正方形の辺が直角に交わるように順に重ねていきます。折り紙が2枚のとき，重ねた折り紙のまわりを線で結ぶと，図2のような図形になりました。同じように，重ねる折り紙の枚数を増やしたときにできる図形の，まわりの長さ，内部の直角の個数を表に表しました。

（図1）

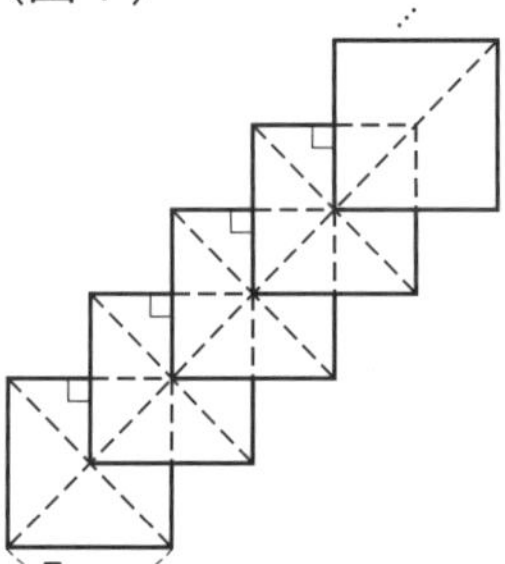

5cm

（図2）

折り紙の枚数	1	2	3	…	エ	…
図形のまわりの長さ	20	30	ア	…	340	…
内部の直角の個数	イ	6	ウ	…	68	…

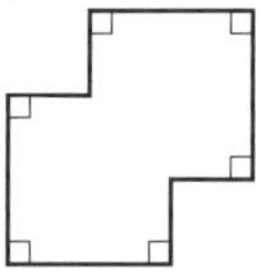

会話文

くみこ：折り紙2枚だと図3になるよね。この図の ◯ の部分が解くためのポイントね。◯ の部分は折り紙2枚のとき2か所あるわ。折り紙3枚のときはどうだろう？

あきら：◯ の部分の線の長さは正方形の1辺の長さに等しいね。そこからアは求められるよ。

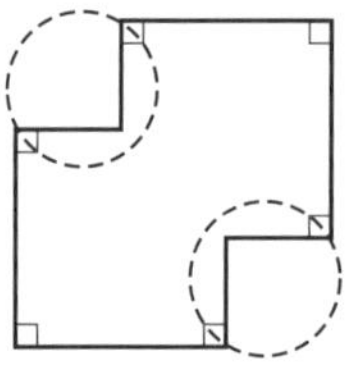

くみこ：イ，ウ，エを求めるには図形をかいて，数えていけばいいのよね。

あきら：イ，ウはそれで求められるけど，エを求めるには何枚の折り紙を重ねればいいのかがわからないから，図形がかけないよ。

くみこ：ねえ，折り紙の枚数と内部の直角の個数には，折り紙の枚数が1枚増えるごとに オ というきまりがあるみたいよ。

あきら：じゃあ，図形をかかなくても，内部の直角の個数が68になるのは何枚重ねたときか，求められそうだ。

（図3）

問題の考え方 表で，それぞれのこう目の数がどのように変化していくか考える。

2 華子さんと二郎さんは校外活動からバスで帰るとちゅう，道の駅に寄りました。おみやげ品のコーナーに図１のようなスライドパズルがありました。次の会話文を読んで，あとの(1)～(3)の問いに答えなさい。

〔宮城県仙台二華中〕

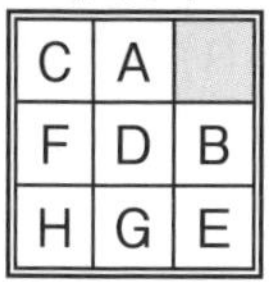

二郎：小さいころ，これでよく遊んだな。わくの中に８枚の正方形の板が並んでいて，１枚１枚をピースというんだ。

華子：私も遊んだことがあるよ。ピースを１枚ずつ動かすのよね。

二郎：そうだね。１回の操作で，空いている場所にそのとなりのピースを指の先でずらして移動させるんだ。

華子：ピースを移したい場所に移動させるためには，それ以外のピースも操作して移動していかなければならないのね。

二郎：この見本を借りよう。右上の場所が空いている状態からはじめるね（図２）。ＢのピースをＡの位置に移動させるには，最も少なくて何回の操作が必要かな。

華子：４回ね。Ｂ，Ｄ，Ａ，Ｂのピースを順に操作すればＢのピースが最初のＡの位置に移動するよ（図３）。

二郎：じゃあ，もしＡのピースから操作しはじめたら，何回の操作でＢのピースが最初のＡの位置に移動できるかな。

華子： ア 回ね。この方法だとＡとＢの位置が最初の位置と入れかわるわね（図４）。

二郎：そうか。これは，①２つのピースの位置を入れかえる方法なんだね。

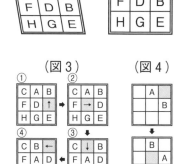

（図１）空いている場所 （図２）

（図３）①② （図４）

（図５）（図６）

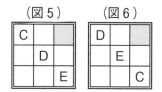

（図７）（図８）

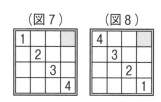

(1) 会話文中の ア にあてはまる最も少ない回数を答えなさい。

(2) 図５の状態を図６の状態にするには，何回の操作が必要ですか。最も少ない回数を答えなさい。ただし，Ｃ，Ｄ，Ｅのピースを移動するときは，その中の２つを「①２つのピースの位置を入れかえる方法」と同じ方法で移動することとし，また，最後に空いている場所は，操作をはじめる前と同じ位置になるようにします。

(3) ピースが15枚の図７のようなスライドパズルがあります。図７の状態を図８の状態にするには，何回の操作が必要ですか。最も少ない回数を答えなさい。ただし，１，２，３，４のピースを移動するときは，その中の２つを「①２つのピースの位置を入れかえる方法」と同じ方法で移動することとし，また，最後に空いている場所は，操作をはじめる前と同じ位置になるようにします。

問題の考え方 どのピースとどのピースを入れかえていくのがよいか，その順番を考える。

中学入試予想問題 第1回

1 次の計算をしなさい。

解答→別冊p.94

(1) $3.5-2.8\div(1.2-0.5)\times0.2$

(2) $1.75\times\left(\dfrac{5}{7}-0.4\right)+1\dfrac{1}{4}\div1.5-\dfrac{7}{15}$

(1)	(2)

2 次の□にあてはまる数を求めなさい。

(1) $(2-\square\times1.8-0.3)\div4.9=0.2$

(2) $\left(1.75+\dfrac{5}{8}\div\square\right)\div2\dfrac{5}{6}-\dfrac{1}{3}=1\dfrac{1}{6}$

(1)	(2)

3 次の問いに答えなさい。

(1) 5でわると1あまり，7でわると5あまる数で500に最も近い数は何ですか。

(2) 1，2，3，2，1，1，2，3，2，1，1，2，3，2，1，… とくり返しながら，数字が並んでいます。はじめから44番目までの数字をすべてたすと，その和はいくつになりますか。

(3) Aさんは毎朝同じ時間に家を出て学校へ向かいます。昨日，分速50mで歩いたら遅刻してしまったので，今日は分速70mで歩いたところ，昨日より8分はやく学校に着きました。家から学校までの道のりは何mですか。

(4) 右の図の色のついた部分の面積は何cm²ですか。円周率は3.14とします。

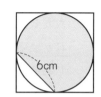

(5) A，B，Cのコップに4：5：6の割合で水が入っています。ところがAのコップがたおれて空になってしまったので，Bから60mL，Cからもいくらか水を取り出し，それぞれAに移したところ，3つのコップの水の量が同じになりました。CからAに移した水の量は何mLですか。

(1)	(2)	(3)	(4)	(5)

4 1個60円のみかんと，1個150円のりんごと，1個180円のなしを合わせて31個買うと，代金は3930円になりました。買ったみかんとりんごの個数の比は2：3です。このとき，りんごは何個買いましたか。

5 右の図のような1辺の長さが8cmの正方形があります。・は正方形の各辺を2等分する点で，。は正方形の辺を4等分する点です。

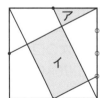

(1) アの部分の面積を求めなさい。

(2) イの部分の面積を求めなさい。

(1)	(2)

6 容器Aには6％の食塩水が450g，容器Bには15％の食塩水が600g入っています。いまこの2つの容器から等しい量の食塩水を同時にくみ出して，容器Aからくみ出したものを容器Bに，容器Bからくみ出したものを容器Aに入れかえると，容器Aの食塩水の濃度が12％になりました。

(1) 2つの容器からくみ出した食塩水は何gですか。

(2) 容器Bの食塩水の濃度は何％になりましたか。

(1)	(2)

7 右の図のような1辺が6cmの立方体があります。BP＝1cmとなる点Pを辺BF上にとり，この点とQ，R，Aの4つの点を通るように1つの平面でこの立方体を切ると，2つの立体の表面積の差は36cm²でした。

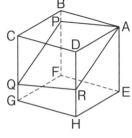

(1) QGの長さは何cmですか。

(2) さらにこの立体をB，D，H，Fをふくむ平面で4つの立体に切ったとき，三角形ABDをふくむ立体と三角形EFHをふくむ立体の体積の比を最も簡単な整数の比で表しなさい。

(1)	(2)

中学入試 予想問題 第2回

⏱時間 **60**分　👤得点 　　　　　点 / 合格 80〜85点

解答 → 別冊p.96

1 次の計算をしなさい。

(1) $10 \div \dfrac{9}{16} \times 0.6 - \left(2\dfrac{7}{9} \div 1.25 + \dfrac{4}{9}\right) \times \dfrac{1}{4}$

(2) $\left(\dfrac{1}{13} + \dfrac{10}{39} + \dfrac{100}{117}\right) \div \left(\dfrac{1}{13} + \dfrac{1}{77} + \dfrac{7}{143}\right)$

(1)	(2)

2 次の□にあてはまる数を求めなさい。

(1) $70 \times 0.31 + 31 \times 2.9 - \square \times 0.4 \times 310 = 62$

(2) $3.85 + \left\{0.4 \times \left(2\dfrac{7}{20} - \square\right) - 0.1\right\} \div \left(0.4 + \dfrac{8}{15}\right) = 4$

(1)	(2)

3 次の問いに答えなさい。

(1) A，B，Cの3人でドライブに出かけました。1人が運転している間，残りの2人は休けいし，交代で運転しながら3時間かけて目的地に向かいました。BはAの$\dfrac{1}{2}$倍，CはBの1.5倍の時間を休けいしたとすると，Aは何分運転していましたか。

(2) 卵を1個12円で仕入れました。店まで運ぶとちゅうで13個われてしまいましたが，残りを1個20円で売ったところ，1980円の利益がありました。卵は何個仕入れましたか。

(3) 体育館に生徒を座らせるのに，5人がけのいすと7人がけのいすを合わせて15きゃく用意すると，4人の生徒が座れませんでした。そこで，5人がけのいすと7人がけのいすのきゃく数を逆にすると，席が2人分あまりました。生徒は何人いますか。

(4) 右の図のように，点Bを中心に三角形ABCを反時計回りに28°回転させて三角形DBEをつくりました。このとき，角⑦の大きさを求めなさい。

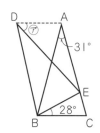

(1)	(2)	(3)	(4)

4 次の問いに答えなさい。

(1) 1×2×3×4×5×…×100＝A とするとき，A には一の位から数えて 0 が何個並びますか。

(2) 3×6×9×12×15×…×99＝B とするとき，B は 3 で何回わり切れますか。

(3) ① 1×2×3×…×10＝C とするとき，次の□にあてはまる数を答えなさい。

C は 2 を□回かけた数，3 を□回かけた数，5 を□回かけた数，7 を□回かけた数をそれぞれかけ合わせるとできます。

② C を一の位から順に見ていくとき，はじめて現れる 0 以外の数は何ですか。

③ 1×2×3×…×20＝D とします。D を一の位から順に見ていくとき，はじめて現れる 0 以外の数は何ですか。

(1)		(2)		(3)①		②		③	

5 2 km の区間の両はしから A と B が同時に出発しました。2 人が 2 回目に出会ったのは出発してから 45 分後で，また，2 人が 1 回目に出会った地点と，2 人が折り返して 2 回目に出会った地点とは 200 m はなれていました。A のほうが B よりはやく歩くとします。

(1) 2 人が 1 回目に出会ったのは出発してから何分後ですか。

(2) A の分速を求めなさい。

(1)		(2)	

6 右の図のような長方形 ABCD の紙を，ED を折り目として折り返すと頂点 A が辺 BC の上の点 F に重なりました。このとき，AB の長さは 18 cm，AE の長さは 10 cm，BF の長さは 6 cm でした。四角形 HGCD は正方形です。

(1) 長方形 ABCD の面積を求めなさい。

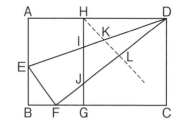

(2) CD 上もしくは CG 上に点 P をとり，HP が DI，DJ と交わる点をそれぞれ K，L とすると，三角形 HKD と四角形 IJLK の面積が等しくなりました。このとき，P は CD 上か CG 上のどちらにありますか。また，CP の長さはいくらですか。ただし図は正確とはかぎりません。

(3) (2)のとき，三角形 PLJ の面積を求めなさい。

(1)		(2)			(3)	

7 次の図1，図2のように，直方体を2つ合わせた形の水そうに水が入っています。その中に，糸のついた直方体のおもりがしずんでいます。おもりを糸のついている面が水そうの底面と平行になるように，一定の速さで静かに引き上げたところ，水面の高さは図3のように変化しました。ただし，糸の体積は考えないものとします。

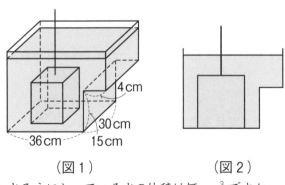

（図1）　　　　　　　（図2）

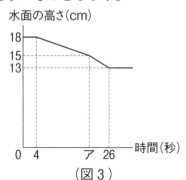

（図3）

(1) 水そうに入っている水の体積は何 cm³ ですか。

(2) おもりを毎秒何 cm の速さで引き上げましたか。

(3) おもりの高さは何 cm ですか。

(4) 図3のアにあてはまる数は何ですか。

(1)	(2)	(3)	(4)

8 0，1，2，4，5，6，7，8，9の数字を使ってできる整数のうち，2でわり切れる数と，5でもわり切れる数を取り除き，1から小さい順に並べると，

　　1，7，9，11，17，19，21，27，29，41，…

となります。これらの数をグループAとします。

(1) グループAの数の並び方のきまりを説明しなさい。

次に，グループAから3でわり切れる数を取り除き，残った数をグループBとします。

(2) グループBで2けたの数は何個ありますか。

(3) グループBで3けたの数は何個ありますか。

(1)	
(2)	(3)

第1章　数と計算

1　整数の計算

1 (1) 59　(2) 65　(3) 102　(4) 71　(5) 350
(6) 20　(7) 9　(8) 122　(9) 29　(10) 8
2 (1) 1150　(2) 1000000　(3) 18
(4) 4090

解き方

1 (1) $24+5\times7=24+35=59$
(2) $72-42\div6=72-7=65$
(3) $136\div4\times3=34\times3=102$
(4) $56\times12\div8-13=56\div8\times12-13$
$=7\times12-13=84-13=71$
(5) $25\times(32-18)=25\times14=350$
(6) $57-(5+4\times8)=57-(5+32)=57-37=20$
(7) $3\times4-(18-3\times2)\div4=12-(18-6)\div4$
$=12-3=9$
(8) $67+(17\times5-16)-14=67+(85-16)-14$
$=67+69-14=122$
(9) $216\div(15-9)\times2-43$
$=216\div6\times2-43=72-43=29$
(10) $30-\{25-(21-15)\div2\}=30-(25-6\div2)$
$=30-22=8$
2 (1) $23\times32+18\times23=(32+18)\times23=1150$
(2) $25\times25\times25\times8\times8=25\times8\times25\times8\times25$
$=200\times200\times25=1000000$
(3) $9\times12\times111\div18\div37$
$=(9\times12\div18)\times(111\div37)$
$=6\times3=18$
(4) $2018+2036-2054+2072$
$\quad-2090+2108$
$=(2018+2036)-2054$
$\quad+(2072+2108)-2090$
$=(4054-2054)+(4180-2090)$
$=2000+2090=4090$

1 (1) 50　(2) 3　(3) 1178　(4) 39　(5) 100
(6) 175　(7) 5　(8) 3　(9) 147
2 (1) 119　(2) 658　(3) 136　(4) 91
3 (1) 450　(2) 15　(3) 140　(4) 8
4 (1) 874　(2) 111090　(3) 99　(4) 10080
(5) 166665　(6) 111　(7) 300

解き方

1 (1) $9\times8-7\times6+5\times4=72-42+20=50$
(2) $2090\div95-209\div11=22-19=3$
(3) $56\times21+75\div5-273\div21$
$=1176+15-13=1178$
(4) $16\times3+5\div3\times12-29=48+5\times12\div3-29$
$=48+60\div3-29=48+20-29=39$
(5) $75+3\times43-52\div4\times8=75+129-13\times8$
$=75+129-104=100$
(6) $27\times8-143\div11-7\times4=216-13-28=175$
(7) $360-27\times12-496\div16=360-324-31=5$
(8) $24-12\div9\times6-221\div17$
$=24-12\times6\div9-221\div17=24-72\div9-13$
$=24-8-13=3$
(9) $1536\div96+19\times7-2\times3+24\div6$
$=16+133-6+4=147$
2 (1) $85+8\times5-(71-17)\div9$
$=85+40-54\div9=85+40-6=119$
(2) $701-(112\div7+51-6\times4)$
$=701-(16+51-24)=701-43=658$
(3) $(23-4)\times(64\div4)-7\times(39-15)$
$=19\times16-7\times24=304-168=136$
(4) $16\times7-567\div(58\div2-2)$
$=112-567\div(29-2)$
$=112-567\div27=112-21=91$
3 (1) $45\times\{54-(48-19)-60\div4\}$
$=45\times(54-29-15)=45\times10=450$
(2) $13\times15\div\{78\div(4\times8-13\times2)\}$
$=13\times15\div\{78\div(32-26)\}=13\times15\div(78\div6)$
$=13\times15\div13=15$
(3) $195-495\div\{19+3\times(21-12)-37\}$
$=195-495\div(19+3\times9-37)$
$=195-495\div9=195-55=140$
(4) $\{16+(2019-3)\div8\}\times2\div(130-3\times21)$
$=\{16+2016\div8\}\times2\div(130-63)$
$=(16+252)\times2\div67=268\times2\div67$

$=536÷67=8$

4 (1) $19×9+38×8+57×7$
$=19×9+19×2×8+19×3×7$
$=19×9+19×16+19×21$
$=19×(9+16+21)=19×46=874$

(2) $99+998+9997+99996$
$=(100-1)+(1000-2)+(10000-3)$
$+(100000-4)$
$=100+1000+10000+100000$
$-1-2-3-4$
$=111100-10=111090$

(3) $\{(963+852+741)÷9$
$-(147+258+369)÷9\}÷2$
$=\{(963-369)+(852-258)+(741-147)\}$
$÷9÷2$
$=594×3÷9÷2=594÷9÷2×3=99$

(4) $11×10×9×8×7-10×9×8×7×6$
$-9×8×7×6×5$
$=10×9×8×7×(11-6)-9×8×7×6×5$
$=10×9×8×7×5-9×8×7×6×5$
$=9×8×7×5×(10-6)=10080$

別解 $11×10×9×8×7-10×9×8×7×6$
$-9×8×7×6×5$
$=9×8×7×(11×10-10×6-6×5)$
$=9×8×7×(110-60-30)$
$=9×8×7×20=10080$

(5) $12345+23451+34512+45123+51234$
１万の位だけをみると $1+2+3+4+5=15$ で，
千の位だけをみると $2+3+4+5+1=15$ である。
以下の位も同じなので，
$(10000+1000+100+10+1)×(1+2+3+4+5)$
$=11111×15=166665$

(6) （ ）の中の４つの数を一の位，十の位，百の位
に分けて計算すると，どの位も $2+4+6+8=20$
になるので，
$(246+482+668+824)÷20$
$=(20×100+20×10+20×1)÷20$
$=(100+10+1)×20÷20=111$

(7) $13×13×16+289×8-143×18-102×21$
$=13×13×16+17×17×8-11×13×18$
$-17×6×21$
$=13×(13×16-11×18)+17×(17×8-6×21)$
$=13×(208-198)+17×(136-126)$
$=13×10+17×10$
$=(13+17)×10=300$

■■ ステップ**3** 発展問題 　　　　　　　本冊 → p.9

1 (1) 18　(2) 9
2 (1) 340　(2) 123456　(3) 10　(4) 441
3 (1) $6789×6789-6788×6790$
(2)（説明の例）正方形と長方形の面積で考え
ると，次の図のイとウの差になる。

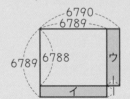
イ$=1×6789$
　$=6789$
ウ$=1×6788$
　$=6788$

よって，イーウ$=6789-6788=1$ より，
$6789×6789-6788×6790=1$

解き方

1 (1) $\{202-2×(55-8)\}÷\{4+66÷(22+11)\}$
$=(202-2×47)÷(4+66÷33)$
$=(202-94)÷6=18$

(2) $2×(68+153×3-187×2)÷34$
$=2×(68+459-374)÷34$
$=2×153÷34=9$

2 (1) $13×17+13×19+21×36-34×26$
$=13×(17+19)+21×36-34×26$
$=13×36+21×36-34×26$
$=(13+21)×36-34×26$
$=34×36-34×26$
$=34×(36-26)=34×10=340$

(2) $1+2+3+4+5+6$
$+(1+12+123+1234+12345)×9$
$=(1+1×9)+(2+12×9)+(3+123×9)$
$+(4+1234×9)+(5+12345×9)+6$
$=10+110+1110+11110+111110+6$
$=123456$

(3) $(2072+2045+2018+1991+1964)÷1009$
$=\{(2018+54)+(2018+27)+2018$
$+(2018-27)+(2018-54)\}÷1009$
$=2018×5÷1009=2018÷1009×5$
$=2×5=10$

(4) $1×1×1+3+5+3×3×3+13+15+17+19$
$+5×5×5+31+33+35+37+39+41$
$=1+3+5+27+13+15+17+19+125$
$+31+33+35+37+39+41$
$=1+3+5+(7+9+11)+13+15+17+19+(21$
$+23+25+27+29)+31+33+35+37+39+41$

$=(1+41)×21÷2=441$

！ **ココに注意**

計算すると，1から41までの等差数列の和になるので，
等差数列の和＝（初項＋末項）×項数÷2 を使おう。

別解 計算すると，1＋3＋…＋39＋41で，41は21番
目の奇数なので，21×21＝441

！ **ココに注意**

1から□までの奇数の和は，最後の奇数が△番目なら△の
四角数（△×△）となる。

3 (1) $6789×6789×6789－6788×6789×6790$
$=6789×(6789×6789－6788×6790)$
よって　アにあてはまる式は，
$6789×6789－6788×6790$

2 約数と倍数

ステップ1 基本問題　　本冊→p.10

1 (1) 1, 2, 3, 6, 7, 14, 21, 42
(2) 18, 36, 54, 72, 90
(3) 2, 3, 5, 7, 11, 13, 17, 19, 23, 29
2 (1) 最大公約数…12, 最小公倍数…144
(2) 最大公約数…72, 最小公倍数…2520
3 (1) 30 枚　(2) 36 分後
4 (1) 40 個　(2) 25 個　(3) 5 個　(4) 20 個

解き方

1 (3)素数とは，約数が1とその数自身の2つしかな
い数である。
2 (1)
```
2) 36  48
2) 18  24
3)  9  12
    3   4
```
最大公約数 2×2×3＝12
最小公倍数
2×2×3×3×4＝144

(2)
```
2) 360  504
2) 180  252
2)  90  126
3)  45   63
3)  15   21
     5    7
```
最大公約数
2×2×2×3×3＝72
最小公倍数
2×2×2×3×3×5×7
＝2520

3 (1)正方形の1辺の長さは60と72の最大公約数
である。
```
2) 60  72
2) 30  36
3) 15  18
    5   6
```
最大公約数は，2×2×3＝12
なので，正方形の1辺は
12cmになる。

縦に 60÷12＝5（枚）
横に 72÷12＝6（枚）
よって，5×6＝30（枚）
(2)次に2人が出発点でいっしょになるのは，12と
18の最小公倍数である。
```
2) 12  18
3)  6   9
    2   3
```
最小公倍数は
2×3×2×3＝36
よって，36 分後
4 (1) 200÷5＝40（個）
(2) 200÷8＝25（個）
(3) 5の倍数であり，8の倍数でもあることより，5
と8の最小公倍数40の倍数である。
よって，200÷40＝5（個）
(4) 5の倍数ではないが，8の倍数であることより，
8の倍数の個数から40の倍数の個数をひけばよい。
よって，25－5＝20（個）

ステップ2 標準問題　　本冊→p.11～p.12

1 (1) 12 個　(2) 2×2×5×5
(3) 1, 2, 4, 8, 16　(4) 270, 540, 810
2 (1) 最大公約数…3, 最小公倍数…840
(2) 最大公約数…18, 最小公倍数…3780
3 (1) 180　(2) 25 個　(3) 39
(4) 午前 8 時 42 分
4 (1) 26 個　(2) 21 個　(3) 6 個　(4) 60 個
5 (1) 195　(2) 519　(3) 15
6 (1) 25 個　(2) 21
7 2521

解き方

1 (1) 1, 2, 3, 4, 6, 8, 9, 12, 18, 24, 36, 72
より，12 個
(2)
```
2) 100
2)  50
5)  25
     5
```
100＝2×2×5×5
(3)
```
2) 32  48
2) 16  24
2)  8  12
2)  4   6
    2   3
```
最大公約数は，
2×2×2×2＝16
よって，公約数は，
1, 2, 4, 8, 16
(4)
```
3) 45  54
3) 15  18
    5   6
```
最小公倍数は，
3×3×5×6＝270
よって，公倍数は，
270, 540, 810

3

2 (1) 3) 15　21　24　　最大公約数　3
　　　　　5　7　8　　最小公倍数
　　　　　　　　　　　3×5×7×8=840

(2)　2) 108　126　180
　　3) 54　63　90
最大公約数 3) 18　21　30
　　2) 6　7　10
　　　　3　7　5←最小公倍数

　最大公約数　2×3×3=18
　最小公倍数　2×3×3×2×3×7×5=3780

3 (1) 2つの数を A，B（A<B）とすると，
　　60) A　　B　　　60×□×△=720
　　　　□　　△　　　□×△=12

　□×△=12 となる（□，△）について考えると，
　　　　（1，12）→A=60，B=720 差60でない
　　　　　　　　のであてはまらない。
　　　　（2，6）→まだ2でわれるのであてはまら
　　　　　　　　ない。
　　　　（3，4）→A=180，B=240 であてはま
　　　　　　　　る。
　　よって，小さいほうの数は180

(2) 1から100までの整数のうち3の倍数は，
　　100÷3=33 あまり1 より，33個
　　3の倍数でもあり4の倍数でもある数は12の
　　倍数なので，100÷12=8 あまり4 より，8個
　　よって，3の倍数であるが，4の倍数ではない
　　数は，33−8=25（個）

(3)　2) 54　180　　最大公約数は，
　　3) 27　90　　　2×3×3=18
　　3) 9　30　　　公約数は，
　　　　3　10　　　1，2，3，6，9，18
　　よって，1+2+3+6+9+18=39

(4) 電車は8と12と18の最小公倍数ごとに同時に
　　発車する。
　　　2) 8　12　18　　最小公倍数は，
　　　2) 4　6　9　　　2×2×3×2×1×3=72
　　　3) 2　3　9
　　　　　2　1　3
　　よって，午前7時30分+72分=午前8時42分

4 (1) 1から200までの4の倍数は，
　　200÷4=50（個）
　　1から99までの4の倍数は，
　　99÷4=24 あまり3 より，24個
　　よって，50−24=26（個）

(2) 1から200までの5の倍数は，
　　200÷5=40（個）
　　1から99までの5の倍数は，

　99÷5=19 あまり4 より，19個
　　よって，40−19=21（個）

(3) 4でも5でもわり切れる数は，4と5の最小公
　　倍数20の倍数なので，200÷20=10（個）
　　99÷20=4 あまり19 より，4個
　　よって，10−4=6（個）

(4) 100から200までの整数の個数は，
　　200−100+1=101（個）なので，
　　101−（26+21−6）=60（個）

5 (1) 6の倍数より3大きく，16の倍数より3大きい
　　整数は，6と16の最小公倍数48の倍数より3
　　大きい整数である。この整数のうち200にいち
　　ばん近い数は，200÷48=4 あまり8
　　48×4+3=195　48×5+3=243
　　よって，195

> **① ココに注意**
> 200にいちばん近い数を求めるときは，200以下でいち
> ばん近い数と200以上でいちばん近い数の両方を求めて，
> より近い数のほうを答えにする。

(2) 5−4=1，8−7=1，13−12=1 なので，求める
　　数は5と8と13の最小公倍数520の倍数より
　　1小さい数になる。
　　1000÷520=1 あまり480
　　よって，520×1−1=519

(3) 81÷□=○あまり6，96÷□=△あまり6なので，
　　□は（81−6=）75と（96−6=）90の公約数のう
　　ち，あまりの6より大きい数である。
　　75と90の公約数は，1，3，5，15
　　よって，ある整数は15

6 (1) 4−2=2，6−4=2 なので，求める整数は4と
　　6の最小公倍数12の倍数より2小さい数になる。
　　この数のうち100から400の中で最も小さい
　　数は，100÷12=8 あまり4 より，12×9−2=106，
　　最も大きい数は，400÷12=33 あまり4 より，
　　12×33−2=394 なので，100から400までの
　　個数は，33−9+1=25（個）

(2) 432と285は同じあまりがでたので，2数の
　　差 432−285=147 は，ある整数でわり切れる。
　　よって，求める整数は147と315の最大公約
　　数の21

7 求める整数は，2と3と4と5と6と7と8と9
　　の最小公倍数の2520の倍数より1大きい数であ
　　る。よって，2520+1=2521

4

1 (1) 73 個　(2) 75 cm
2 (1) 3　(2) 4 個　(3) 1454　(4) 13　(5) 73
3 (1) ア 234　イ 312　(2) 75
4 47 枚
5 (1) 33 個　(2) 27 個
6 6 回
　　(説明の例)72 の約数は 1, 2, 3, 4, 6, 8,
　　9, 12, 18, 24, 36, 72 であり, これら
　　の数を両側から組にしてかけると, (1×72),
　　(2×36), (3×24), (4×18), (6×12),
　　(8×9)はすべて 72 になる。よって, 72
　　の約数をすべてかけ合わせた数は 72 を 6
　　回かけ合わせた数と等しくなる。
7 5967

解き方

1 (1)ビー玉の数は, 10 の倍数より 3 大きく 11 の倍
　　数より 7 大きい。あまりも不足もちがうので,
　　数を書き出していく。11 の倍数より 7 大きい数
　　を書き出すと, 18, 29, 40, 51, 62, 73 な
　　ので 10 の倍数より 3 大きい数は, 必ず一の位
　　が「3」より 73 になる。よって, ビー玉の数は
　　73 個

　(2)最も小さい正方形の 1 辺は, 5 と 3 の最小公倍
　　数の 15 cm である。
　　このとき, 縦に並ぶ長方形は, 15÷5=3（枚）
　　横に並ぶ長方形は, 15÷3=5（枚）であり, その
　　差は 5−3=2（枚）
　　よって, 10÷2=5　15×5=75（cm）

2 (1)6 と 7 の最小公倍数 42 でわり切れるので,
　　2019÷42=48 あまり 3　よって, ひく数は 3

　(2)155−11=144 は, ある整数でわり切ることが
　　でき, 247−7=240 も, ある整数でわり切る
　　ことができる。このことから, ある整数は 144
　　と 240 の公約数のうち 11 より大きい数である。
　　144 と 240 の公約数は,
　　1, 2, 3, 4, 6, 8, 12, 16, 24, 48
　　なので, 12, 16, 24, 48
　　よって, ある整数は 4 個

　(3)7−5=2, 13−11=2 なので, 求める整数は,
　　7 と 13 の最小公倍数 91 の倍数より 2 小さい
　　数になる。
　　よって, 91×16−2=1454

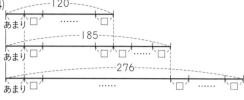

　(4)ある数を□とすると,
　　185−120=65 と 276−185=91 より,
　　□は 65 と 91 の公約数になる。65 と 91 の公
　　約数は 1, 13 である。ある数は 2 以上なので 13

　(5)5 でわっても 7 でわっても 3 あまる数は, 5 と
　　7 の最小公倍数の 35 の倍数より 3 大きい数な
　　ので,
　　3, 38, 73, 108, 143…
　　このうち, 3 でわると 1 あまる数は 73 である。
　　よって, いちばん小さい数は 73

3 (1) 78) ア　イ　　　　　78×□×△=936
　　　　　─────　　　　　　　　□×△=12
　　　　　□　　△
　　□×△=12 となる(□, △)について考える。
　　ア<イ より □<△ なので,
　　(1, 12)→ア=78 で 3 けたではないのであては
　　　　　　　まらない。
　　(2, 6)→まだ 2 でわれるのであてはまらない。
　　(3, 4)→ア=234, イ=312 であてはまる。
　　よって, ア=234, イ=312

　(2)ある整数を□とする。
　　15) 90　　□
　　───────
　　　　6　　△
　　△が 6 の約数である 2 か 3 の倍数だと 90 と□
　　の最大公約数が 15 ではないので, △は 2 また
　　は 3 の倍数ではない。
　　また, △が 7 以上だと, 約数の個数が 6 をこえ
　　るので, △は 7 以上ではない。
　　△に 2 または 3 の倍数ではない数を入れると,
　　△×15= □
　　1×15=15…約数の個数が 1, 3, 5, 15 の 4 個
　　　　　　　なのであてはまらない。
　　5×15=75…約数の個数が 1, 3, 5, 15, 25,
　　　　　　　75 の 6 個なのであてはまる。
　　よって, ある整数は 75

4 3 の倍数…100÷3=33 あまり 1 より, 33 枚
　　8 の倍数…100÷8=12 あまり 4 より, 12 枚
　　5 の倍数…100÷5=20 より, 20 枚
　　3 と 8 の倍数…100÷24=4 あまり 4 より, 4 枚
　　3 と 5 の倍数…100÷15=6 あまり 10 より, 6 枚
　　8 と 5 の倍数…100÷40=2 あまり 20 より, 2 枚

3と8と5の倍数…100÷120=0あまり100より，0枚
よって，
100−{33+12+20−(4+6+2)+0}=47（枚）

5 (1)2−1=1，3−2=1 なので，求める整数は，2と
3の最小公倍数6の倍数より1小さい数である。
200÷6=33あまり2　よって，33個
(2)(1)の中で，5でわるとあまりが3となる最も小
さい整数は，5，11，17，23，…より23であ
る。よって，6と5の最小公倍数の30の倍数
より7小さい数である。
200÷30=6あまり20なので，6個
これと(1)の結果から，33−6=27（個）

7 求める整数は，13でも17でもわり切れることか
ら，13と17の最小公倍数の221の倍数である。
□△67=221×a とすると，aの一の位は7なので，
221×7=1547 …×
221×17=3757…×
221×27=5967…○
221×37=8177…×
221×47=10387…×
よって，求める整数は5967

3 小数の計算

ステップ1 基本問題　本冊→p.15

1 (1)5.92 (2)1.53 (3)26.88 (4)9.8868
2 (1)8.5 (2)65.4 (3)7.5 (4)1200
3 (1)33.9 あまり0.08 (2)12.3 あまり0.029
4 (1)54.17 (2)2.79 (3)61

解き方

1 かける数とかけられる数の小数点以下のけた数の
合計分，答えの小数点をずらす。

```
(1)   3.7  1けた      (2)  0.18  2けた
     ×1.6  1けた          × 8.5  1けた
     222                   90
      37                  144
     5.92  2けた          1.530  3けた

(3)  76.8  1けた      (4)  9.24  2けた
    ×0.35  2けた          ×1.07  2けた
     3840                 6468
     2304                 924
    26.880  3けた         9.8868  4けた
```

2 わる数が整数になるように小数点をずらし，わら
れる数の小数点も同じ回数分ずらす。

```
(1)        8.5        (2)        65.4
    3.4)28.9             0.09)5.886
        272                   54
        170                   48
        170                   45
          0                   36
                              36
                               0

(3)        7.5        (4)       1200
   0.57)4.275            0.07)8400
        399                    7
        285                   14
        285                   14
          0                    0
```

3 商の小数点はずらした後の位置で，あまりの小数
点はずらす前の位置であることに注意する。

```
(1)        33.9       (2)        12.3
    2.8)95.0             0.63)77.78
        84                    63
        110                   147
         84                   126
        260                   218
        252                   189
       0.08                 0.029
```

```
4 (1)           7
            54.16
      2.4)1300
          120
          100
           96
           40
           24
          160
          144
          160
          144
           16

(2)       2.790        (3)        61.4
   3.1)8.65              6.2)3810
       62                    372
       245                    90
       217                    62
       280                   280
       279                   248
        10                    32
```

ステップ2 標準問題　本冊→p.16

1 (1)5.355 (2)2.75 (3)6.063 (4)12.5
(5)8.9 (6)4.8
2 (1)2.10 (2)0.73
3 (1)17人，1.4 m あまる (2)1.61 kg
4 (1)1.23 (2)0.6 (3)540

解き方

1
(1)
$$\begin{array}{r} 3.15 \\ \times\ 1.7 \\ \hline 2205 \\ 315 \\ \hline 5.355 \end{array}$$
2けた / 1けた → 1けた → 3けた

(2)
$$\begin{array}{r} 4.4 \\ \times\ 0.625 \\ \hline 220 \\ 88 \\ 264 \\ \hline 2.7500 \end{array}$$
1けた / 3けた → 4けた

(3)
$$\begin{array}{r} 70.5 \\ \times\ 0.086 \\ \hline 4230 \\ 5640 \\ \hline 6.0630 \end{array}$$
1けた / 3けた → 4けた

(4)
$$0.9\,)\,11.2\,5 = 12.5$$
$$\begin{array}{r} 9 \\ \hline 22 \\ 18 \\ \hline 45 \\ 45 \\ \hline 0 \end{array}$$

(5)
$$7.6\,)\,67.6\,4 = 8.9$$
$$\begin{array}{r} 608 \\ \hline 684 \\ 684 \\ \hline 0 \end{array}$$

(6)
$$0.27\,)\,1.29\,6 = 4.8$$
$$\begin{array}{r} 108 \\ \hline 216 \\ 216 \\ \hline 0 \end{array}$$

2
(1)
$$2.7\,)\,5.6\,800 = 2.103$$
$$\begin{array}{r} 54 \\ \hline 28 \\ 27 \\ \hline 100 \\ 81 \\ \hline 19 \end{array}$$

(2)
$$5.8\,)\,4.2\,1 = 0.725$$
$$\begin{array}{r} 406 \\ \hline 150 \\ 116 \\ \hline 340 \\ 290 \\ \hline 50 \end{array}$$

① ココに注意

(1)の答えは，小数第二位まで求めるので，「0」を消さないように注意する。

3(1) $42.2 \div 2.4 = 17$ あまり 1.4
　17人まで分けることができ，1.4mあまる

(2) $9.8 \div 6.1 = 1.60\dot{6}\cdots \to 1.61\text{ kg}$

4(1) $7.79 \div 3.8 \times 0.6 = 2.05 \times 0.6 = 1.23$

(2) $0.125 \times 24.8 - 8 \div 3.2 = 3.1 - 2.5 = 0.6$

(別解) $0.125 \times 24.8 - 8 \div 3.2 = \dfrac{1}{8} \times \dfrac{\overset{31}{248}}{10} - 8 \times \dfrac{\overset{5}{10}}{\underset{4}{32}}$

$$= \dfrac{31}{10} - \dfrac{5}{2} = \dfrac{31}{10} - \dfrac{25}{10} = \dfrac{6}{10} = \dfrac{3}{5}$$

(3) $4.1 \times 84 - 4.1 \times 57 + 15.9 \times 27$
　$= 4.1 \times (84-57) + 15.9 \times 27$
　$= 4.1 \times 27 + 15.9 \times 27$
　$= (4.1 + 15.9) \times 27 = 540$

ステップ3 発展問題　　　　本冊 → p.17

1 (1) 9.8　(2) 2.25　(3) 1.2　(4) 11121
　(5) 62

2 (1) 4.7　(2) 17 あまり 0.13

3 10000 倍
（説明の例）
　ア の式の 3973 は，イ の式の 3.973 の 1000 倍の数。
　ア の式の(180−43)は，イ の式の(18−4.3) の 10 倍の数。
　ア の式の 73 は，イ の式の 0.73 の 100 倍の数。
　よって，1000 倍の数を 10 倍の数でわって 100 倍の数をかけるので，
　1000÷10×100=10000（倍）

解き方

1(2) $45000 \times 0.0018 \div 36 = 81 \div 36 = 2.25$

(3) $3 \div 0.5 \times 0.02 \times 0.004 \div 0.0004$
　$= 6 \times 0.02 \times 0.004 \div 0.0004$
　$= 0.12 \times 0.004 \div 0.0004$
　$= 0.00048 \div 0.0004 = 1.2$

(別解) $3 \div 0.5 \times 0.02 \times 0.004 \div 0.0004$
　$= 3 \div \dfrac{1}{2} \times \dfrac{1}{50} \times \dfrac{1}{250} \div \dfrac{1}{2500}$
　$= 3 \times 2 \times \dfrac{1}{\underset{5}{50}} \times \dfrac{1}{250} \times \dfrac{\overset{10}{2500}}{1}$
　$= \dfrac{6}{5} = 1.2$

① ココに注意

$0.125 = \dfrac{1}{8}$，$0.2 = \dfrac{1}{5}$，$0.25 = \dfrac{1}{4}$，$0.5 = \dfrac{1}{2}$ を覚えておこう。

分数になおして計算するほうが簡単になる。

---

(4) $(5555.5 + 55.5) \div 0.5 - 555.5 \div 5.5$
　$= 5611 \div 0.5 - 101$
　$= 11222 - 101 = 11121$

(5) $70 \times 0.31 = 0.70 \times 0.31 = 0.7 \times 31$ として，「×31」でまとめる。
　$70 \times 0.31 + 31 \times 2.9 - 0.4 \times 0.4 \times 310$
　$= 0.7 \times 31 + 31 \times 2.9 - 4 \times 0.4 \times 31$
　$= (0.7 + 2.9 - 1.6) \times 31 = 62$

2(1) $\square = (24.74 - 0.018) \div 5.26$
　　　$= 24.722 \div 5.26 = 4.7$

第1章 / 第2章 / 第3章 / 第4章 / 第5章 / 第6章 / 第7章 / 中学入試 予想問題

7

(2)$(1.35 \div 0.375 \times 1.5) \div 0.31$
$\quad = (3.6 \times 1.5) \div 0.31 = 5.4 \div 0.31$
$\quad = 17 \ \text{あまり} \ 0.13$

4 分数の計算

ステップ1 基本問題　　　　本冊 → p.18

1 (1) 0.125　(2) 1.75　(3) $\frac{7}{10}$　(4) $2\frac{3}{8}$

2 (1) ＞　(2) ＜　(3) ＜　(4) ＞

3 (1) $\frac{13}{20}$　(2) $4\frac{31}{45}$　(3) $\frac{1}{3}$　(4) $5\frac{11}{15}$　(5) $\frac{2}{5}$

　　(6) $3\frac{3}{4}$　(7) $2\frac{4}{5}$　(8) $\frac{2}{3}$　(9) $\frac{1}{125}$　(10) $1\frac{3}{4}$

解き方

1 (1) $\frac{1}{8} = 1 \div 8 = 0.125$

(2) $1\frac{3}{4} = 1 + \frac{3}{4} = 1 + 3 \div 4 = 1 + 0.75 = 1.75$

(3) $0.7 = \frac{7}{10}$
　　$\underset{\frac{1}{10} \text{の位}}{\uparrow}$

(4) $2.375 = 2 + 0.375 = 2 + \frac{375}{1000} = 2 + \frac{3}{8} = 2\frac{3}{8}$
　　　　　　　$\underset{\frac{1}{1000} \text{の位}}{\uparrow}$

2 (2) $\frac{6}{7} = \frac{54}{63}$, $\frac{8}{9} = \frac{56}{63}$ よって, $\frac{6}{7} < \frac{8}{9}$

別解 分子と分母の差が同じとき, 分母の数が大きい
ほうが, 分数の値は大きくなる。

(3) $1\frac{5}{12} = 1\frac{25}{60}$, $1\frac{9}{10} = 1\frac{54}{60}$ よって, $1\frac{5}{12} < 1\frac{9}{10}$

(4) $\frac{30}{13} = 30 \div 13 = 2.30\cdots$ よって, $\frac{30}{13} > 2.25$

3 (1) $\frac{2}{5} + \frac{1}{4} = \frac{8}{20} + \frac{5}{20} = \frac{13}{20}$

(2) $1\frac{4}{5} + 2\frac{8}{9} = 1\frac{36}{45} + 2\frac{40}{45} = 3\frac{76}{45} = 4\frac{31}{45}$

(3) $\frac{5}{6} - \frac{1}{2} = \frac{5}{6} - \frac{3}{6} = \frac{2}{6} = \frac{1}{3}$

(4) $8\frac{2}{5} - 2\frac{2}{3} = 8\frac{6}{15} - 2\frac{10}{15} = 7\frac{21}{15} - 2\frac{10}{15} = 5\frac{11}{15}$

(5) $\frac{3}{7} \times 1\frac{14}{15} = \frac{2}{5}$

(6) $2\frac{1}{4} \times 1\frac{2}{3} = \frac{9}{4} \times \frac{5}{3} = \frac{15}{4} = 3\frac{3}{4}$

(7) $\frac{7}{8} \div \frac{5}{16} = \frac{7}{8} \times \frac{16}{5} = \frac{14}{5} = 2\frac{4}{5}$

(8) $1\frac{5}{9} \div 2\frac{1}{3} = \frac{14}{9} \times \frac{3}{7} = \frac{2}{3}$

(9) $\frac{7}{30} \div 1\frac{2}{3} \times \frac{2}{35} = \frac{7}{30} \times \frac{3}{5} \times \frac{2}{35} = \frac{1}{125}$

(10) $\frac{5}{11} \times 1\frac{7}{15} \div \frac{8}{21} = \frac{5}{11} \times \frac{22}{15} \times \frac{21}{8} = \frac{7}{4} = 1\frac{3}{4}$

ステップ2 標準問題　　　　本冊 → p.19〜p.20

1 (1) $7\frac{1}{28}$　(2) 3　(3) $\frac{1}{6}$　(4) $1\frac{1}{20}$　(5) $\frac{5}{8}$

　　(6) $6\frac{7}{30}$　(7) $\frac{3}{8}$　(8) $1\frac{1}{4}$

2 (1) $1\frac{25}{27}$　(2) $\frac{1}{9}$　(3) $1\frac{13}{22}$　(4) $\frac{1}{4}$　(5) $\frac{4}{11}$

3 (1) 30　(2) $\frac{1}{10}$

4 (1) $\frac{13}{12}$　(2) 7 個　(3) $\frac{12}{5}$

5 $\frac{31}{12}$

（説明の例）$\frac{1}{ウ} \div \frac{1}{エ}$ より, $\frac{1}{ウ}$ を最も大きい

分数にして $\frac{1}{エ}$ を最も小さい分数にすると,

$\frac{1}{ウ} \div \frac{1}{エ}$ が最も大きい値になり, □が最も

大きい式になる。

最も大きい分数 $\frac{1}{ウ} = \frac{1}{2}$

最も小さい分数 $\frac{1}{エ} = \frac{1}{5}$

よって, $\frac{1}{3} \times \frac{1}{4} + \frac{1}{2} \div \frac{1}{5} = \frac{1}{12} + \frac{5}{2} = \frac{31}{12}$

解き方

1 (1) $2\frac{1}{4} + \frac{1}{2} + 4\frac{2}{7} = 2\frac{7}{28} + \frac{14}{28} + 4\frac{8}{28}$

　　$= 6\frac{29}{28} = 7\frac{1}{28}$

(2) $5\frac{11}{12} - 1\frac{1}{6} - 1\frac{3}{4} = 5\frac{11}{12} - 1\frac{2}{12} - 1\frac{9}{12} = 3$

(3) $\dfrac{2}{9} \div \dfrac{13}{4} \times \dfrac{39}{16} = \dfrac{2}{9} \times \dfrac{4}{13} \times \dfrac{39}{16} = \dfrac{1}{6}$

(4) $1\dfrac{2}{3} \times 2\dfrac{1}{4} \div 3\dfrac{4}{7} = \dfrac{5}{3} \times \dfrac{9}{4} \times \dfrac{7}{25} = \dfrac{21}{20} = 1\dfrac{1}{20}$

(5) $\dfrac{3}{4} - \dfrac{3}{20} \div 1\dfrac{1}{5} = \dfrac{3}{4} - \dfrac{3}{20} \times \dfrac{5}{6} = \dfrac{3}{4} - \dfrac{1}{8} = \dfrac{5}{8}$

(6) $3\dfrac{2}{5} - \dfrac{2}{5} \times \dfrac{5}{4} + 3\dfrac{1}{3} = 3\dfrac{2}{5} - \dfrac{1}{2} + 3\dfrac{1}{3}$

$= 3\dfrac{12}{30} - \dfrac{15}{30} + 3\dfrac{10}{30} = 6\dfrac{7}{30}$

(7) $\dfrac{7}{8} - \left(1\dfrac{1}{2} - \dfrac{5}{6}\right) \times \dfrac{3}{4} = \dfrac{7}{8} - \dfrac{4}{6} \times \dfrac{3}{4} = \dfrac{7}{8} - \dfrac{1}{2} = \dfrac{3}{8}$

(8) $\left\{6\dfrac{1}{4} - \left(4\dfrac{1}{2} - \dfrac{1}{8}\right)\right\} \times \dfrac{2}{3} = \left\{6\dfrac{1}{4} - \left(4\dfrac{4}{8} - \dfrac{1}{8}\right)\right\} \times \dfrac{2}{3}$

$= \left(6\dfrac{1}{4} - 4\dfrac{3}{8}\right) \times \dfrac{2}{3} = 1\dfrac{7}{8} \times \dfrac{2}{3} = \dfrac{15}{8} \times \dfrac{2}{3} = \dfrac{5}{4} = 1\dfrac{1}{4}$

2 (1) $\dfrac{5}{12} \div 0.25 \div 1.125 \times 1\dfrac{3}{10}$

$= \dfrac{5}{12} \div \dfrac{1}{4} \div 1\dfrac{1}{8} \times 1\dfrac{3}{10}$

$= \dfrac{5}{12} \times \dfrac{4}{1} \times \dfrac{8}{9} \times \dfrac{13}{10} = \dfrac{52}{27} = 1\dfrac{25}{27}$

(2) $0.5 - 1\dfrac{1}{8} \div 2.7 \times \dfrac{14}{15}$

$= \dfrac{1}{2} - \dfrac{9}{8} \times \dfrac{10}{27} \times \dfrac{14}{15} = \dfrac{1}{2} - \dfrac{7}{18} = \dfrac{1}{9}$

(3) $\left(1.25 - \dfrac{2}{3}\right) \div \left(\dfrac{9}{10} - \dfrac{1}{10} \times \dfrac{16}{3}\right)$

$= \left(1\dfrac{1}{4} - \dfrac{2}{3}\right) \div \left(\dfrac{9}{10} - \dfrac{8}{15}\right) = \dfrac{7}{12} \div \dfrac{11}{30}$

$= \dfrac{7}{12} \times \dfrac{30}{11} = \dfrac{35}{22} = 1\dfrac{13}{22}$

(4) $\left(2\dfrac{1}{3} - \dfrac{12}{25} \times 1.25\right) \times \dfrac{5}{8} - \dfrac{5}{6}$

$= \left(2\dfrac{1}{3} - \dfrac{12}{25} \times \dfrac{5}{4}\right) \times \dfrac{5}{8} - \dfrac{5}{6}$

$= \left(2\dfrac{5}{15} - \dfrac{9}{15}\right) \times \dfrac{5}{8} - \dfrac{5}{6} = \dfrac{26}{15} \times \dfrac{5}{8} - \dfrac{5}{6}$

$= \dfrac{13}{12} - \dfrac{5}{6} = \dfrac{3}{12} = \dfrac{1}{4}$

(5) $\left\{\left(8\dfrac{1}{2} \times 0.75 + 2\right) \div 11 - \dfrac{1}{8}\right\} \div 1.75$

$= \left\{\left(\dfrac{17}{2} \times \dfrac{3}{4} + 2\right) \div 11 - \dfrac{1}{8}\right\} \div 1\dfrac{3}{4}$

$= \left(\dfrac{67}{8} \div 11 - \dfrac{1}{8}\right) \div 1\dfrac{3}{4}$

$= \left(\dfrac{67}{8} \times \dfrac{1}{11} - \dfrac{1}{8}\right) \div 1\dfrac{3}{4} = \left(\dfrac{67}{88} - \dfrac{11}{88}\right) \div 1\dfrac{3}{4}$

$= \dfrac{56}{88} \times \dfrac{4}{7} = \dfrac{4}{11}$

3 (1) $\left(\dfrac{1}{203} + \dfrac{1}{217}\right) \div \left(\dfrac{1}{203} - \dfrac{1}{217}\right)$

$= \left(\dfrac{217+203}{203\times217}\right) \div \left(\dfrac{217-203}{203\times217}\right)$

$= \dfrac{420}{203\times217} \times \dfrac{203\times217}{14} = \dfrac{420}{14} = 30$

(2) $\dfrac{1}{5\times6} = \dfrac{1}{5} - \dfrac{1}{6}$ より,

$\dfrac{1}{5\times6} + \dfrac{1}{6\times7} + \dfrac{1}{7\times8} + \dfrac{1}{8\times9} + \dfrac{1}{9\times10}$

$= \dfrac{1}{5} - \dfrac{1}{6} + \dfrac{1}{6} - \dfrac{1}{7} + \dfrac{1}{7} - \dfrac{1}{8} + \dfrac{1}{8} - \dfrac{1}{9} + \dfrac{1}{9} - \dfrac{1}{10}$

$= \dfrac{1}{5} - \dfrac{1}{10} = \dfrac{1}{10}$

！ ココに注意

$\dfrac{1}{\square \times (\square+1)} = \dfrac{1}{\square} - \dfrac{1}{\square+1}$

4 (1) $\dfrac{10}{11} = 10 \div 11 = 0.9090\cdots$

$\dfrac{13}{12} = 13 \div 12 = 1.0833\cdots$

$\dfrac{25}{23} = 25 \div 23 = 1.0869\cdots$

よって, 1に最も近い数は $\dfrac{13}{12}$

別解 $1 - \dfrac{10}{11} = \dfrac{1}{11} = \dfrac{2}{22}$

$\dfrac{13}{12} - 1 = \dfrac{1}{12} = \dfrac{2}{24}$

$\dfrac{25}{23} - 1 = \dfrac{2}{23}$

よって, 1との差が最も小さい $\dfrac{13}{12}$

(2) $\dfrac{5}{3} \leqq \dfrac{\square}{45} \leqq \dfrac{9}{5}$ より, $\dfrac{75}{45} \leqq \dfrac{\square}{45} \leqq \dfrac{81}{45}$

□は75以上81以下の整数なので,

81-75+1=7(個)

(3) $\dfrac{5}{6} \times \dfrac{\triangle}{\square} =$ 整数　$\dfrac{10}{3} \times \dfrac{\triangle}{\square} =$ 整数　$\dfrac{15}{4} \times \dfrac{\triangle}{\square} =$ 整数

　　$\triangle$ は 6 と 3 と 4 の最小公倍数の 12

　　$\square$ は 5 と 10 と 15 の最大公約数の 5 である。

　　よって，求める分数は，$\dfrac{12}{5}$

ステップ3 発展問題　　　　本冊 → p.21

1 $\dfrac{40}{41}$

2 (1) $\dfrac{134}{2019}$　(2) $4\dfrac{1}{2}$ (4.5)　(3) $1\dfrac{53}{156}$

3 (1) 5 個　(2) $5\dfrac{1}{2}$　(3) 14 個

解き方

1 分子と分母の数が大きい分数を約分するときは，
　分子と分母の差の約数でわってみるとよい。

　$5207 - 5080 = 127$

　$\dfrac{5080 \div 127}{5207 \div 127} = \dfrac{40}{41}$

2 (1) $\left(\dfrac{7}{37} + \dfrac{2}{185}\right) \times \left(0.5 - 0.18 \div 1\dfrac{2}{25} - \dfrac{1}{673}\right)$

　$= \left(\dfrac{35}{185} + \dfrac{2}{185}\right) \times \left(\dfrac{1}{2} - \dfrac{18}{100} \times \dfrac{25}{27} - \dfrac{1}{673}\right)$

　$= \dfrac{37}{185} \times \left(\dfrac{1}{3} - \dfrac{1}{673}\right) = \dfrac{37}{185} \times \dfrac{670}{2019} = \dfrac{134}{2019}$

(2) $12.3 \times \dfrac{7}{41} + 45.6 \times \dfrac{5}{152} + 78.9 \times \dfrac{3}{263}$

　$= \dfrac{123}{10} \times \dfrac{7}{41} + \dfrac{456}{10} \times \dfrac{5}{152} + \dfrac{789}{10} \times \dfrac{3}{263}$

　$= \dfrac{21}{10} + \dfrac{15}{10} + \dfrac{9}{10} = \dfrac{45}{10} = 4\dfrac{1}{2}$

(3) $\dfrac{2}{1 \times 3} = \dfrac{2}{3} = \dfrac{1}{1} - \dfrac{1}{3}$ より，

　$\dfrac{2}{1 \times 3} + \dfrac{2}{2 \times 4} + \dfrac{2}{3 \times 5} + \cdots + \dfrac{2}{10 \times 12} + \dfrac{2}{11 \times 13}$

　$= \dfrac{1}{1} - \dfrac{1}{3} + \dfrac{1}{2} - \dfrac{1}{4} + \dfrac{1}{3} - \dfrac{1}{5} + \cdots + \dfrac{1}{10} - \dfrac{1}{12} + \dfrac{1}{11} - \dfrac{1}{13}$

　$= \dfrac{1}{1} + \dfrac{1}{2} - \dfrac{1}{12} - \dfrac{1}{13} = 1 + \dfrac{78}{156} - \dfrac{13}{156} - \dfrac{12}{156}$

　$= 1\dfrac{53}{156}$

! ココに注意

$\dfrac{1}{\square \times (\square + \triangle)} = \left(\dfrac{1}{\square} - \dfrac{1}{\square + \triangle}\right) \times \dfrac{1}{\triangle}$

---

3 (1) 分母が 2…$\dfrac{1}{2}$

　分母が 3…$\dfrac{1}{3}$, $\dfrac{2}{3}$

　分母が 4…$\dfrac{1}{4}$, $\dfrac{2}{4}$, $\dfrac{3}{4}$

　よって，5 個

(2) (1)の答え以外では，

　分母が 5…$\dfrac{1}{5}$, $\dfrac{2}{5}$, $\dfrac{3}{5}$, $\dfrac{4}{5}$

　分母が 6…$\dfrac{1}{6}$, $\dfrac{2}{6}$, $\dfrac{3}{6}$, $\dfrac{4}{6}$, $\dfrac{5}{6}$

　よって，

　$\dfrac{1}{2} + \dfrac{1}{3} + \dfrac{2}{3} + \dfrac{1}{4} + \dfrac{3}{4} + \dfrac{1}{5} + \dfrac{2}{5} + \dfrac{3}{5} + \dfrac{4}{5} + \dfrac{1}{6} + \dfrac{5}{6}$

　$= \dfrac{1}{2} + 1 + 1 + 2 + 1 = 5\dfrac{1}{2}$

(3) 求める個数は，〔条件：分母が 11 か 12 の分数
　を用いる〕のときの分数の個数である。

　分母が 11…$\dfrac{1}{11}$, $\dfrac{2}{11}$, $\dfrac{3}{11}$, …, $\dfrac{10}{11}$

　分母が 12…$\dfrac{1}{12}$, $\dfrac{5}{12}$, $\dfrac{7}{12}$, $\dfrac{11}{12}$

　よって，$10 + 4 = 14$（個）

---

5 いろいろな計算

ステップ1 基本問題　　　　本冊 → p.22

1 (1) 2　(2) 8　(3) 14.5　(4) $\dfrac{1}{5}$ (0.2)

2 (1) いちばん小さい整数…2355,
　　いちばん大きい整数…2364
　(2) 5550 以上 5650 未満

3 (1) 24　(2) 1

4 イ 5　オ 8

解き方

1 (1) $23 + \square \times 3 = 29$

　　$\square \times 3 = 29 - 23 = 6$

　　$\square = 6 \div 3 = 2$

(2) $16 - (20 - \square) \div 2 = 10$

　$(20 - \square) \div 2 = 16 - 10 = 6$

　　$20 - \square = 6 \times 2 = 12$

$$\Box=20-12=8$$

(3) $28.5-(12.3+\Box\times0.6)=7.5$

$12.3+\Box\times0.6=28.5-7.5=21$

$\Box\times0.6=21-12.3=8.7$

$\Box=8.7\div0.6=14.5$

(4) $(2\times\Box+0.8)\times2\frac{1}{2}=3$

$2\times\Box+0.8=3\div2\frac{1}{2}=3\times\frac{2}{5}=\frac{6}{5}$

$2\times\Box=\frac{6}{5}-0.8=\frac{6}{5}-\frac{4}{5}=\frac{2}{5}$

$\Box=\frac{2}{5}\div2=\frac{1}{5}$

!) ココに注意 -------

□の数を求めたら，もとの式の□にその数をあてはめて，
確かめよう。

2(1)

いちばん小さい整数　2355

いちばん大きい整数　2364

(2)

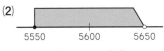

5550 以上 5650 未満

!) ココに注意 -------

数のはんいを求めるときは，数直線を使おう。

3(1) $99\div25=3$ あまり 24 より，$99*25=24$

(2) $26\div8=3$ あまり 2 より，$26*8=2$

$11\div2=5$ あまり 1 　よって，$11*(26*8)=1$

4 ア$+6$ の一の位がオなので，

ア$=2+6=8\cdots\bigcirc$

$5+6=1\underline{1}\cdots\times$

$7+6=1\underline{3}\cdots\times$

$8+6=1\underline{4}\cdots\times$

$9+6=1\underline{5}\cdots\bigcirc$

なので，アには「2」か「9」が入る。

ア$=2$ を入れると オ$=8$ となる。

$4+$ウ の一の位が「3」なので，ウ$=9$ となる。

$1+$イ$+$（くり上がりの）$1=$エ から

イ$=5$　エ$=7$ となり条件にあてはまる。

また，ア$=9$ を入れると オ$=5$ になる。

$4+$ウ$+$（くり上がりの）1 の一の位が「3」なので，
ウ$=8$ になる。

$1+$イ$+$（くり上がりの）$1=$エ にあてはまる数が残

っていないので，条件にあてはまらない。

よって，**イ**$=5$，**オ**$=8$

!) ココに注意 -------

虫食い算が完成したら，すべての数字をあてはめて，確か
めよう。

ステップ2 標準問題　　　　　本冊 → p.23〜p.24

1 (1) 6　(2) $\frac{2}{3}$　(3) 0.5 $\left(\frac{1}{2}\right)$　(4) $3\frac{3}{4}$　(5) $3\frac{3}{7}$

2 (1) 11　(2) 4.52

3 (1) ア 8　イ 7　ウ 6　エ 1　オ 9　カ 6
　　 キ 2　ク 1

　　 (2) e 4　f 8　g 6

4 (1) 7　(2) 22 個

5 (1) 36000　(2) 995 以上 1049 以下

　　 (3) 815

解き方

1 (1) $1\div(2+3)\times\{4\times(\Box-5)+6\times(7+8)-9\}=17$

$\frac{1}{5}\times\{4\times(\Box-5)+90-9\}=17$

$4\times(\Box-5)+81=17\div\frac{1}{5}=85$

$4\times(\Box-5)=85-81=4$

$\Box-5=4\div4=1$

$\Box=1+5=6$

(2) $3\frac{11}{25}-1.26\times\Box+1.5=4.1$

$3\frac{11}{25}-1.26\times\Box=4.1-1.5=2.6$

$1.26\times\Box=3\frac{11}{25}-2\frac{3}{5}=\frac{21}{25}$

$\Box=\frac{21}{25}\div1.26$

$=\frac{21}{25}\times\frac{100}{126}=\frac{2}{3}$

(3) $\{23-12\times(2-\Box)\}\div1\frac{3}{7}=3.5$

$23-12\times(2-\Box)=3.5\times1\frac{3}{7}=5$

$12\times(2-\Box)=23-5=18$

$2-\Box=18\div12=1.5$

$\Box=2-1.5=0.5$

(4) $\left\{\left(5\times\Box-\frac{3}{4}\right)\div1\frac{2}{7}+10\right\}\times0.375=9$

$$\left(5\times\square-\dfrac{3}{4}\right)\div1\dfrac{2}{7}+10=9\div\dfrac{3}{8}=24$$

$$\left(5\times\square-\dfrac{3}{4}\right)\div1\dfrac{2}{7}=24-10=14$$

$$5\times\square-\dfrac{3}{4}=14\times1\dfrac{2}{7}=18$$

$$5\times\square=18+\dfrac{3}{4}=18\dfrac{3}{4}$$

$$\square=18\dfrac{3}{4}\div5=3\dfrac{3}{4}$$

(5) $\left\{5-(\square+1.6)\div1\dfrac{4}{7}\right\}\times\dfrac{2}{3}+0.2\div\dfrac{1}{4}=2$

$$\left\{5-(\square+1.6)\div1\dfrac{4}{7}\right\}\times\dfrac{2}{3}=2-0.8=1.2$$

$$5-(\square+1.6)\div1\dfrac{4}{7}=1.2\div\dfrac{2}{3}=1.8$$

$$(\square+1.6)\div1\dfrac{4}{7}=5-1.8=3.2$$

$$\square+1.6=3.2\times1\dfrac{4}{7}$$

$$=\dfrac{\overset{16}{\cancel{32}}}{\underset{5}{\cancel{10}}}\times\dfrac{11}{7}=\dfrac{176}{35}$$

$$\square=\dfrac{176}{35}-1.6=\dfrac{120}{35}$$

$$=\dfrac{24}{7}=3\dfrac{3}{7}$$

2 **(1)** $\square\bigcirc5=(\square-5)\times7=42$

$$\square-5=42\div7=6$$

$$\square=6+5=11$$

(2)
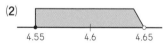

小数第二位で四捨五入すると 4.6 になる数のはん
いは，4.55 以上 4.65 未満

0.03 を加える前の数のはんいは，4.52 以上 4.62
未満になるので，最も小さい数は 4.52

3 **(1)** ア×6 の一の位が「8」なので，アは「3」か「8」
となる。

ア＝3 を入れると，

```
      2 ③
×     ❶ 6
    1 ③ 8
  ❶❶❶
  ❶❶ 2 8
```
ウ＝3 となり，**カ**＝9 となる
3×**イ** の一の位が「9」なので，
イ＝3 を入れると，
23×3＝69 で，エオカ の 3 け
たにはならない。よって，ア＝3 ではない。

ア＝8 を入れると，

```
      2 ⑧
×     ❶ 6
    1 ⑥ 8
  ❶❶❶
  ❶❶ 2 8
```
ウ＝6 となり，**カ**＝6 となる。
8×**イ** の一の位が「6」なので，
イは「2」か「7」となる。
イ＝2 を入れると，

28×2=56 で 3 けたにならない。
よって，**イ**=7 となり，28×7＝196 より，
エ=1，**オ**=9，**キ**=2，**ク**=1

(2) $a\times a=b$ より，a は「1」か「2」か「3」
$c+d=a$ より，a は 3 以上の整数
よって，$a=3$，$b=9$
$c+d=3$ より，$c=1$，$d=2$ か $c=2$，$d=1$
$c\times e=f$ より，c は「1」ではない。
よって，$c=2$，$d=1$
$2\times e=f$ e は 1，2，3 ではないので，
$e=4$ より，$f=8$
$2+g=8$ より，$g=6$
よって，$e=4$，$f=8$，$g=6$

4 **(1)** 78 の約数は，1，2，3，6，13，26，39，78
なので，78 は，1×78，2×39，3×26，6×13
よって，13－6＝7

(2) 【A】＝1 なので，2 つの整数の差が 1 の 3 けたの
整数をさがせばよい。
10×11＝110
11×12＝132
$\vdots$
31×32＝992
よって，31－10＋1＝22（個）

5 **(1)** $35687 \overset{6000}{\rightarrow} 36000$

(2) 上から 3 つ目の位を四捨五入して 1000 になる
数のはんいは，995 以上 1050 未満なので，こ
のはんいにある整数を考える。

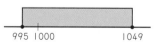

995 以上 1049 以下

(3)

C を最も小さくするので，〈C〉×3＝2450
〈C〉＝2450÷3＝816.66…
〈C〉は上から 2 つ目までのがい数なので，
〈C〉＝820

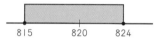

よって，C の中で最も小さい数は 815

ステップ3 発展問題　　　　　本冊 → p.25

1 **(1)** $\dfrac{5}{8}$ **(2)** $2\dfrac{6}{7}$

2 48

3 (1) 6

　（説明の例）　M……$\boxed{d}\boxed{c}\boxed{b}\boxed{a}$
　　　　　　　N……$\boxed{a}\boxed{b}\boxed{c}\boxed{d}$
　　　　　　　　　6 1 7 4

　M−N=6174 で，d>a より，一の位
　a−d は，十の位をくり下げて，
　10+a−d=4 となる。これにあてはま
　る a と d は，(1, 7), (2, 8), (3, 9)
　で，いずれも d と a の差は 6 になる。

　(2) 9863

4 個数…8個，総和…400

解き方

1 (1) $\left(0.9 \div \dfrac{10}{13} - 1.3 \times 0.7\right) \div \left(3.125 \times \dfrac{7}{2} \div \square - 15.5\right)$
　　$=0.13$

　　$\left(\dfrac{9}{10} \times \dfrac{13}{10} - \dfrac{13}{10} \times \dfrac{7}{10}\right) \div \left(3\dfrac{1}{8} \times \dfrac{7}{2} \div \square - 15\dfrac{1}{2}\right)$
　　$=\dfrac{13}{100}$

　　$\left(\dfrac{9}{10} - \dfrac{7}{10}\right) \times \dfrac{13}{10} \div \left(\dfrac{25}{8} \times \dfrac{7}{2} \div \square - 15\dfrac{1}{2}\right) = \dfrac{13}{100}$

　　$\dfrac{26}{100} \div \left(\dfrac{175}{16} \div \square - 15\dfrac{1}{2}\right) = \dfrac{13}{100}$

　　$\dfrac{175}{16} \div \square - 15\dfrac{1}{2} = \dfrac{26}{100} \div \dfrac{13}{100} = 2$

　　$\dfrac{175}{16} \div \square = 2 + 15\dfrac{1}{2} = 17\dfrac{1}{2}$

　　$\square = \dfrac{175}{16} \div \dfrac{35}{2} = \dfrac{5}{8}$

　　(2) $\left\{\left(2 + \dfrac{3}{5} \times 0.75\right) \times \square - 2.34 - 1.83 \div 0.5\right\} \div 8$
　　$=0.125$

　　$\left(2 + \dfrac{3}{5} \times \dfrac{3}{4}\right) \times \square - 2.34 - 3.66 = 0.125 \times 8 = 1$

　　$2\dfrac{9}{20} \times \square = 1 + 3.66 + 2.34 = 7$

　　$\square = 7 \div 2\dfrac{9}{20} = \overset{1}{\cancel{7}} \times \dfrac{20}{\underset{7}{\cancel{49}}} = \dfrac{20}{7} = 2\dfrac{6}{7}$

2 「アイ」を数式で表すと，10×**ア**+1×**イ** になり，
「イア」を数式で表すと，10×**イ**+1×**ア** になる。
(10×**ア**+1×**イ**)×231=132×(10×**イ**+1×**ア**)
(10×**ア**+1×**イ**)×7×33=4×33×(10×**イ**+1×**ア**)
(10×**ア**+1×**イ**)×7−4×(10×**イ**+1×**ア**)=0
70×**ア**+7×**イ**−40×**イ**−4×**ア**=0
66×**ア**−33×**イ**=33×(2×**ア**−**イ**)=0
2×**ア**−**イ**=0 なので，

(**ア**, **イ**)=(1, 2), (2, 4), (3, 6), (4, 8)
となる。
このうち最も大きいのは(4, 8)
よって，整数**アイ**は 48

3 (2) d−a=6 であり，最大の M を求めるので，
　d=9，a=3
　$\boxed{9}\boxed{c}\boxed{b}\boxed{3}$　　　b<c より b−c はできない。よ
　$-\boxed{3}\boxed{b}\boxed{c}\boxed{9}$　　って b は百の位からくり下がって
　　6 1 7 4　　　くる。よって，百の位に注目すると，
　c−1−b=1 より，c−b=2
　3 と 9 以外で M を最大にする c と b は，
　c=8，b=6
　よって，M は 9863

4 P=x×108=x×100+x×8 より，P の下2けたは，
x×8 の下2けたになる。
$x×1.08 \xrightarrow[\text{四捨五入}]{\text{小数第一位を}} \boxed{\text{整数}}×100=△\square00…Q$ より，
Q の下2けたは，「00」になる。
P>Q のとき，P−Q=12 なので，P つまり，x×8
の下2けたは「12」になる。順に調べると，
　　　x×8　　　　x
　　012÷8=1.5…× → x は整数
　+200⌈112÷8=14…○　　200÷8=25 より，
　+200⌈312÷8=39…○　　x×8 の数を 200 ずつ
　+200⌈512÷8=64…○　　増やすとよい。
　+200⌈712÷8=89…○
　　　912÷8=114…× → x は2けた
したがって，4個である。
P<Q のとき，Q−P=12 なので，P つまり，x×8
の下2けたは，100−12=88 になる。同じように，
　　　x×8　　　　x
　+200⌈088÷8=11…○
　+200⌈288÷8=36…○
　+200⌈488÷8=61…○
　+200⌈688÷8=86…○
　　　888÷8=111…× → x は2けた
したがって，4個である。
よって，P と Q との差が 12 になるような x は，
4+4=8（個）
これらの総和は，
14+39+64+89+11+36+61+86
=(14+86)+(39+61)+(64+36)+(89+11)
=400

6 数と規則性

ステップ1 基本問題　　　　本冊 → p.26

1 (1) 20　(2) 27　(3) 36　(4) 21　(5) 34
2 (1) 69　(2) 630
3 (1) 3　(2) 2083

解き方

1 (1) 11, 14, 17, 20, 23, …
　　　　　　+3　+3　+3　+3

　(2) 1, 3, 9, 27, 81, 243, …
　　　　×3 ×3 ×3 ×3 ×3

　(3) 1, 4, 9, 16, 25, 36, 49, …
　　　1×1 2×2 3×3 4×4 5×5 6×6 7×7

　(4) 1, 3, 6, 10, 15, 21, 28, 36, …
　　　　+2 +3 +4 +5 +6 +7 +8

　(5) 1, 1, 2, 3, 5, 8, 13, 21, 34, 55, …
　　　　1+1 1+2 2+3 3+5 5+8 8+13 13+21 21+34

2 (1) 1, 5, 9, 13, 17, …
　　　　　+4　+4　+4　+4
　　　$1+4×(18-1)=69$

　(2) $(1+69)×18÷2=630$

3 (1) 1, 3, 5, 2, 4, 6, ‖1, 3, 5, 2, 4, 6, ‖1, 3, 5, …
　　「1, 3, 5, 2, 4, 6」のくり返しの規則なので，
　　$596÷6=99$ あまり 2
　　よって，前から2番目の数なので，3

！ココに注意

きまった数がくり返しならんでいるときは，グループに区切って考えよう。

　(2) $1+3+5+2+4+6=21$
　　　$596÷6=99$ あまり 2
　　　$21×99+1+3=2083$

ステップ2 標準問題　　　　本冊 → p.27～p.28

1 最も小さい数…49，はじめから…13番目
2 (1) 8　(2) 17回
3 (1) 9　(2) 779
4 (1) 377　(2) 2268
5 1009個
6 (1) 第12グループ　(2) 第7グループ
7 (1) 2　(2) 1275番目　(3) 500
8 (1) $\frac{7}{10}$　(2) $29\frac{4}{5}$（29.8）

解き方

1 等差数列では，連続する3つの数の平均は，3つ

の数の真ん中の数なので，$159÷3=53$ より，3
つの数は，(49, 53, 57)になる。
よって，最も小さい数は 49
49 がはじめから数えて□番目の数とすると，
　$1+4×(□-1)=49$
　　$4×(□-1)=49-1=48$
　　　　　　$□-1=48÷4=12$
　　　　　　　　$□=12+1=13$
よって，49 ははじめから数えて 13番目

2 (1) $2÷111=0.018018…$　小数点以下は，「0, 1, 8」
　　のくり返しなので，小数第 111位の数は，
　　$111÷3=37$ あまり 0　よって，8

　(2) $22÷7=3.142857142…$
　　小数点以下は「1, 4, 2, 8, 5, 7」のくり返し
　　なので，$100÷6=16$ あまり 4
　　あまりの4つの中にも1は1回現れるので，
　　$16+1=17$（回）

3 (1) 3, 9, 27, 81, … なので，
　　　　　×3 ×3 ×3
　　一の位だけ書き出すと，3, 9, 7, 1, 3, 9,
　　…となり，「3, 9, 7, 1」のくり返しになる。
　　$10÷4=2$ あまり 2　よって，9

　(2) $155÷4=38$ あまり 3
　　$(3+9+7+1)×38+3+9+7=779$

4 (1)
①	②	③	④	⑤	⑥	⑦	⑧	⑨	⑩	⑪
3	5	8	13	21	34	55	89	144	233	377

　(2) $3÷3=1$ あまり 0　　　$144÷3=48$ あまり 0
　　$5÷3=1$ あまり 2　　　$233÷3=77$ あまり 2
　　$8÷3=2$ あまり 2　　　$377÷3=125$ あまり 2
　　$13÷3=4$ あまり 1　　　$610÷3=203$ あまり 1
　　$21÷3=7$ あまり 0　　　$987÷3=329$ あまり 0
　　$34÷3=11$ あまり 1　　$1597÷3=532$ あまり 1
　　$55÷3=18$ あまり 1　　$2584÷3=861$ あまり 1
　　$89÷3=29$ あまり 2　　$4181÷3=1393$ あまり 2
　　　　　　　　　　　　　　　　⋮

　　あまりは，「0, 2, 2, 1, 0, 1, 1, 2」のくり
　　返しになる。
　　よって，$2017÷8=252$ あまり 1
　　$(0+2+2+1+0+1+1+2)×252+0=2268$

5 分子と分母の和が $2019+1=2020$ なので，分数
　の大きさが1になる分数は，$2020÷2=1010$ よ
　り，$\frac{1010}{1010}$
　よって，1より大きい数のうち最も小さい分数は，
　$\frac{1011}{1009}$

よって，$\dfrac{2019}{1}$，$\dfrac{2018}{2}$，…，$\dfrac{1011}{1009}$ が1より大きい分数なので，1009個

6 (1)各グループの最後の数をみると，
8，16，24，… と，8の倍数になっている。
96÷8=12　よって，第12グループ

(2)2+4+6+8=20　20÷4=5
4つの数の平均が，2番目と3番目の数の真ん中にあたる。
212÷4=53 なので，
4つの偶数は，50，52，54，56
56÷8=7　よって，第7グループ

7 (1)1|1，2|1，2，3|1，2，3，4|1，…
1
1，2
1，2，3
1，2，3，4
　　　⋮
となるので，はじめから数えて30番目の数は，
30=(1+2+3+4+5+6+7)+2 なので，8段目の2番目の数になる。
よって，30番目の数は2

> **! ココに注意** ------------------------
> グループの項数（こうすう）が同じでないときは，グループごとに行を変えて書いて考えよう。
----

(2)はじめて50が現れるのは，50段目の50番目なので，
1+2+3+…+50=(1+50)×50÷2
　　　　　　=1275（番目）

(3)100=1+2+…+13+9 なので，はじめから数えて100番目の数は，14段目の9番目の数になる。
各段の和は
1
1+2=3
1+2+3=6
1+2+3+4=10
　　　⋮
のように，前の段の和に段数をたした数になっている。
よって，1+3+6+10+15+21+28+36+45+55+66+78+91+1+2+3+…+9=500

8 (1)分母が同じ数ごとに区切って整理すると，
$\dfrac{1}{1}$

$\dfrac{1}{2}$，$\dfrac{2}{2}$

$\dfrac{1}{3}$，$\dfrac{2}{3}$，$\dfrac{3}{3}$

$\dfrac{1}{4}$，$\dfrac{2}{4}$，$\dfrac{3}{4}$，$\dfrac{4}{4}$
　　　　　⋮
となるので，52番目の分数は 52=(1+…+9)+7 なので，10段目の7番目の数になる。
よって，$\dfrac{7}{10}$

(2)各段の和は，1段目が1，2段目が$1\dfrac{1}{2}$，3段目が2，…のように，公差が$\dfrac{1}{2}$の等差数列になっているので，9段目の和は，$1+\dfrac{1}{2}×(9-1)=5$
10段目の和は，
$\dfrac{1}{10}+\dfrac{2}{10}+…+\dfrac{7}{10}=\left(\dfrac{1}{10}+\dfrac{7}{10}\right)×7÷2=2\dfrac{4}{5}$
よって，$(1+5)×9÷2+2\dfrac{4}{5}=29\dfrac{4}{5}$

📊 ステップ3 発展問題　　　　　本冊→p.29

1 $\dfrac{12}{5}$
（説明の例）3番目の数の分母が3で，7番目の数の分母が7であることから，分母を順に1，2，3，…になおして並べると，
$\dfrac{4}{1}$，$\dfrac{6}{2}$，$\dfrac{8}{3}$，$\dfrac{10}{4}$，ア，$\dfrac{14}{6}$，$\dfrac{16}{7}$，$\dfrac{18}{8}$
になる。
分子は公差が2の等差数列になっているので，アは$\dfrac{12}{5}$

2 ア5　イ3

3 (1)105　(2)11550

4 (1)189個　(2)20個
(3)最後に加えた数…8，和…406

解き方

2 59÷1111=0.05310531…
小数点以下は「0，5，3，1」のくり返しである。
よって小数第6位の数は，6÷4=1あまり2なので5
小数第2019位の数は，2019÷4=504あまり3なので3

15

3 (1) $3+6+7+9+12+14+15+18+21=105$

(2) 3 と 7 の最小公倍数 21 の倍数までを 1 つのグループとすると，1 番目から 99 番目の数は，
$99÷9=11$（グループ）できる。

3, 6, 7, 9, …, 18, 21

24, 27, 28, 30, …, 39, 42

⋮

2 段目は 1 段目のそれぞれの数に 21 を加えた数なので，2 段目の和は，$105+21×9=294$
それ以降も同様なので，各段の和は，はじめの数が 105 で公差が $21×9=189$ の等差数列になる。したがって，11 段目の和は，
$105+189×(11-1)=1995$
よって，1 番目から 99 番目までの数の和は，
$(105+1995)×11÷2=11550$

> **⚠ ココに注意**
> 大問形式の問題では，(1)がグループ分けのヒントになっていることが多い。

4 (1) $1~9 → 9$ 個
$10~99 →$ 整数が $99-10+1=90$（個）あり，それぞれ 2 つの数字があるので，
$90×2=180$（個）
よって，$9+180=189$（個）

(2) もとの整数の形で考えると

| 十の位 □ | 一の位 3 |

十の位の □ には 0～9 の数を入れることができる（3 は 03 と考える）ので，一の位の 3 は 10 個

| 十の位 3 | 一の位 □ |

一の位の □ には 0～9 の数を入れることができるので，十の位の 3 は 10 個

よって，$10+10=20$（個）

(3) $1~9 → (1+9)×9÷2=45$
$10~19 → 1×10+45=55$
$20~29 → 2×10+45=65$
$30~39 → 3×10+45=75$
$40~49 → 4×10+45=85$
$50~59 → 5×10+45=95$
$45+55+65+75+85+95=420$
1 から 59（5，9）までの和が 420 なので，
58（5，8）までの和は，$420-(5+9)=406$
$406-8=398$
よって，最後に加えた数は 58（5，8）の 8 で，その和は 406

⚙ **理解度診断テスト ①**

本冊 → p.30～p.31

理解度診断 A…80点以上，B…60～79点，C…59点以下

1 (1) 81　(2) 0.8　(3) $\dfrac{7}{12}$　(4) 90　(5) 0.8
(6) 101

2 (1) 48　(2) 3.6　(3) $\dfrac{2}{3}$　(4) $\dfrac{3}{4}$　(5) $\dfrac{7}{16}$

3 (1) $\dfrac{20}{23}$, $\dfrac{21}{23}$, $\dfrac{22}{23}$（順不同）　(2) 391

4 29 人

5 (1) 11　(2) 207　(3) 32 個

6 112 番目

7 (1) 125 個　(2) 250 個　(3) 750 個

> **解き方**

1 (1) $5×14+26÷2-2=70+13-2=81$

(2) $4-3×0.9-2÷4=4-2.7-0.5=0.8$

(3) $\dfrac{5}{6}÷\dfrac{2}{3}-\dfrac{7}{12}×1\dfrac{1}{7}=\dfrac{5}{6}×\dfrac{3}{2}-\dfrac{7}{12}×\dfrac{8}{7}=\dfrac{5}{4}-\dfrac{2}{3}$
$=\dfrac{7}{12}$

(4) $162-132÷(32-7×3)×6$
$=162-132÷11×6=162-72=90$

(5) $17.2×2-(17.4-7.02×2)×10$
$=34.4-3.36×10=0.8$

(6) $5÷\left(\dfrac{1}{4}-0.2\right)+5×\left(0.4-\dfrac{1}{5}\right)$
$=5÷(0.25-0.2)+5×(0.4-0.2)$
$=100+1=101$

2 (1) $59-2×(□÷3+4)=19$
$2×(□÷3+4)=59-19=40$
$□÷3+4=40÷2=20$
$□÷3=20-4=16$
$□=16×3=48$

(2) $(2.4+□÷6)×2.2-6=0.6$
$(2.4+□÷6)×2.2=0.6+6=6.6$
$2.4+□÷6=6.6÷2.2=3$
$□÷6=3-2.4=0.6$
$□=0.6×6=3.6$

(3) $(10-□)÷2\dfrac{2}{3}-\dfrac{5}{2}=1$
$(10-□)÷2\dfrac{2}{3}=1+\dfrac{5}{2}=\dfrac{7}{2}$

16

$$10-\square=\frac{7}{2}\times2\frac{2}{3}=\frac{7}{2}\times\frac{\overset{4}{\cancel{8}}}{\cancel{3}}=\frac{28}{3}$$

$$\square=10-\frac{28}{3}=\frac{2}{3}$$

(4)$\left(1\frac{1}{4}\times\square-1\frac{1}{2}\times0.125\right)\div\frac{3}{4}=1$

$$1\frac{1}{4}\times\square-\frac{3}{2}\times\frac{1}{8}=1\times\frac{3}{4}=\frac{3}{4}$$

$$1\frac{1}{4}\times\square=\frac{3}{4}+\frac{3}{16}=\frac{15}{16}$$

$$\square=\frac{15}{16}\div1\frac{1}{4}=\frac{\overset{3}{\cancel{15}}}{16}\times\frac{\overset{1}{\cancel{4}}}{\cancel{5}}=\frac{3}{4}$$

(5)$0.625\times\frac{4}{5}-\frac{2}{3}\times(\square-0.25)=\frac{3}{8}$

$$\frac{\overset{5}{\cancel{5}}}{\cancel{8}}\times\frac{\overset{1}{\cancel{4}}}{\cancel{5}}-\frac{2}{3}\times\left(\square-\frac{1}{4}\right)=\frac{3}{8}$$

$$\frac{2}{3}\times\left(\square-\frac{1}{4}\right)=\frac{1}{2}-\frac{3}{8}=\frac{1}{8}$$

$$\square-\frac{1}{4}=\frac{1}{8}\div\frac{2}{3}=\frac{1}{8}\times\frac{3}{2}=\frac{3}{16}$$

$$\square=\frac{3}{16}+\frac{1}{4}=\frac{7}{16}$$

3 (1)$\frac{11}{13}<\frac{\square}{23}<1$　$\frac{11}{13}\times23=\frac{253}{13}=19\frac{6}{13}$ より,

分母を 23 にそろえると,

$$\frac{19\frac{6}{13}}{23}<\frac{\square}{23}<\frac{23}{23}$$

$19\frac{6}{13}<\square<23$ を満たす整数は,

$\square=20$, 21, 22

よって, $\frac{20}{23}$, $\frac{21}{23}$, $\frac{22}{23}$

(2)小数第一位を四捨五入して 12 になる数のはん
いは, 11.5 以上 12.5 未満になる。したがって,
ある整数のはんいは, 11.5×34=391 以上,
12.5×34=425 未満
よって, 考えられる整数の中で最も小さい整数
は 391

4 2 数の差の公約数が子どもの人数なので,
150−92=58, 237−150=87
58 と 87 の公約数は 1, 29
子どもが 1 人のときあまりはないので, 子どもの
人数は 29 人

5 (1)あまりも不足もちがうので, 条件に合う整数を
小さい順に書き出す。4 でわると 3 あまる数は,
3, 7, 11, 15, 19, …
7 でわると 4 あまる数は,

4, 11, 18, …
よって, 11

(2)11 以降は, 初項 11, 公差が 4 と 7 の最小公
倍数の 28 の等差数列より,
200÷28=7 あまり 4
28×7+11=207　28×6+11=179
よって, 207

(3)3 けたのうち最も小さい数は,
100÷28=3 あまり 16
28×3+11=95　28×4+11=123 より, 123
3 けたのうち最も大きい数は,
999÷28=35 あまり 19
28×35+11=991 より, 991
よって, (991−123)÷28+1=32 (個)

6 約分すると $\frac{1}{2}$ になる分数を小さい順に書き出すと,

$\frac{2}{4}$, $\frac{3}{6}$, $\frac{4}{8}$, $\frac{5}{10}$, $\frac{6}{12}$, $\frac{7}{14}$, $\frac{8}{16}$, … なので,

7 回目に現れる分数は $\frac{8}{16}$ になる。

分母が 3 の分数は 2 個, 分母が 4 の分数は 3 個, …,

分母が 15 の分数は 14 個なので, $\frac{1}{3}$ から $\frac{14}{15}$ まで

の個数は,

(2+14)×13÷2=104 (個)

$\frac{8}{16}$ は $\frac{1}{16}$ から 8 番目の分数になる。

よって, $\frac{8}{16}$ は 104+8=112 (番目)

7 (1)$2=\frac{8}{4}$, $4=\frac{16}{4}$, $6=\frac{24}{4}$ のように, 分子が 8 の
倍数のとき 2 の倍数になる。
よって, 1000÷8=125 (個)

(2)$\frac{1}{2}=\frac{2}{4}$, $\frac{3}{2}=\frac{6}{4}$, $\frac{5}{2}=\frac{10}{4}$ のように, 分子は, 2, 6,
10, … になり, 4 の倍数より 2 小さい数である。
よって, 1000÷4=250 (個)

(別解) 分子が 2 の倍数のとき, $\frac{\square}{2}$ の形になるので,

1000÷2=500 (個)
ただし, 分子が 4 の倍数のときは約分すると整数
になるので, 1000÷4=250 より, 求める個数は,
500−250=250 (個)

(3)分子が奇数の分数は, 約分して整数になる分数
以外の分数である。
約分して整数になる分数は分子が 4 の倍数なの
で, 1000÷4=250 (個)
よって, 1000−250=750 (個)

17

第2章　変化と関係

1 割　合

■ステップ1 **基本問題**　　　　本冊 → p.32

1 (1) 162 cm　(2) 0.28 倍　(3) 135 g
　(4) 24

2 (1) 0.525　(2) 150　(3) 140　(4) 12

3 (1) 2　(2) 300

解き方

1 (1) 45×3.6=162 (cm)

　(2) 560÷2000=0.28 (倍)

　(3) 180×$\frac{3}{4}$=135 (g)

　(4) 60÷2$\frac{1}{2}$=60×$\frac{2}{5}$=24

2 (1) 21÷40=0.525

　(2) 600×0.25=150 (人)

　(3) 400×0.35=140 (円)

　(4) 200×0.06=12 (g)

3 (1) 300÷0.15=2000 (g)=2 kg

　(2) 定価=仕入れ値+利益 なので，仕入れ値を I と
　　すると，345÷(1+0.15)=300 (円)

■ステップ2 **標準問題**　　　　本冊 → p.33〜p.34

1 (1) 486 円　(2) 4$\frac{5}{7}$ m　(3) 2$\frac{5}{8}$ kg

2 (1) 0.2　(2) 2 割　(3) 1.12　(4) I 割 4 分
　(5) 20 %

3 (1) 45　(2) 400　(3) 1625　(4) 1020
　(5) 8

4 (1) 24 ページ　(2) 300 円　(3) 6.4 cm

解き方

1 (1) 270×1.8=486 (円)

　(2) 6$\frac{3}{7}$×$\frac{11}{15}$=$\frac{45}{7}$×$\frac{11}{15}$=$\frac{33}{7}$=4$\frac{5}{7}$ (m)

　(3) $\frac{3}{4}$÷$\frac{2}{7}$=$\frac{3}{4}$×$\frac{7}{2}$=$\frac{21}{8}$=2$\frac{5}{8}$ (kg)

2 (1) 60÷300=0.2

　(2) 100÷500=0.2 → 2 割

　(3) 5040÷4500=1.12

　(4) 去年を I とすると，今年は，2280÷2000=1.14
　　1.14−1=0.14 → I 割 4 分

　(5) 180÷150=1.2　1.2−1=0.2 → 20 %

3 (1) 2700÷6000=0.45 → 45 %

　(2) 800×0.2=□×0.4
　　　□×0.4=160
　　　　□=160÷0.4=400 (円)

　(3) 2500×(1−0.35)=1625 (円)

　(4) 850×(1+0.2)=1020 (人)

　(5)

20		230+20=250 (g)
250	△	△=20÷250=0.08 → 8 %

4 (1) 昨日読んだページ数は，
　　25×(1+0.2)=30 (ページ)
　　よって，今日読んだページ数は，
　　30×(1−0.2)=24 (ページ)

　(2) 定価は，2500×(1+0.4)=3500 (円)
　　売価は，3500×(1−0.2)=2800 (円)
　　よって利益は，2800−2500=300 (円)

　(3) はじめに落とした高さを①とすると，

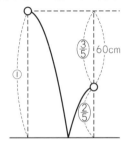

　　$\left(\frac{3}{5}\right)$=60 cm

　　①=60÷$\frac{3}{5}$

　　　=100 (cm)

　　よって 3 回目は，

　　100×$\frac{2}{5}$×$\frac{2}{5}$×$\frac{2}{5}$

　　=6.4 (cm)

■ステップ3 **発展問題**　　　　本冊 → p.35

1 (1) 308 g　(2) 5 %

2 200 cm

3 (1) 24 人　(2) 1200 円

4 1.02 倍

　(説明の例) 商品 A のもとの価格を①とする
　と，同じになった価格は，
　①×(1−0.1)×(1−0.15)=⓪.⓻⓺⓹
　商品 B のもとの価格を[]とすると同じに
　なった価格は，[]×(1−0.25)=⓪.⓻⓹
　[⓪.⓻⓹]=⓪.⓻⓺⓹
　　　[]=⓪.⓻⓺⓹÷0.75=①.⓪②
　よって，①.⓪②÷①=1.02 (倍)

解き方

1 (1) つくる食塩水の重さは，42÷0.12=350 (g)
　　よって，水の重さは，350−42=308 (g)

　(2) 200 g の食塩水の中の食塩の重さを□ g とする

と，

$\dfrac{\square}{200}$	+	$\dfrac{50}{300}$	=	$\dfrac{\square+50}{500}$	0.12

$500×0.12=60$ (g)

$\square+50=60$　$\square=60-50=10$ (g)

よって，200 g の食塩水の濃度は，

$10÷200=0.05 → 5\%$

2 はじめに落とした高さを①とし，1回目にはね上がった高さを□とすると，

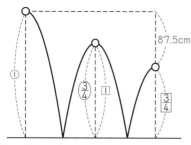

87.5cm

$\boxed{1}=\left(\dfrac{3}{4}\right)$　$\left(\dfrac{3}{4}\right)=\left(\dfrac{3}{4}\right)×\dfrac{3}{4}=\left(\dfrac{9}{16}\right)$

$①-\left(\dfrac{9}{16}\right)=\left(\dfrac{7}{16}\right)$　$\left(\dfrac{7}{16}\right)=87.5$ (cm)

$①=87.5÷\dfrac{7}{16}=\dfrac{875}{10}×\dfrac{16}{7}=200$ (cm)

⚠ ココに注意 ----------------

それぞれの割合に対して，もとにする量が何であるかをまちがえないようにしよう。

3(1)クラス全員から集めたお金は，

　　$540÷0.15=3600$ (円)

　　よって，クラスの人数は，

　　$3600÷150=24$ (人)

(2)本の定価を①とするとぬいぐるみの定価は，

　　$①×3=③$

　　ぬいぐるみは 3 割引き，本は 1 割引きで買えたので，$③×(1-0.3)+①×(1-0.1)=③$

　　$③=3600$ 円　$①=3600÷3=1200$ (円)

2 比

ステップ1 基本問題　本冊 → p.36

1 (1)$3:8$

(2)① $\dfrac{5}{9}$　② $\dfrac{3}{5}(0.6)$　③ $\dfrac{14}{15}$

(3)① $4:5$　② $8:3$　③ $4:5$　④ $8:5$

2 (1)4.5　(2)10　(3)(順に)$1, 2$

(4)(順に)$7, 5$

---

3 (1)16.8 m　(2)32 才　(3)1395 円

解き方

1(1) 3 m の 8 m に対する比より，$3:8$

　　前項　　後項

⚠ ココに注意 ----------------

「○○に対する」の○○がもとにする量なので，○○が後項になる。

----

(2)① $5÷9=\dfrac{5}{9}$

　② $1.2=\dfrac{12}{10}=\dfrac{6}{5}$　$\dfrac{6}{5}÷2=\dfrac{6}{5}×\dfrac{1}{2}=\dfrac{3}{5}$

　③ $\dfrac{2}{5}÷\dfrac{3}{7}=\dfrac{2}{5}×\dfrac{7}{3}=\dfrac{14}{15}$

(3)① $24:30=4:5$

　② $3.2:1.2=32:12=8:3$

　③ $\dfrac{3}{5}:\dfrac{3}{4}=\dfrac{12}{20}:\dfrac{15}{20}=12:15=4:5$

　④ $0.4:\dfrac{1}{4}=\dfrac{4}{10}:\dfrac{1}{4}=\dfrac{8}{20}:\dfrac{5}{20}=8:5$

2(1) $7:5=6.3:\square$　（×0.9）　$\square=5×0.9=4.5$

(2) $\dfrac{2}{3}:\dfrac{4}{5}=\square:12$　（内項の積／外項の積）

$\dfrac{4}{5}×\square=\dfrac{2}{3}×12=8$

$\square=8÷\dfrac{4}{5}=8×\dfrac{5}{4}=10$

(3)B の比を 8 と 12 の最小公倍数 24 にそろえる。

　A : B : C

　3 : 8

　　　12 : 9

　9 : 24 : 18　よって，A : C = 9 : 18 = 1 : 2

⚠ ココに注意 ----------------

連比を求めるときは，重なるところを最小公倍数でそろえよう。

----

(4)$A×5=B×7=1$ とすると，

$A:B=\dfrac{1}{5}:\dfrac{1}{7}=\dfrac{7}{35}:\dfrac{5}{35}=7:5$

3(1)縦の長さを □ m とすると，

　　$7:5=\square:12$

　　$\square×5=7×12$

　　$\square=84÷5=16.8$ (m)

(2)父の年れいを④，子どもの年れいを①とすると，
④－①＝③＝24 才より，①＝24÷3＝8（才）
④＝8×4＝32（才）
(3)兄が出した金額を⑤，弟が出した金額を③とすると，⑤＋③＝⑧＝3720 円より，
①＝3720÷8＝465（円）
③＝465×3＝1395（円）

■■ ステップ2 標準問題　　　本冊 → p.37～p.38

1 (1)9：25　(2)18：25　(3)5：3
　　(4)17：9　(5)3：15：28　(6)6：4：3

2 (1)$1\frac{1}{2}$(1.5)　(2)5　(3)24　(4)0.16

3 (1)(順に)9，8，6　(2)6
　　(3)(順に)6，25

4 (1)(順に)16，15　(2)(順に)8，6，15

5 (1)126 cm　(2)125 cm²　(3)6000 円
　　(4)2500 円　(5)245 枚

解き方

1 (1)$1.35 : 3\frac{3}{4} = \frac{135}{100} : \frac{15}{4} = \frac{27}{20} : \frac{75}{20}$
$= 27 : 75 = 9 : 25$
(2)$2\frac{2}{5} : 3\frac{1}{3} = \frac{12}{5} : \frac{10}{3} = \frac{36}{15} : \frac{50}{15} = 36 : 50$
$= 18 : 25$
(3)$1.5 L : 9 dL = 15 dL : 9 dL = 15 : 9 = 5 : 3$
(4)3 時間 24 分：1 時間 48分 ＝ 204 分：108 分
$= 204 : 108 = 17 : 9$
(5)$0.45 : 2.25 : 4.2 = 45 : 225 : 420$
$= 3 : 15 : 28$
(6)$\frac{1}{2} : \frac{1}{3} : \frac{1}{4} = \frac{6}{12} : \frac{4}{12} : \frac{3}{12} = 6 : 4 : 3$

2 (1)$\square \times 10 = 1\frac{2}{3} \times 9 = 15$
$\square = 15 \div 10 = \frac{15}{10} = 1\frac{1}{2}$
(2)$\square \times \frac{3}{5} = \frac{3}{4} \times 4 = 3$
$\square = 3 \div \frac{3}{5} = 3 \times \frac{5}{3} = 5$
(3)$\frac{7}{2} \times \frac{\square}{7} = 3 \times 4$
$\frac{1}{2} \times \square = 12$
$\square = 12 \div \frac{1}{2} = 24$

(4)$\square \times 13.75 = \frac{1}{4} \times 8.8 = 2.2$
$\square = 2.2 \div 13.75 = 0.16$

3 (1)　A ： B ： C
　　　3 　 ： 2
　　　　　 4 ： 3
　　　9 ： 8 ： 6

(2)$A : B = \frac{1}{2} : \frac{1}{3} = \frac{3}{6} : \frac{2}{6} = 3 : 2$
$B : C = \frac{1}{2} : \frac{1}{3} = \frac{3}{6} : \frac{2}{6} = 3 : 2$
　　A ： B ： C
　　3 ： 2
　　　　3 ： 2
　　9 ： 6 ： 4　　よって，□＝6

(3)$A : B = \frac{1}{5} : \frac{1}{3} = \frac{3}{15} : \frac{5}{15} = 3 : 5$
　　A ： B ： C
　　3 ： 5
　　　　2 ： 5
　　6 ： 10 ： 25　　よって，A：C＝6：25

4 (1)$A : B = \frac{4}{3} : \frac{5}{4} = \frac{16}{12} : \frac{15}{12} = 16 : 15$
(2)$A = B \times \frac{4}{3}$ より，$A : B = 1 : \frac{3}{4} = 4 : 3$
$B = C \times 0.4$ より，
$B : C = 1 : \frac{10}{4} = 4 : 10 = 2 : 5$
　　A ： B ： C
　　4 ： 3
　　　　2 ： 5
　　8 ： 6 ： 15

5 (1)縦：横＝④：⑤ とすると，
④＝28 cm より，①＝28÷4＝7（cm）
⑤＝7×5＝35（cm）
よって，（28＋35）×2＝126（cm）
(2)　A ： B ： C
　　3 ： 2
　　　　3 ： 5
　　⑨：⑥：⑩ とすると，
⑥＝30 cm² より，①＝30÷6＝5（cm²）
⑨＋⑥＋⑩＝㉕
㉕＝5×25＝125（cm²）
(3)③＋④＋⑤＝⑫　⑫＝14400 円より，
①＝14400÷12＝1200（円）
⑤＝1200×5＝6000（円）

20

(4)雪子さん：花子さん：春子さん
　　　2　：　3
　　　　　　　9　：　5
　　⑥　：　⑨　：　⑤　とすると，
⑥+⑨+⑤=⑳　⑳=10000 円より，
①=10000÷20=500 （円）
⑤=500×5=2500 （円）

(5)B×7=C×6 より，
B：C = $\frac{1}{7}$: $\frac{1}{6}$ = $\frac{6}{42}$: $\frac{7}{42}$ = 6：7
　A　：　B　：　C
　5　：　9
　　　　　6　：　7
⑩：⑱：㉑ とすると，
㉑-⑩=⑪=55 枚より，
①=55÷11=5 （枚）
⑩+⑱+㉑=㊽=5×49=245 （枚）

ステップ3 発展問題　　　　本冊→p.39

1 (1)42　(2)7：3
(3)大人 1 人…1000 円，
　子ども 1 人…600 円
(4)120 円
（説明の例）
（シュークリーム×9）：（ケーキ×2）
=2：1 なので，
（シュークリーム×9）×1=（ケーキ×2）×2
シュークリーム×9=ケーキ×4
シュークリーム×9=ケーキ×4=1 とす
ると，
シュークリーム：ケーキ = $\frac{1}{9}$: $\frac{1}{4}$
= $\frac{4}{36}$: $\frac{9}{36}$ = ④：⑨
⑨-④=⑤　⑤=150 円より，
①=150÷5=30 （円）
④=30×4=120 （円）
2 (1)500 円
(2)A さん…12 回，兄…15 回，妹…10 回

解き方

1(1)(2+19)×18÷2=189
②+③+④=⑨　⑨=189 より，
①=189÷9=21　よって，②=21×2=42

---

(2)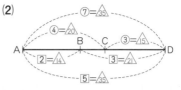
　⑦=△35 なの
　で7と5の最
　小公倍数の
　△35 でそろえ
　る。

BC = △20-△14 = △6
よって，AB：BC = △14 : △6 = 7：3
(3)入館料を，大人×3=子ども×5=1 とすると，
大人：子ども = $\frac{1}{3}$: $\frac{1}{5}$ = $\frac{5}{15}$: $\frac{3}{15}$ = ⑤：③
⑤×4+③×7=㊶　㊶=8200 円より，
①=8200÷41=200 （円）
よって，大人 1 人の入館料は，
⑤=200×5=1000 （円）
子ども 1 人の入館料は，
③=200×3=600 （円）
2(1)兄と妹がお手伝いをした回数の比を③：② とす
ると，兄と妹のおこづかいの差は，③-②=①
①=2750-2000=750 （円）なので，
③=750×3=2250 （円）
よって，2750-2250=500 （円）
(2)A さんがお手伝いをしてもらった金額は，
2300-500=1800 （円）
妹は，2000-500=1500 （円）
1800+1500=3300 （円）がお手伝い 22 回分
なので，1 回分の金額は，3300÷22=150 （円）
よって，A さんは，1800÷150=12 （回）
兄は，2250÷150=15 （回）
妹は，22-12=10 （回）

3 文字と式

ステップ1 基本問題　　　　本冊→p.40

1 (1)$x×7$ （円）　(2)$13×x$ （cm²）
(3)$50÷x$ （時間）
2 (1)$x×8=y$　(2)$200-x=y$
(3)$a+b=20$　（$(a+b)×2=40$）
3 (1)$420×x+120=y$　(2)1380 円
(3)6 個

解き方

2(2)2 m=200 cm なので，$200-x=y$
(3)40÷2=20 （cm）より，$a+b=20$
3(2)420×3+120=1380 （円）

(3) $420×x+120=2640$
$420×x=2640-120=2520$
$x=2520÷420=6$（個）

■■ ステップ**2** 標準問題　　　　本冊→p.41

1 (1) $x÷4=y$　（$y×4=x$）
(2) $(a+b+c)÷3=y$

2 (1) 108　(2) $3\frac{7}{12}\left(\frac{43}{12}\right)$

3 7

4 (1) $15+x÷100×0.6=y$
（説明の例）標高が 100 m 上がるごとに
気温が 0.6℃ 下がるので，標高が 100 m
下がるごとに気温が 0.6℃ 上がる。
標高が x m 下がると，気温は，
$x÷100×0.6$（℃）上がる。
よって，$15+x÷100×0.6=y$
(2) 25.5℃

解き方

2 (1)ある数を x とすると，$(x-7)×5=80$
$x-7=80÷5=16$　$x=16+7=23$
よって，正しい答えは，$23×5-7=108$

(2)ある分数を x とすると，$\left(x+\frac{5}{6}\right)÷\frac{2}{3}=4\frac{3}{4}$

$x+\frac{5}{6}=4\frac{3}{4}×\frac{2}{3}=\frac{19}{4}×\frac{2}{3}=\frac{19}{6}$

$x=\frac{19}{6}-\frac{5}{6}=\frac{14}{6}=\frac{7}{3}$

よって，正しい答えは，

$\frac{7}{3}+\frac{5}{6}÷\frac{2}{3}=\frac{7}{3}+\frac{5}{6}×\frac{3}{2}=\frac{7}{3}+\frac{5}{4}$

$=\frac{28}{12}+\frac{15}{12}=\frac{43}{12}=3\frac{7}{12}$

3
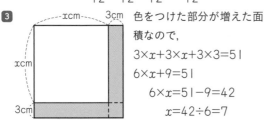
色をつけた部分が増えた面積なので，
$3×x+3×x+3×3=51$
$6×x+9=51$
$6×x=51-9=42$
$x=42÷6=7$

4 (2) $15+(2980-1230)÷100×0.6$
$=15+1750÷100×0.6$
$=15+17.5×0.6=25.5$（℃）

---

4 **2つの数量の関係**

■■ ステップ**1** 基本問題　　　　本冊→p.42

1 (1) $y=3×x$　（$y÷x=3$，$x=y÷3$）
(2) 45

2 (1) $y=3×x$　(2) 12 cm

3 (1) $y=12÷x$　（$x×y=12$，$x=12÷y$）
(2) 2.4

4 (1) $y=12÷x$　(2) 1.5 cm

解き方

1 (1)
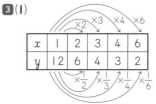

一方が 2 倍，3 倍，…になると他方も 2 倍，3 倍，…になる。
$6÷2=3$ より，

$y=3×x$　（$y÷x=3$，$x=y÷3$）
(2) $3×15=45$

2 (1)長さ 2 cm のとき重さは 6 g なので，1 cm あたりの重さは，$6÷2=3$ (g)
よって，$y=3×x$

⚠ ココに注意 ┈┈┈┈┈┈┈┈┈┈

「y を，x を使った式で表し～」のときは，「$y=$～」のような式の形にする。

┈┈┈┈┈┈┈┈┈┈┈┈┈┈┈┈

(2) $36=3×x$　$x=36÷3=12$　よって，12 cm

3 (1)
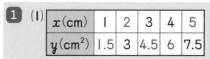

x	1	2	3	4	6
y	12	6	4	3	2

一方が 2 倍，3 倍，…になると他方が $\frac{1}{2}$ 倍，$\frac{1}{3}$ 倍，…になる。

よって，$y=12÷x$　（$x×y=12$，$x=12÷y$）
(2) $5=12÷x$　$x=12÷5=2.4$

4 (1)長方形の面積＝縦の長さ×横の長さ なので，
$12=x×y$　よって，$y=12÷x$
(2) $y=12÷8=1.5$　よって，1.5 cm

■■ ステップ**2** 標準問題　　　　本冊→p.43～p.44

1 (1)

x(cm)	1	2	3	4	5
y(cm²)	1.5	3	4.5	6	7.5

(2) $y=1.5×x$

(3)

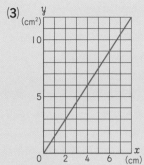

2 (1)

x(L)	5	10	15	20	25
y(分)	24	12	8	6	4.8

(2) $y=120\div x$

(3)

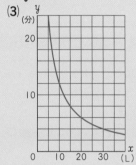

3 (1) $y=48\div x$, ×

(2) $y=4\times x$, ○

(3) $y=20-x$, △

4 (1) 800 m

(2) $y=800\div x$ （$x\times y=800$, $x=800\div y$）

(3) 時速16 km

5 (1) 最初にCに火をつけ，その10分後に
Bに火をつけ，さらにその10分後にA
に火をつける。
（説明の例）Aは20分で，Bは30分で，
Cは40分で燃えつきる。AとBの差は，
30−20=10（分）で，BとCの差は，
40−30=10（分）になるから。

(2) 5分後，$\dfrac{1}{4}$倍

（説明の例）BとCのろうそくの長さが
同じになるのは，グラフより20分後で
ある。そのときの長さは，グラフの2
目もりで，Aの長さが2目もりになる
のは，15分後である。
よって，3本のろうそくの長さが同じに
なるには，20−15=5（分後）にAのろ
うそくに火をつければよい。

またAは20分で燃えつきるので，15
分燃えると，$15\div20=\dfrac{15}{20}=\dfrac{3}{4}$まで燃え
たことになる。よって，15分後のAの
長さは，$1-\dfrac{3}{4}=\dfrac{1}{4}$（倍）

解き方

1 (1) 三角形の面積＝底辺×高さ÷2 なので，
$x=1$ のとき，$y=3\times1\div2=1.5$
$y=3$ のとき，$3=3\times x\div2$　$3\times x=3\times2=6$
$x=6\div3=2$

一方が2倍になると
他方も2倍になるの
で，比例の関係であ
る。

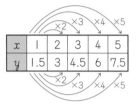

(2) $y=3\times x\div2=1.5\times x$

2 (1) $x=5$ のとき，$120\div5=24$
$y=12$ のとき，$120\div12=10$

一方が2倍になると
他方が$\dfrac{1}{2}$倍にな
るので，反比例の関係
である。

3 (1) $x\times y=48$ なので，積が一定である。よって，×

(2) $200\div50=4$ より，$y=4\times x$　$y\div x=4$ なので，
商が一定である。よって，○

(3) $40\div2=20$ より，$y=20-x$ なので，どちらで
もない。よって，△

① ココに注意
比例しているものは商が一定であり，反比例しているもの
は積が一定である。

4 (1) グラフより，40 m/分で20分かかるから，
$40\times20=800$（m）

(3) (2)より，$3=800\div x$　$x=800\div3=\dfrac{800}{3}$（m/分）
よって，$\dfrac{800}{3}\times60\div1000=16$（km/時）

ステップ3 発展問題 本冊→p.45

1 (1) 288回転　(2) 900回転
2 (1) 3240円　(2) 6504円

③ (1) 5 分間　(2)分速 110 m

　　(3) $9\dfrac{2}{3}$ 分後，825 m 手前

解き方

❶(1)歯車 B が□回転するとき，120×240＝100×□

　　100×□＝28800

　　　　　□＝28800÷100＝288（回転）

　(2)歯車 C は 5 分間に 200 回転するので，1 時間

　　に 60÷5×200＝2400（回転）する。

　　歯車 A が□回転するとき，

　　120×□＝45×2400＝108000

　　　　　□＝108000÷120＝900（回転）

① ココに注意

歯車 A の歯数×回転数＝歯車 B の歯数×回転数

＝歯車 C の歯数×回転数

❷(1) 30−25＝5（m²）　6120−5640＝480（円）

　「1 m³ あたり」で定められている料金は，

　480÷5＝96（円）

　よって，5640−96×25＝3240（円）

　(2) 3240＋96×34＝6504（円）

❸(1)グラフ②より，D 地点は C 地点より 8 m 高く，

　CD 間では 30 m 進むと 1 m 高くなるので，

　CD 間の道のりは，30×(8÷1)＝240（m）

　グラフ①より，CD 間は 40 m/分で歩いている

　ので，240÷40＝6（分）かかる。

　よって，休けいしたのは，29−18−6＝5（分間）

　(2)AB 間の道のりは，80×8＝640（m）で，

　これが AF 間の $\dfrac{4}{25}$ なので，AF 間は，

　$640÷\dfrac{4}{25}＝4000$（m）

　BC 間は，120×(18−8)＝1200（m）

　CD 間は(1)より，240 m

　DE 間は，100×(35−29)＝600（m）

　EF 間は，

　4000−(640＋1200＋240＋600)＝1320（m）

　よって，EF 間の速さは，

　1320÷(47−35)＝110（m/分）

　(3)グラフ②より，2 回目に高さが 5 m になるのは，

　BC 間である。BC 間は，6 m 低くなるのに

　18−8＝10（分）かかるので，1 m 低くなるには

　$10÷6＝\dfrac{5}{3}$（分）かかる。よって，高さ 5 m にな

るのは，$8＋\dfrac{5}{3}＝9\dfrac{2}{3}$（分後）

また，4 回目に高さ 5 m になるのは，EF 間であ

る。EF 間は，8 m 低くなるのに

47−35＝12（分）かかるので，1 m 低くなるの

に 12÷8＝1.5（分）かかる。よって，高さ 5 m

になるのは，E 地点から 8−5＝3（m）より，

1.5×3＝4.5（分後）

EF 間は 12 分かかるので，高さ 5 m の地点から

F 地点までは，12−4.5＝7.5（分）かかる。

よって，110×7.5＝825（m）手前になる。

5 　単位と量

ステップ1　基本問題　　　　　　　本冊→p.46

❶ (1) 50　(2) 0.00067　(3) 0.039

　 (4) 4710　(5) 138　(6) 4800

❷ (1) 76 g　(2) 78 点

❸ (1) 0.4 kg　(2) 2312 人　(3)コピー機 D

解き方

❶(1) 0.05×1000＝50（m）

　(2) 67÷100＝0.67（m）

　　0.67÷1000＝0.00067（km）

　(3) 39÷1000＝0.039（kg）

　(4) 4.71×1000＝4710（g）

　(5) 2×60＋18＝138（分）

　(6) 1×60＋20＝80（分）　80×60＝4800（秒）

❷(1) (74＋80＋77＋73＋76)÷5＝76（g）

　(2) 82×4＝328（点）

　　328−(90＋74＋86)＝78（点）

❸(1) 2400÷6000＝0.4（kg）

　(2)人口密度＝人口÷面積（km²）なので，

　　124853÷54＝2312.0…　→ 2312 人

　(3) 1 枚あたりのコピーのはやさを考えると，

　　コピー機 C は，60÷100＝0.6（秒）

　　コピー機 D は，1÷2＝0.5（秒）

　　よって，コピー機 D のほうがはやく印刷できる。

ステップ2　標準問題　　　　　　本冊→p.47〜p.48

❶ (1) 408.7　(2) 656　(3)(順に) 2，17，36

❷ (1) 3 m　(2) $2\dfrac{3}{4}$ L　(3) 74 点　(4) 520 人

③ 24 m

④ (1)

	A	B
ふくろの数	2 ふくろ	4 ふくろ
野菜の個数	4 個	4 個
栄養素の量	4 mg	2 mg

(2) A…7 ふくろ，B…2 ふくろ，

C…1 ふくろ

（理由の例）(1)の表より，A を最も多く買

えばよい。

1000−(100+50+200)=650（円）

650÷100=6 あまり 50

50÷50=1（ふくろ）

よって，A は，1+6=7（ふくろ）

B は 1+1=2（ふくろ），C は 1 ふくろ

解き方

① (1) 0.36 km+430 cm+18 m+26.4 m

=360 m+4.3 m+18 m+26.4 m=408.7 m

(2) 0.4 t+210 kg+46000 g

=400 kg+210 kg+46 kg=656 kg

(3)

```
      7  30
   7 日  8  82
   8 日  7 時間 22 分
 −  5 日 13 時間 46 分
   2 日 17 時間 36 分
```

② (1) 1 kg あたりの長さは，$5÷7=\dfrac{5}{7}$（m）

$\dfrac{5}{7}×4.2=\dfrac{5}{7}×\dfrac{42}{10}=3$（m）

(2) $1\dfrac{5}{6}÷\dfrac{2}{3}=\dfrac{11}{6}×\dfrac{3}{2}=\dfrac{11}{4}=2\dfrac{3}{4}$（L）

(3) 72×3=216（点） (216+80)÷4=74（点）

(4) B 市の人口は，715×72=51480（人）

(16120+51480)÷(58+72)=520（人）

③ この水田は，15×160=2400（ぱい分）のお米が

収かくされる。1 m² あたり

30000÷3000=10（ぱい分）の収かくができるの

で，水田の広さは，2400÷10=240（m²）

よって，水田の縦の長さは，240÷10=24（m）

④ (1) A…200÷100=2（ふくろ） 2×2=4（個）

1×4=4（mg）

B…200÷50=4（ふくろ） 1×4=4（個）

0.5×4=2（mg）

▂▂▎ステップ3 発展問題　　　　　　本冊→p.49

① (1) 82 点　(2)① 54.25 kg　② 64 kg

② (1) 46 L　(2)① 3：1　② 21：5

③ 229

解き方

① (1)

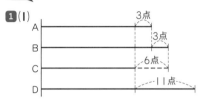

4 人の合計点は，84×4=336（点）で，線分図

より，336−(3+6+11)=316（点）

C の得点は，316÷4=79（点）

よって，A の得点は，79+3=82（点）

(2)① 体重の軽い順に A，B，C，D とすると，

```
      A+B+C   =51×3=153
      A+B  +D=53×3=159
      A+  C+D=55×3=165
  +)    B+C+D=58×3=174
  (A+B+C+D)×3   =651
      A+B+C+D=651÷3=217
```

よって，4 人の平均体重は，

217÷4=54.25（kg）

② 217−153=64（kg）

② (1) 30−26=4（L）　50 km 走るのにガソリンは 4 L

いるので，200 km 走るには，200÷50=4

4×4=16（L）必要となる。

よって，30+16=46（L）

(2)① C 町の人口密度は変わらないので，3 つの町

の人口密度は 65 人になる。

よって，人口密度は，A 町 70−65=5（人）

減り，B 町は 65−50=15（人）増えたので，

A から B に引っこした人を□人とすると，

□÷(A の面積)=5　(A の面積)=$□÷5=\dfrac{□}{5}$

□÷(B の面積)=15　(B の面積)=$□÷15=\dfrac{□}{15}$

(A の面積)：(B の面積)

$=\dfrac{□}{5}：\dfrac{□}{15}=\dfrac{□×3}{15}：\dfrac{□}{15}=3：1$

⊙ ココに注意 ------------------------

人口が同じとき，面積の比と人口密度の比は逆比になる。

----

② A の人口を Ⓐ人，B の人口を Ⓑ人とすると，

第1章
第2章
第3章
第4章
第5章
第6章
第7章
中学入試 予想問題

25

Ⓐ÷3=70　Ⓐ=70×3=210
Ⓑ÷1=50　Ⓑ=50×1=50
よって，210：50=21：5

3 68.5×1000×1000×1000=68500000000 (g)
牛乳パックの個数は，
68500000000÷50=1370000000 (個)
これらでさく減できる二酸化炭素のはい出量は，
1370000000×23.4=32058000000 (g)
=32058000 kg
1本のスギの木で二酸化炭素 14 kg を吸収するので，
32058000÷14÷10000=228.9… (万本)

6 速 さ

ステップ**1** 基本問題　　　本冊 → p.50〜51

1 (1) 秒速 8 m　(2) 6.2 分　(3) 50 秒
(4) 270 km　(5) 1575 m

2 (1) 分速 1000 m，秒速 $\frac{50}{3}$ m
(2) 時速 9.6 km　(3) 時速 3.6 km
(4) 13 分　(5) 300 km

3 (1) 210　(2) 36　(3) 15
(4)(順に) 25，240

4 (1) 10 分間　(2) 600 m

解き方

1 (1) 360÷45=8 (m/秒)
(2) 465÷75=6.2 (分)
(3) 240÷4.8=50 (秒)
(4) 45×6=270 (km)
(5) 300×5.25=1575 (m)

2 (1) 60×1000÷60=1000 (m/分)
1000÷60=$\frac{50}{3}$ (m/秒)
(2) 7.2÷$\frac{45}{60}$=$\frac{72}{10}$×$\frac{60}{45}$=$\frac{48}{5}$=9.6 (km/時)
(3) 8 時 16 分−7 時 48 分=28 分
1680 m=1.68 km
1.68÷$\frac{28}{60}$=$\frac{168}{100}$×$\frac{60}{28}$=$\frac{18}{5}$=3.6 (km/時)
(4) 10.4÷48=$\frac{104}{10}$×$\frac{1}{48}$=$\frac{13}{60}$ (時間)
$\frac{13}{60}$×60=13 (分)

(5) 120×2$\frac{30}{60}$=120×$\frac{5}{2}$=300 (km)

3 (1) 100×20=2000 (m)
6200−2000=4200 (m)
4200÷(40−20)=210 (m/分)
(2) 250×10=2500 (m)=2.5 km
26.5−2.5=24 km
24÷40=$\frac{3}{5}$ (時間)　$\frac{3}{5}$×60=36 (分間)
(3) 1.5÷18=$\frac{15}{10}$×$\frac{1}{18}$=$\frac{1}{12}$ (時間)
$\frac{1}{12}$×60=5 (分)　1500÷75=20 (分)
20−5=15 (分)
(4) 3000÷150=20 (分)　3000÷600=5 (分)
往復したときにかかる時間は，20+5=25 (分)
平均の速さは，(3000×2)÷25=240 (m/分)

4 (1) グラフより，1 目もりは 5 分になる。スーパー
にいた時間は 2 目もりなので，5×2=10 (分間)
(2) A さんの速さは，20 分で 1500 m 進んでいる
ので，1500÷20=75 (m/分)
家を出発して 50 分後に家に帰っているので，
42 分後の A さんと家とのきょりは，
50−42=8 (分間) A さんが進んだきょりである。
よって，75×8=600 (m)

ステップ**2** 標準問題　　　本冊 → p.52〜p.53

1 (1) 12　(2) 6　(3) 120　(4) 4.8

2 (1) 分速 60 m　(2) 時速 $\frac{20}{3}$ km

3 (1) 800 m　(2) 360 m　(3) 1 m　(4) 5：4

4 (1) 時速 90 km　(2) 7 時 9 分　(3) 10 分間

解き方

1 (1) 4×$\frac{30}{60}$=2 (km)　2÷10=$\frac{1}{5}$ (時間)
$\frac{1}{5}$×60=12 (分)
(2) 4×$\frac{15}{60}$=1 (km)　1÷$\frac{10}{60}$=6 (km/時)
(3) 90×1000÷60=1500 (m)
27×60=1620 (m)
1620−1500=120 (m)
(4) 12÷6=2 (時間)　12÷4=3 (時間)
2+3=5 (時間)　(12×2)÷5=4.8 (km/時)

2 (1) (3.6×2×1000)÷80=90 (分)
3.6×1000÷120=30 (分)　90−30=60 (分)

3600÷60=60 (m/分)

(2) 600 m=0.6 km　0.6÷12=0.05 (時間)

1−0.6=0.4 (km)　0.4÷4=0.1 (時間)

$1÷(0.05+0.1)=1÷\dfrac{15}{100}=\dfrac{20}{3}$ (km/時)

3 (1) 午前 8 時−午前 7 時 54 分=6 分

　　　　　　　歩き：自転車

　　速さの比　　80：200

　　　　　＝　　2：5　　　　⑤−②=③=6 分

　　時間の比　⑤：②　　　　①=2 分

　　　　　　　　差　　　　　②=4 分

　　よって，200×4=800 (m)

(2) 　　　　　　行き：帰り

　　速さの比　　90：60

　　　　　＝　　3：2　　　　②+③=⑤=10 分

　　時間の比　②：③　　　　①=2 分

　　　　　　　　和　　　　　②=4 分

　　よって，90×4=360 (m)

(3) 100−10=90 (m)

　　　　　　太郎さん：次郎さん

　　道のりの比　100：90

　　　　　　　＝ ⑩：⑨

　　⑩=100+10=110 (m)

　　①=110÷10=11 (m)　⑨=11×9=99 (m)

　　よって，100−99=1 (m)

(4) 太郎さんが 8 歩で走るきょりを，花子さんは 7 歩で走るので，太郎さんと花子さんの歩幅の比は 7：8，太郎さんと花子さんの同じ時間に進む歩数の比は 10：7 なので，

　　(7×10)：(8×7)＝70：56＝5：4

!ココに注意

歩幅の比が A：B＝○：□，歩数の比が A：B＝◇：△

のとき，速さの比は A：B＝○×◇：□×△

(別解) 太郎さんが 10 歩走る間に，花子さんは太郎さんの 8 歩分のきょりを走るので，10：8＝5：4

4 (1) 急行列車は，6 時 55 分−6 時 45 分=10 分間

で，15 km 進む。

よって，$15÷\dfrac{10}{60}=90$ (km/時)

(2) 36÷90=0.4 (時間)　0.4×60=24 (分)

よって，6 時 45 分+24 分=7 時 9 分

(3) 普通列車の C 駅到着時刻は，

7 時 9 分+19 分=7 時 28 分

普通列車は 6 時 50 分−6 時 30 分=20 分間

で 15 km 進むので，普通列車の速さは，

$15÷\dfrac{20}{60}=45$ (km/時)

普通列車が 36 km 進むのにかかる時間は，

36÷45=0.8 (時間)　0.8×60=48 (分)

普通列車が A 駅を出発し C 駅に到着するまでにかかった時間は，

7 時 28 分−6 時 30 分=58 分

よって，B 駅で停車した時間は，

58−48=10 (分間)

ステップ3 発展問題　　本冊 → p.54〜55

1 (1) 2 時間 3 分 20 秒後　(2) 105 m

(3) 分速 72 m　(4) 2：3

2 (1) 8 m　(2)① 5：4　② 秒速 6.25 m

3 (1) ア…108，イ…108÷(72−48)，

ウ…4.5，エ…2：3　オ…4

(2) (説明の例)きょりが一定のとき，進む速さと，かかる時間の比は逆比になる。

(3) 288 km

4 (1) 分速 180 m

(2) A…75 分間，B…50 分間，

C…50 分間

(3) 3000 m

解き方

1 (1) 上り坂の速さは，60×(1−0.2)=48 (m/分)

下り坂の速さは，60×(1+0.25)=75 (m/分)

A 町から峠までは，$4000÷48=83\dfrac{1}{3}$ (分) かかり，峠から B 町までは，3000÷75=40 (分) かかる。

よって，A 町から B 町までは，

$83\dfrac{1}{3}+40=123\dfrac{1}{3}$ (分) かかる。$\dfrac{1}{3}$ 分=20 秒

よって，2 時間 3 分 20 秒後に着く。

(2) A さんの速さは，22500÷75=300 (m/分)

B さんが 300 m 走るのにかかる時間は，

300÷100×13=39 (秒)

A さんが 39 秒間で走るきょりは，

$300×\dfrac{39}{60}=195$ (m)

よって，300−195=105 (m)

(3) 家から学校までのきょりを 120 と 90 の最小公倍数の 360 m とすると，

$360\div120=3$（分）　$(360\times2)\div90=8$（分）

$8-3=5$（分）

よって，歩く速さは，$360\div5=72$（m/分）

(4) Aさんが18歩で歩く道のりを，Bさんは14

歩で歩くので，歩幅の比は，$14:18=7:9$

よって，AさんとBさんの速さの比は，

$(7\times30):(9\times35)=210:315=2:3$

2 (1) 3人の速さの比を求めると，

	A：B		B：C
時間の比	$14.4:16.2$	時間の比	$16.2:18$
	$=\ 8:9$		$=\ 9:10$
速さの比	$9:8$	速さの比	$10:9$

　　　　　　A：B：C

　　　　　　$9\ :\ 8$

　　　　　　　　$10\ :\ 9$

速さの比　$45:40:36$

同じ時間に進むきょりの比は，速さの比と等し

いので，3人の進むきょりは，

A：B：C＝㊺：㊵：㊱

㊺＝90 m より，①＝2 m

BさんとCさんの差は，㊵－㊱＝④

よって，④＝$2\times4=8$（m）

(2)① かな子さんが125 m走るのにかかる時間と，

しおりさんが100 m走るのにかかる時間が同

じなので，

　　　　かな子さん：しおりさん

きょりの比　$125:100$

　　　　　＝　$5:4$

速さの比　　　$5:4$

② 　かな子さん：しおりさん

速さの比　　$5:4$

時間の比　④：⑤　　　⑤－④＝①＝4 秒

　　　　　　差　　　　④＝16 秒

よって，$100\div16=6.25$（m/秒）

3 (1) $72\times\dfrac{30}{60}=36$（km）　$48\times\dfrac{90}{60}=72$（km）

よって，**ア**は $36+72=108$（km）

同じ時間進んで108 kmの差になるので，予定

の時間は，$108\div(72-48)=4.5$（時間）

よって，**イ**は$108\div(72-48)$，**ウ**は4.5

72 km/時：48km/時

速さの比　$72:48$　　③－②＝①

　　　　　＝　$3:2$　　　　　$=\dfrac{30}{60}+1\dfrac{30}{60}$

時間の比　②：③　　　　　　$=2$（時間）

　　　　　　差　　　　②＝$2\times2=4$（時間）

よって，**エ**は $2:3$，**オ**は4

(3)(1)**オ**より，$72\times4=288$（km）

4 (1)

　　　　　　　　　A：B

速さの比　$240:200$

　　　　　＝　　$6:5$

時間の比　⑤：⑥　　　　⑥－⑤＝①＝6 分

　　　　　　差　　　　　⑥＝36 分

$200\times36=7200$（m）を3人は走ったことにな

る。

このきょりをCは $36+4=40$（分）で走ったの

で，Cの走る速さは，

$7200\div40=180$（m/分）

別解 Bが36分走ったところまでは上と同じ。

Cは $36+4=40$（分）走ったので，

　　　　　　　B：C

時間の比　$36:40$

　　　＝　$9:10$

速さの比　$10:9$

よって，Cの走る速さは，$200\times\dfrac{9}{10}=180$（m/分）

(2)　　　　　　　A：B：C

速さの比　$240:200:180$

　　　　　＝$12:10:\ 9$

同じ時間に進むきょりの比は，速さの比と同じ

なので，A：B：C＝⑫：⑩：⑨ とすると，

B＝⑩，C＝⑨，A＝⑨×2＝⑱ 進んだことに

なる。

⑱＋⑩＋⑨＝㊲＝37 km より，

①＝1 km なので，

Aは18 km，Bは10 km，Cは9 km走ったこ

とになる。

よってAは，$18000\div240=75$（分間）

Bは，$10000\div200=50$（分間）

CはBと同じ時間走ったので，50分間

(3)同じきょりを走るのにかかる時間の比は，速さ

の比の逆比なので，(2)より，

A：B：C＝$\dfrac{1}{12}:\dfrac{1}{10}:\dfrac{1}{9}$＝⑮：⑱：⑳

⑮＋⑱＋⑳＝㊼＝$44\dfrac{10}{60}$ 分より，

①＝$44\dfrac{10}{60}\div53=\dfrac{265}{6}\times\dfrac{1}{53}=\dfrac{5}{6}$（分）

Aが走った時間は，⑮＝$\dfrac{5}{6}\times15=\dfrac{25}{2}$（分）

よって，$240\times\dfrac{25}{2}=3000$（m）

! ココに注意

逆比を考えるとき，項が 2 つの場合は，前項と後項を入れかえるだけでもよいが，連比の場合は，逆数の比にしなくてはいけない（「12：10：9」の逆比を「9：10：12」とするのはまちがい）。

🧠 理解度診断テスト ②

本冊 → p.56～p.57

理解度診断 A…**80点以上**，B…**60～79点**，C…**59点以下**

1 (1) 1 時間 8 分 25 秒　(2) 4968 秒
　　(3) 94 点　(4) 3.348 kg
　　(5) 135 分　(6) 50 個
　　(7) 7.5 %　(8) 234 円

2 (1) 5：3：2　(2) 10 人
　　(3) 時速 4 km

3 (1) なおきさんが先に 0.25 m の差をつけてゴールインした。
　　(2) 17.1 秒

4 (1) 275 本　(2) 8 人

解き方

1 (1) $4105 \div 60 = 68$ (分) あまり 25 (秒)
　　$68 \div 60 = 1$ (時間) あまり 8 (分)

(2) 5 時間 45 分 $= 345$ 分
　　$345 \times 0.24 = 82.8$ (分)
　　$82.8 \times 60 = 4968$ (秒)

(3) $74 \times 4 = 296$ (点)
　　$296 - (66 + 71 + 65) = 94$ (点)

(4) $930 \times 3.6 = 3348$ (g) $= 3.348$ kg

(5) $18 \div 8 = 2.25$ (時間)
　　$2.25 \times 60 = 135$ (分)

(6) 大の歯車の歯を□個とすると，
　　$\square \times 7 = 25 \times 14 = 350$
　　　$\square = 350 \div 7 = 50$ (個)

(7)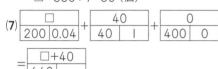

$$= \frac{\square + 40}{640}$$

$\square = 200 \times 0.04 = 8$ (g)
$8 + 40 = 48$ (g)
$48 \div 640 = 0.075 \rightarrow 7.5$ %

(8) 定価…$200 \times (1 + 0.3) = 260$ (円)
　　売り値…$260 \times (1 - 0.1) = 234$ (円)

2 (1) $A \times 6 = B \times 10 = C \times 15 = 1$ とおく。

$A : B : C = \dfrac{1}{6} : \dfrac{1}{10} : \dfrac{1}{15}$

$\quad\quad\quad = \dfrac{1}{6} \times 30 : \dfrac{1}{10} \times 30 : \dfrac{1}{15} \times 30$

$\quad\quad\quad = 5 : 3 : 2$

(2) 男子：女子 $= ⑤ : ④$ とすると，
　　$⑤ + ④ = ⑨$ 36 人より，
　　$① = 36 \div 9 = 4$ (人)
　　男子は，$⑤ = 4 \times 5 = 20$ (人)
　　女子は，$④ = 4 \times 4 = 16$ (人)
　　$20 \times 0.3 + 16 \times 0.25 = 10$ (人)

(3) $6 \times \dfrac{30}{60} = 3$ (km)

往復にかかった時間は，

$(3 \times 2) \div 4.8 = 1\dfrac{1}{4}$ (時間)

帰りにかかった時間は，

$1\dfrac{1}{4} - \dfrac{1}{2} = \dfrac{3}{4}$ (時間)

よって，$3 \div \dfrac{3}{4} = 4$ (km/時)

3 (1) 同じ時間に進むきょりの比は，
　　なおきさん：あきこさん $= 100 : 95 = ⑳ : ⑲$
　　なおきさんが $100 + 5 = 105$ (m) 走ったとき，
　　$⑳ = 105$ m より，$① = 105 \div 20 = 5.25$ (m)
　　あきこさんは，$⑲ = 5.25 \times 19 = 99.75$ (m) 走った。
　　よって，なおきさんが先に
　　$100 - 99.75 = 0.25$ (m) の差をつけてゴールインした。

(2) 同じ時間に進むきょりの比と速さの比は等しいので，
　　速さの比は，
　　なおきさん：あきこさん $= ⑳ : ⑲$
　　同じきょりを進むとき，速さの比と時間の比は逆比なので，
　　時間の比は，
　　なおきさん：あきこさん $= ⑲ : ⑳$
　　$⑳ = 18$ 秒 より，
　　$① = 18 \div 20 = 0.9$ (秒)
　　$⑲ = 0.9 \times 19 = 17.1$ (秒)

4 (1)はじめにふくろ A に入っていたえんぴつを①と
すると，

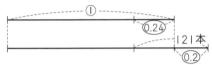

⓪.24＋⓪.2＝⓪.44＝121（本）より，
①＝121÷0.44＝275（本）

(2)はじめに 275×0.24＝66（本）を x 本ずつ配っ
たので，はじめに配った生徒の人数は 66 の約
数になる。

あとから 275×(1＋0.2)×0.4＝132（本）を y 本
ずつ配ったので，あとから配った生徒の人数は
132 の約数になる。

66 の約数は，1，2，3，6，11，22，33，66
132 の約数は，1，2，3，4，6，11，12，22，
33，44，66，132

あとから配った人数は，はじめに配った人数よ
り 4 人多いので，66 の約数のうち，4 を加えて
132 の約数になるものは 2 だけである。

よって，2＋6＝8（人）
          差4

第3章　データの活用

1 グラフと資料

ステップ1 基本問題
本冊 → p.58

1 (1) 3 人　(2) 38％　(3) 36°
2 (1) 40 人　(2) 70％

解き方
1 (1) 50−(19＋9＋8＋6＋5)＝3（人）
  (2) 19÷50＝0.38 → 38％
  (3) 50 人で 360° なので，$360°×\dfrac{5}{50}＝36°$
2 (1) それぞれの区間の人数をすべてたす。
    8＋12＋8＋6＋4＋2＝40（人）
  (2) 20 分未満の人は全部で，8＋12＋8＝28（人）
    28÷40＝0.7 → 70％

ステップ2 標準問題
本冊 → p.59

1 (1) 84 台　(2) 300 枚
2 (1) 450 人　(2) 108 人　(3) 24％

解き方
1 (1) 自転車の割合は 42％ なので，
    200×0.42＝84（台）
  (2) 青の紙の割合は，73−48＝25（％）なので，
    75÷0.25＝300（枚）
2 (1) 270÷0.6＝450（人）
  (2) 270×0.4＝108（人）
  (3) 108÷450＝0.24 → 24％

ステップ3 発展問題
本冊 → p.60

1 (1) 5 cm　(2) 128 人
2 (1)

身長(cm)		人数(人)
140 以上～145 未満		3
145	～150	5
150	～155	8
155	～160	6
160	～165	5
165	～170	2
170	～175	1
合計		30

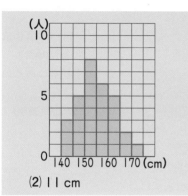

(2) 11 cm

⊙ **解き方**

1 (1) $80 \div 480 = \dfrac{1}{6}$　$30 \times \dfrac{1}{6} = 5$（cm）

(2) $480 \times \dfrac{8}{30} = 128$（人）

2 (1)

身長(cm)	人数(人)
140 以上～145 未満	下
145　　～150	正
150　　～155	正下
155　　～160	正一
160　　～165	正
165　　～170	丅
170　　～175	一
合計	30

⊙ **ココに注意** ----------------------------

「以上」，「未満」に気をつけて，資料の数字を「正」を使って整理しよう。

----

(2) 前から 8 人目の身長は 149 cm で，後ろから 8 人目の身長は 160 cm なので，
160 − 149 = 11（cm）

---

2 場合の数

ステップ1 基本問題　　本冊 → p.61 ～ 62

1 (1) 6 通り　(2) 12 通り　(3) 4 通り
2 (1) 10 通り　(2) 15 試合
3 (1) 9 通り　(2) 24 通り
4 24 種類
5 (1) 4 通り　(2) 6 通り
6 (1) 6 通り　(2) 19 通り
7 (1) 20 通り　(2) 9 通り　(3) 11 通り
8 9 通り

⊙ **解き方**

1 (1)
A< B—C / C—B　　B< A—C / C—A　　C< A—B / B—A　　6 通り

(2)
□1< □2 / □3 / □4　　□2< □1 / □3 / □4　　□3< □1 / □2 / □4　　□4< □1 / □2 / □3　　12 通り

(3) 表を○，裏を×とすると，
○< ○ / ×　　×< ○ / ×　　4 通り

2 (1) 5 人を A，B，C，D，E とすると，

A< B / C / D / E　　B< C / D / E　　C< D / E　　D—E の 10 通り

〔別解〕 5 人から 2 人選んで並べると，全部で
5×4 = 20（通り）
(A, B)，(B, A) の並べ方は同じ組み合わせなので，
20÷2 = 10（通り）

(2) (1)の〔別解〕と同じように考えて，6×5÷2 = 15（試合）

3 (1)
□0< □1—□2 / □3　　□0< □2—□1 / □3　　□0< □3—□1 / □2　　3×3 = 9（通り）

(2) 一の位が □2 のとき，

百の位　十の位
□1< □3—□4 / □5　　□3< □4 / □5　　□4< □3 / □5　　□5< □3 / □4　　12 通り

一の位が □4 のときも同じように 12 通りあるので，
12×2 = 24（通り）

4 3 か所を 3 色でぬり分けるので，**ア～ウ**はすべて異なる色になる。**ア**を赤にするとき，

ア　イ　ウ

赤 — 青< 黄 / 白　　赤 — 黄< 青 / 白　　赤 — 白< 青 / 黄　　6 通り

同じようにして，**ア**が青，黄，白の場合もあるので，
6×4 = 24（通り）

5 (1) 白が 2 個の場合　白1< 白2 / 白3　　白2—白3　　3 通り

赤が 2 個の場合　赤1—赤2　　1 通り
よって，3+1 = 4（通り）

(2)
白1< 赤1 / 赤2　　白2< 赤1 / 赤2　　白3< 赤1 / 赤2　　6 通り

6 (1) 和の表をかく。

和	1	2	3	4	5	6
1	2	3	4	5	6	7
2	3	4	5	6	7	8
3	4	5	6	7	8	9
4	5	6	7	8	9	10
5	6	7	8	9	10	11
6	7	8	9	10	11	12

6 通り

(2) 積の表をかく。

積	1	2	3	4	5	6
1	1	2	3	4	5	6
2	2	4	6	8	10	12
3	3	6	9	12	15	18
4	4	8	12	16	20	24
5	5	10	15	20	25	30
6	6	12	18	24	30	36

19 通り

7 (1)
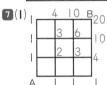
20 通り

(2)
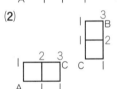
3×3=9（通り）

(3) C を通らない行き方は，
（全部の行き方）−（C を通る行き方）なので，
20−9=11（通り）

8

100 円玉（枚）	2	1	1	1	0	0	0	0	0
50 円玉（枚）	0	2	1	0	4	3	2	1	0
10 円玉（枚）	1	1	6	11	1	6	11	16	21

9 通り

ステップ2 標準問題　本冊 → p.63〜p.64

1 (1) 48 通り　(2) 12 個　(3) 10 個
　　(4) 16 通り
2 (1) 12 通り　(2)① 48 通り　② 480 通り
3 (1) 6 通り　(2) 15 通り
4 (1) 7 通り　(2) 55 種類
5 (1) 6 通り　(2) 36 通り　(3) 25 通り

解き方

1 (1) 0 は百の位にはならない。

百の位　十の位　一の位
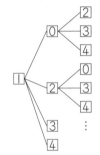
同じようにして，百の位が 2，3，4 の場合も（4×3）通りずつあるので，
（4×3）×4=48（通り）

(2) 百の位が 5 のとき
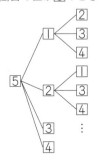
4 × 3 = 12（個）

(3) 一の位が 0 のときと 5 のときを，(1)(2) と同じように考える。
一の位が 0 のとき
百の位　十の位
　3 × 2 ＝6（個）
一の位が 5 のとき，0 は百の位にはならないので，
百の位　十の位
　2 × 2 ＝4（個）
よって，6+4 = 10（個）

(4)「つける」ときは「○」，「消す」ときは「×」とすると，
1 階　2 階　3 階
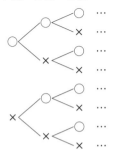
2 通りずつ 4 階まであるので，
2×2×2×2=16（通り）

2 (1) CD を 1 枚のカードと考えると，カードは全部で 3 枚と考えられるので，3 枚のカードの並べ方は，3×2×1=6（通り）
DC も同様なので，6×2=12（通り）

⚠ ココに注意 ·····················

CとDがとなりあって並ぶのは，CDとDCの2通りの場合がある。

·····················

(2)①男子が1番目と6番目に走る順番は，
2×1=2（通り）
女子が走る順番は，4×3×2×1=24（通り）
よって，2×24=48（通り）

②（男子が続けて走らない場合の数）＝（すべての場合の数）－（男子が続けて走る場合の数）
すべての場合の数は，
6×5×4×3×2×1=720（通り）
男子2人をA，Bとし，ABで1人と考えると1チーム5人なので，5×4×3×2×1=120（通り）。BAで1人と考える場合も同じである。
よって，720−120×2=480（通り）

3 並べる位置を次のようにA～Fとする。

(1)A～Fのどこか1か所が白玉になるので，6通り

(2)A～Fのどこか2か所が白玉になるので，

A〈B C D E F〉B〈C D E F〉C〈D E F〉D〈E F〉E－F の15通り

別解 6個から2個選んで並べると，全部で
6×5=30（通り）
(A, B)，(B, A)の並べ方は同じ組み合わせなので，
30÷2=15（通り）

4(1)

100円玉（枚）	3	2	2	1	1	0	0
50円玉（枚）	0	2	1	4	3	6	5
10円玉（枚）	0	0	5	0	5	0	5

7通り

(2)支払うことのできる金額を百円の位で整理して表にする。十円の位は10円玉3枚と50円玉1枚を使ってできる金額を考える。

0円は支払うと考えない。

7通り

	0	10	20	30	50	60	70	80
100円玉が0枚（円）	0	10	20	30	50	60	70	80
100円玉が1枚（円）	100	110	120	130	150	160	170	180
⋮				⋮				
100円玉が5枚（円）	500	510	520	530	550	560	570	580
100円玉が5枚 50円玉が2枚	600	610	620	630	650	660	670	680

8通り

7×8−1=55（種類）

5(1)さいころを2回ふって，円Bの位置にあるのは，2回の目の和が7のときである。和の表をかくと，

	1	2	3	4	5	6
1	2	3	4	5	6	7
2	3	4	5	6	7	8
3	4	5	6	7	8	9
4	5	6	7	8	9	10
5	6	7	8	9	10	11
6	7	8	9	10	11	12

6通り

(2)さいころを3回ふって，円Dの位置にあるのは，3回の目の和が3，9，15のときである。
（3のとき）
3回目が1で，その前の2回の和が2のときだけなので，1通り。
（9のとき）
3回目が1の場合，前の2回の和が8なので，和の表より8のときは，5通り。
3回目が2の場合，前の2回の和が7なので，和の表より7のときは，6通り。
同じようにして，3回目が3～6の場合を考えると，前の2回の和が6～3まであるので，
5+6+5+4+3+2=25（通り）
（15のとき）
3回目が3～6の場合，前の2回の和が12～9まであるので，
1+2+3+4=10（通り）
よって，1+25+10=36（通り）

(3)1回目と2回目にDに止まった場合を考えて，それを(2)の答えからひけばよい。
（3のとき）1，2回目にDに止まることはない。
（9のとき）
1回目が3でDに止まる場合，2，3回目の和が6になるので，和の表より，5通り。
2回目にDに止まる場合，1，2回目の和が3になるので，和の表より，2通り。
よって，5+2=7（通り）
（15のとき）
1回目が3でDに止まる場合，2，3回目の和が12になるので，和の表より，1通り。
2回目に9でDに止まる場合，1，2回目の和が9になるので，和の表より，4通り。
ただし，この4通りの中に1回目が3でDに止まった(3, 6)の場合がふくまれるので，それをひいて，1+4−1=4（通り）
よって，1，2回目にDに止まるのは，

7+4=11（通り）なので，1，2回目にDに止まらないのは，36-11=25（通り）

(別解)(1)小さい円は6個あり，さいころの目も6通りあるので，小さい円の選び方で考える。

1回目　2回目
□　　　Ⓑ
6　×　1　=6（通り）
（A〜F）

(2)1回目　2回目　3回目
□　　　□　　　Ⓓ
6　×　6　×　1　=36（通り）

(3)1回目　2回目　3回目
□　　　□　　　Ⓓ
5　×　5　×　1　=25（通り）
（Dをのぞく A，B，C，E，F）（Dをのぞく A，B，C，E，F）

ステップ3 発展問題

本冊→p.65

1　(1)10通り　(2)19通り　(3)8通り
2　(1)6種類　(2)12種類　(3)71種類
3　30通り

解き方

1 (1)3個の数の和が偶数になるのは，
偶数+偶数+偶数か奇数+奇数+偶数。
偶数+偶数+偶数…1から6までの3個の偶数のうち3個を選ぶので1通り。
奇数+奇数+偶数…1から6までの3個の奇数のうち2個を選ぶ選び方は，$\frac{3\times2}{2\times1}$=3（通り）
3個の偶数のうち1個を選ぶ選び方は3通りなので，3×3=9（通り）
よって，1+9=10（通り）

(2)(3個の数の積が偶数になる場合の数)=(すべての場合の数)-(3個の数の積が奇数になる場合の数)
すべての場合の数…$\frac{6\times5\times4}{3\times2\times1}$=20（通り）
3個の数の積が奇数になる場合の数は，3個とも奇数のときなので，1通り。
よって，20-1=19（通り）

(3)和が6…(1，2，3)
和が9…(1，2，6)(1，3，5)(2，3，4)
和が12…(1，5，6)(2，4，6)(3，4，5)
和が15…(4，5，6)　よって，8通り。

2 (1)
6種類

(2)
12種類

(3)123のカードとも4枚ずつあるとすると，4けたの整数は，3×3×3×3=81（通り）
しかし，2のカードは3枚，3のカードは2枚しかないので，つくれない整数は
2のカードが4枚のとき，2222の1通り
3のカードが4枚のとき，3333の1通り
3のカードが3枚のとき，
1333　3133　3313　3331
2333　3233　3323　3332
の8通り
よって，81-(1+1+8)=71（種類）

3 AからBまで最短きょりで行くには，上(↑)方向に2回，右(→)方向に2回，ななめ(↗)方向に1回行けばよい。すなわち↑↑→→↗の5枚のカードの並べ方と同じになる。
↑2枚の並べ方は，5か所から2か所を選ぶので，$\frac{5\times4}{2\times1}$=10（通り）
→2枚の並べ方は，残りは3か所から2か所を選ぶので，$\frac{3\times2}{2\times1}$=3（通り）
↗1枚の並べ方は，残り1か所なので，1通り
よって，10×3×1=30（通り）

理解度診断テスト ③

本冊→p.66〜p.68

理解度診断 A…80点以上，B…60〜79点，C…59点以下

1　(1)10%　(2)9：5　(3)3200冊
　　(4)1.8 cm
2　(1)40人　(2)20%　(3)4番目
　　(4)7.2秒以上7.4秒未満
3　(1)35点　(2)80点　(3)75点　(4)70点
4　(1)13人
　　(2)7人

（考えた過程の例）体育の先生の人数が全体の 12.25 % 以上 12.35 % 未満なので，4 科目の先生の人数は全体の 87.65 % 以上 87.75 % 未満になる。

(1)より，4 科目の先生の人数は 50 人なので，

50÷0.8775＝56.98…

50÷0.8765＝57.04…

56.98 より大きく 57.04 以下の整数は 57 なので，5 科目の先生の人数は 57 人になる。

よって，体育の先生は，57－50＝7（人）

5 (1) 13 通り　(2) 48 通り

　　(3) 28 試合　(4) 16 通り

6 (1) 160 通り　(2) 15 通り

7 (1) 252 通り　(2) 30 通り　(3) 13 通り

8 (1) 8 通り　(2) 25 通り

解き方

1 (1) 100－(27＋25＋15＋23)＝10 (%)

(2) 27 % : 15 %＝9 : 5

(3) 800÷0.25＝3200 (冊)

(4) 科学は 15 % なので，12×0.15＝1.8 (cm)

2 (1) 3＋5＋7＋12＋6＋4＋2＋1＝40 (人)

(2) 7.2 秒未満の人は，3＋5＝8 (人)

8÷40＝0.2 → 20 %

(3) 7.0 秒未満の人は 3 人なので，3＋1＝4 (番目)

(4) 6.8 秒以上 7.0 秒未満…3 人←1 番目～3 番目

7.0 秒以上 7.2 秒未満…5 人←4 番目～8 番目

7.2 秒以上 7.4 秒未満…7 人←9 番目～15 番目

よって，おさむさんは，7.2 秒以上 7.4 秒未満

3 (1) 100－65＝35 (点)

(2) (85＋70＋65＋100＋70＋87＋90＋95＋75

＋70＋73)÷11＝80 (点)

(3) 得点を低いほうから順に並べると，

よって，75 点

！ココに注意

データを大きさの順で並べたときの中央の値を，中央値という。データが奇数個のときはその中央の値，偶数個のときは中央の 2 個の平均値になる。

(4) 70 点が 3 人でいちばん多いので，70 点

！ココに注意

最も個数が多いデータの値を，最ひん値という。

4 (1) 4 科目の先生の合計人数は，12÷0.24＝50 (人)

国語の割合は，$100×\dfrac{108}{360}＝30$ (%)

国語の先生は，50×0.3＝15 (人)

よって，算数の先生は，

50－(15＋12＋10)＝13 (人)

5 (1) 百の位を決めてから十の位，一の位を樹形図にかく。

㋐百の位が 1 のとき，残りの 1 2 3 は，

7 通り

㋑百の位が 2 のとき，残りの 1 3 は，

3 通り

㋒百の位が 3 のとき，百の位が 2 のときと同じになるので，3 通りある。

よって，7＋3＋3＝13 (通り)

(2)

女の子の並び方は，A が左はしにくる並び方が 6 通りあるので，B，C，D が左はしにきても，それぞれ 6 通りずつある。

よって，6×4＝24 (通り)

両はしの男の子は，(X，Y) と (Y，X) の 2 通りの並び方がある。よって，24×2＝48 (通り)

(3) 8 チームをそれぞれ A，B，C，D，E，F，G，H とすると，

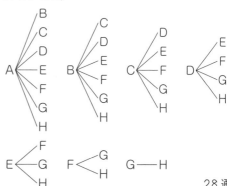

28 通り

別解 8 チームから 2 チームを選んで，それを並べる

と，全部で，8×7=56（通り）

（A，B）と（B，A）の並べ方は同じ組み合わせなので，56÷2=28（通り）

(4)コインの表を○，裏を×として，1回目に表が出た樹形図をかくと，

1回目 2回目 3回目 4回目

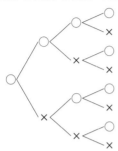

8通り

1回目に裏が出たときも，同じように8通りある。

よって，8×2=16（通り）

6(1)500円玉が，0枚，1枚，2枚，3枚のときに場合分けして，金額を表にする。

	7通り		⋯		7通り		
500円玉0枚	0	10	⋯	60	100	⋯	160
500円玉1枚	500	510	⋯	560	600	⋯	660
500円玉2枚	1000	1010	⋯	1060	1100	⋯	1160
500円玉3枚	1500	1510	⋯	1560	1600	⋯	1660
500円玉3枚と100円玉5枚	2000	2010	⋯	2060	2100	⋯	2160

	7通り			7通り			7通り	
200	⋯	260	300	⋯	360	400	⋯	460
700	⋯	760	800	⋯	860	900	⋯	960
1200	⋯	1260	1300	⋯	1360	1400	⋯	1460
1700	⋯	1760	1800	⋯	1860	1900	⋯	1960
2200	⋯	2260						

7×5=35，35×5-1-7-7=160（通り）

別解 できる金額を2けたずつ区切って A B 円とする。A は千の位と百の位の数なので，入る数は00～22の23通りある。B は十の位と一の位の数なので，入る数は00，10，20，…，60の7通りある。

A ，B とも00のときは支払うと考えないので，23×7-1=160（通り）

⚠ ココに注意
500円玉3枚，100円玉7枚，10円玉6枚をすべて使って支払うことができる金額は，
500×3+100×7+10×6=2260（円）

(2)1600-(500+100+10)=990（円）

500円玉（枚）	1	1	1	1	1	0	0	0	0	0	0	0	0	0	0
100円玉（枚）	4	3	2	1	0	9	8	7	6	5	4	3	2	1	0
10円玉（枚）	9	19	29	39	49	9	19	29	39	49	59	69	79	89	99

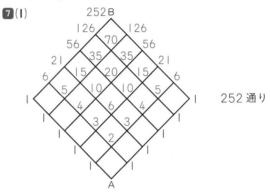

よって，15通り

7(1)

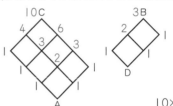

252 通り

(2)移動きょりが最も短くなる経路は必ずCDを通る。

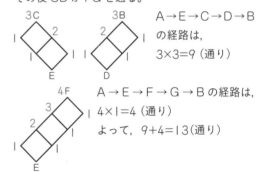

10×3=30（通り）

(3)移動きょりが最も短くなる経路は必ずAEを通り，その後CDかFGを通る。

A→E→C→D→B の経路は，3×3=9（通り）

A→E→F→G→B の経路は，4×1=4（通り）

よって，9+4=13（通り）

8(1)表のとき2つ，裏のとき1つ移動するので，各頂点で，1つ前からくる場合と，2つ前からくる場合の合計が，その頂点までの移動のしかたとなる。

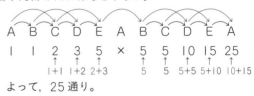

A B C D E A
1 1 2 3 5 8
1+1 1+2 2+3 3+5

よって，8通り

(2)1周目でAにはもどらない。

A B C D E A B C D E A
1 1 2 3 5 × 5 5 10 15 25
1+1 1+2 2+3 5 5+5 5+10 10+15

よって，25通り。

第4章　平面図形

1　平面図形の性質

■■ステップ1 基本問題　　本冊 → p.70～p.71

1　ア…台形，イ…平行四辺形，ウ…長方形，
　エ…ひし形，オ…正方形

2　(1)ア4本，イ3本，ウ2本，
　　オ無数，カ1本，キ6本，
　　ク5本
　(2)ア，ウ，エ，オ，キ（順不同）

3　イ，エ（順不同）

4　(1)$\frac{3}{5}$倍　(2)70°　(3)12cm

5　(1)5cm　(2)750m

6　(1)

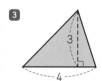

A ──3.6cm──
2.7cm
B

(2)45m

解き方

2

図　形	（正方形）	（正三角形）	（ひし形）	（平行四辺形）
	正方形	正三角形	ひし形	平行四辺形
対称の軸	4本	3本	2本	×
点対称	○	×	○	○

図　形	（円）	（二等辺三角形）	（正六角形）	（正五角形）
	円	二等辺三角形	正六角形	正五角形
対称の軸	無数	1本	6本	5本
点対称	○	×	○	×

！ ココに注意

平行四辺形は線対称な図形ではないことに注意しよう。

3

マス目1つ分の長さを1とすると，色のついた三角形は図のように底辺が4で，高さが3の三角形なので，アからオのうち合同な三角形は，イ，エである。

（三角形　高さ3，底辺4）

4 (1)

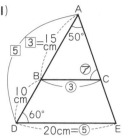

A 50°
[5] [3]=15cm
B ⑦ C
③
10cm
60°
D ──20cm=⑤── E

ピラミッド型の相似を利用する。
△ABC と △ADE は
AB：AD＝15：(15+10)
より，相似比は，3：5
よって，3÷5＝$\frac{3}{5}$（倍）

(2)角⑦は，角 AED と等しいので，
　180°−(50°+60°)＝70°

(3)(1)より，相似比は 3：5 なので，
　⑤＝20cm，③＝20×$\frac{3}{5}$＝12（cm）

5 (1)地図上の長さ：実際の長さ＝1：50000 なので，
　　地図上の長さ　実際の長さ

　　　　×$\frac{1}{50000}$

　　□cm　　　　2.5km

　2.5km＝2500m＝250000cm

　250000×$\frac{1}{50000}$＝5（cm）

(2)地図上の長さ　実際の長さ

　　　×25000

　　3cm　　　□m

　3×25000＝75000（cm）＝750m

6 (1)27m＝2700cm なので

　縦は，2700×$\frac{1}{1000}$＝2.7（cm）

　36m＝3600cm なので

　横は，3600×$\frac{1}{1000}$＝3.6（cm）

　すべての角が 90° になるように分度器ではかって長方形をかく。

(2)(1)の答えの図の AB の長さを定規ではかると，およそ 4.5cm

　答えの図は $\frac{1}{1000}$ の縮図なので，AB はおよそ

　4.5×1000＝4500（cm）＝45m

■■ステップ2 標準問題　　本冊 → p.72～p.73

1　(1)6個　(2)16個

2　(1)エ，ク（順不同）　(2)ウ，カ（順不同）

3　(1)17　(2)60000　(3)25000

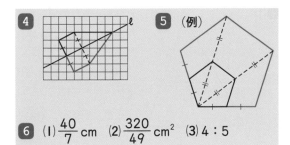

④ / ⑤ （例）

⑥ (1) $\frac{40}{7}$ cm　(2) $\frac{320}{49}$ cm²　(3) 4 : 5

解き方

① (1)
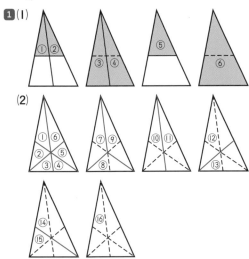

(2)

③ (1)
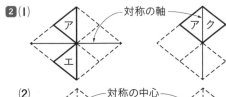
　対称の軸

(2)
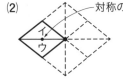
　対称の中心

③ (1) 8.5 km＝8500 m＝850000 cm

$$850000 \times \frac{1}{50000} = 17 \text{ (cm)}$$

(2) 4.8 km＝4800 m＝480000 cm

$$8 \div 480000 = \frac{1}{60000}$$

(3) 4 km＝4000 m＝400000 cm

$$16 \div 400000 = \frac{1}{25000}$$

⑤ 1つの頂点から，残りの4つの頂点までの長さの
2倍のところに点をとり，それぞれを結ぶとよい。

⑥
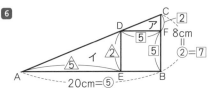

図のように点 A〜点 F とおく。

(1) 三角形 ABC と三角形 DFC は相似なので，

DF : CF＝AB : CB＝20 : 8＝5 : 2

DF＝⑤ とすると CF＝②，四角形 DEBF は正方
形なので，FB＝⑤ BC＝CF＋FB＝②＋⑤＝⑦

⑦＝8 cm より，⑤＝$8 \times \frac{5}{7} = \frac{40}{7}$ (cm)

(2) (1)より，②＝$8 \times \frac{2}{7} = \frac{16}{7}$ (cm)

よって，$\frac{40}{7} \times \frac{16}{7} \div 2 = \frac{320}{49}$ (cm²)

(3) 三角形 ABC と三角形 AED は相似なので，

AE : DE＝5 : 2

AE＝⑤，DE＝② とすると，

(1)より，②＝$\frac{40}{7}$ cm なので，

⑤＝$\frac{40}{7} \times \frac{5}{2} = \frac{100}{7}$ (cm)

三角形**イ**の面積は，

$\frac{100}{7} \times \frac{40}{7} \div 2 = \frac{2000}{49}$ (cm²)

正方形の面積は，$\frac{40}{7} \times \frac{40}{7} = \frac{1600}{49}$ (cm²)

よって，$\frac{1600}{49} : \frac{2000}{49} = 4 : 5$

ステップ3 発展問題　　本冊 → p.74〜p.75

①
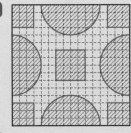

② (1) 2000 分の 1　(2) 520 m　(3) 2400 m²

③ (1) 1 km²　(2) 37 分 30 秒

④ (1)
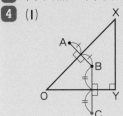

(2) 90°

（説明の例）角 AOX と角 BOX は等しく
（㋐とする），角 BOY と角 COY は等し
い（㋑とする）。

㋐＋㋑＝45° なので，

角 AOC＝㋐＋㋐＋㋑＋㋑

　　　　＝（㋐＋㋑）×2＝45°×2＝90°

5 (1) 36 cm　(2) 50 cm

（解き方）

1 いちばん小さい三角形 ABC から順に広げていく。

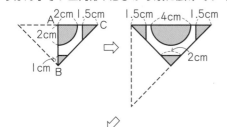

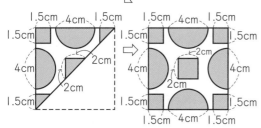

2 (1) 100 m＝10000 cm　5÷10000＝$\frac{1}{2000}$

(2) 6＋7＋5＋1.5＋1＋5.5＝26 (cm)

26×2000＝52000 (cm)＝520 m

(3) 1×2000＝2000 (cm)＝20 m

3×2000＝6000 (cm)＝60 m

4×2000＝8000 (cm)＝80 m

60×20＋20×(80－20)＝2400 (m²)

（！ ココに注意）-------------------------------

地図上の校舎の面積は，3×1＋1×(4－1)＝6 (cm²)

6×2000＝12000 (cm²)＝1.2 m² ではない。

----

3 (1) 縦…1×50000＝50000 (cm)＝500 m＝0.5 km

横…4×50000＝200000 (cm)＝2000 m＝2 km

0.5×2＝1 (km²)

(2) (0.5＋2)×2＝5 (km)　5÷8＝$\frac{5}{8}$ (時間)

$\frac{5}{8}$×60＝37$\frac{1}{2}$ (分) → 37 分 30 秒

4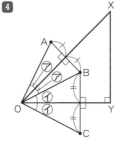

5 (1) 底辺を AD としたときの三角形 AED の高さを
□ cm とする。

三角形 AED の面積は，45×60÷2＝1350 (cm²)

よって，75×□÷2＝1350

75×□＝1350×2＝2700

□＝2700÷75＝36 (cm)

(2) 図のように，
点 G，H をお
くと，三角形
AED と三角
形 AGE は相
似なので，

AE：AG＝AD：AE＝5：4

⑤＝60 cm なので，AG の長さは，

④＝60×$\frac{4}{5}$＝48 (cm)

三角形 BCF と三角形 BEH は相似なので，

BH：EH＝BF：CF＝72：21＝24：7

BH＝AG＝48 cm なので，24＝48 cm より，

7＝48×$\frac{7}{24}$＝14 (cm)

AB＝GE＋EH＝36＋14＝50 (cm)

2　図形の角

（■■■ ステップ1 基本問題）　　　　本冊 → p.76〜p.77

1 ㋐ 125°　㋑ 55°　㋒ 55°

2 ㋐ 78°　㋑ 27°

3 (1) 1080°　(2) 135°　(3) 360°　(4) 20 本

4 (1) 129°　(2) 37°　(3) 72°

(4) 101°　(5) 75°　(6) 116°

5 110°

39

解き方

1

⑦＋55°＝180°
⑦＝180°−55°＝125°
対頂角の性質より，①＝55°
錯角の性質より，⑦＝55°

2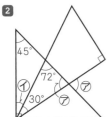

⑦＋30°＋72°＝180°
⑦＝180°−102°＝78°
内角と外角の関係より，
①＋45°＝72°
①＝72°−45°＝27°

3 (1)□角形の内角の和は，180°×（□−2）より求める
ことができるので，180°×（8−2）＝1080°

(2)1080°÷8＝135°

(3)多角形の外角の和は，360°

(4)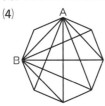

図より，頂点 A 自身と頂点
A のとなりの 2 つの頂点に
は対角線がひけないので，
頂点 A からひける八角形の
対角線の本数は，
8−3＝5（本）

これが 8 つの頂点のそれぞれからひけるので，
対角線の数は，5×8＝40（本）になるが，A から
B の対角線と B から A の対角線のように重複し
て 2 回数えているので，2 でわる。
よって，対角線の数は，5×8÷2＝20（本）

(!) **ココに注意**

□角形の対角線を求める式は，（□−3）×□÷2

4 (1)ブーメラン型より，⑦＝55°＋31°＋43°＝129°

(別解)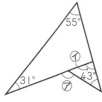

内角と外角の関係より，
⑦＝①＋43°
①＝31°＋55° なので，
⑦＝31°＋55°＋43°
　　＝129°

(2)ブーメラン型より，
74°＋32°＋⑦＝143°
⑦＝143°−74°−32°＝37°

(3)正五角形の 1 つの内角は，
180°×（5−2）÷5＝108° （180°−108°）÷2＝36°
よって，⑦＝108°−36°＝72°

(4)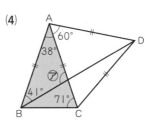

三角形 ABC は二等
辺三角形なので，
角 BAC
＝180°−71°×2＝38°
よって，角 BAD
＝38°＋60°＝98°

三角形 ABD は二等辺三角形なので，
角 ABD＝（180°−98°）÷2＝41°
よって，⑦＝180°−（38°＋41°）＝101°

(5)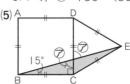

長さの等しい辺に印を
つけると，三角形 BCE
は二等辺三角形とわか
る。

角 BCE＝90°＋60°＝150° なので，
角 CBE＝（180°−150°）÷2＝15°
よって，⑦＝180°−（90°＋15°）＝75°

(!) **ココに注意**

長さが等しい辺に印をつけて，二等辺三角形を見つけよう。

(6)90°−32°×2＝26° より，
⑦＝26°＋90°＝116°

5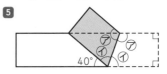

折り返した部分の図形どうしは合同なので，
図のように①とすると，
①＝（180°−40°）÷2＝70°
よって，⑦の大きさは，
360°−（70°＋90°×2）＝110°

■■ ステップ**2** **標準問題** 本冊 → p.78〜p.79

1 (1)82°　(2)105°
2 (1)72°　(2)30°
3 (1)360°　(2)720°
4 36°
5 (1)66°　(2)80°
6 18°
7 ⑦30°　①26°

解き方

1 (1)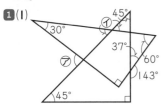

図のように角④をおくと、ちょうちょ型より、
④+45°=60°+37°
④=60°+37°−45°
　=52°

内角と外角の関係より、
⑦=④+30°=52°+30°=82°

(2)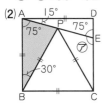

三角形 ABP は二等辺三角形で、
角 ABP=90°−60°=30° より、
角 BAP=(180°−30°)÷2=75°
錯角の性質より、
角 AED=75°
よって、⑦=180°−75°=105°

2 (1) 正五角形の1つの内角は、
180°×(5−2)÷5=108°
三角形 BCD は二等辺三角形なので、
角 BDC=(180°−108°)÷2=36°
よって、⑦=108°−36°=72°

(2)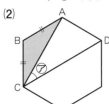

図のように点 A, B, C, D とおくと、正六角形の1つの内角は、
180°×(6−2)÷6=120°
角 BCD=120°÷2=60°
三角形 ABC は二等辺三角形なので、
角 BCA=(180°−120°)÷2=30°
よって、⑦=60°−30°=30°

3 (1)

図のように補助線をひくと、ちょうちょ型の角の性質より、
⑨+⑩=⑧+⑦
⑦+④+⑨+⑩+⑪+⑫=⑦+④+⑧+⑦+⑪+⑫ で、
四角形 ABCD の内角の和と等しいから、360°

(2)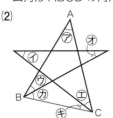

図のように補助線をひくと、ちょうちょ型の角の性質より、④+⑥=⑨+⑩
⑦+④+⑨+⑩+⑧=⑦+⑨+⑩+⑥+⑧ で、三角形 ABC の内角の和と等しい。
⑦+④+⑨+⑩+⑧=180°
残りの印のついた角の大きさの和は、五角形の内角の和に等しいので、180°×(5−2)=540°

よって、180°+540°=720°

4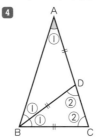

⑦の大きさを①とする。
AD=BD より、角 ABD=①
内角と外角の関係より、
角 CDB=①+①=②
BC=BD より、角 BCD=②
AB=AC より、角 ABC=②
①+②+②=⑤=180°
よって、⑦=①=180°÷5=36°

5 (1) 内角と外角の関係より、
•+•+○=88°
•+○=57°
•=88°−57°=31°
○=57°−31°=26°
⑦=180°−(31°+26°)×2=66°

！ ココに注意 ----------------
同じ印のついた角は、和や差をセットにして計算する。
----

(2)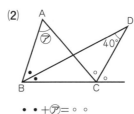

図の三角形 BCD で、内角と外角の関係より、
•+40°=○
同じように三角形 ABC で、
•+•+⑦=○+○
　＝•+40°+•+40°
　＝•+•+80°
よって、⑦=80°

6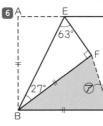

角 EBF=180°−(90°+63°)
　　　　=27°
角 FBC=90°−27°×2=36°
三角形 BCF は二等辺三角形なので、
角 BCF=(180°−36°)÷2
　　　　=72°
よって、⑦=90°−72°=18°

7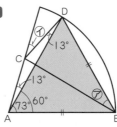

図のように補助線をひく。
三角形 ABC と三角形 DBC は合同なので、AB=DB
AB と AD は円の半径なので、AB=AD
よって、三角形 ABD は正三角形なので、
⑦=60°÷2=30°

角 CAD=73°−60°=13°
三角形 ADC は二等辺三角形なので、角 ADC=13°

よって，内角と外角の関係より，
④＝13°＋13°＝26°

■■■ ステップ3 発展問題　　　本冊 → p.80〜p.81

① ⑦108°　④17°

② 45°

③ 45°

（説明の例）

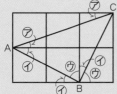

図のように点A，点B，点Cをおき，点Bと点Cを直線で結ぶと，ABとBCは正方形を2個並べた長方形の対角線なので，AB＝BC

角ABC＝④＋⑦＝90°

よって，三角形ABCは直角二等辺三角形なので，⑦と④の大きさの和は45°になる。

④ 720°

⑤ 20°

⑥ 59°

⑦ 27°

⑧ ⑦30°　④75°

⑨ (1)75°　(2)⑦48°　④51°

解き方

①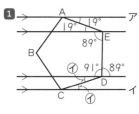

図のように直線ア，イに平行な線を2本ひく。
180°×(5−2)＝540°
⑦＝540°÷5＝108°
108°−19°＝89°
180°−89°＝91°
④＝108°−91°＝17°

②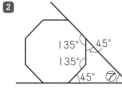

180°×(8−2)＝1080°
1080°÷8＝135°
180°−135°＝45°

ブーメラン型の角の性質より，
⑦＝135°−45°×2＝45°

④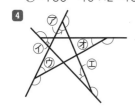

p.78 ③(2)の解き方より，
⑦＋④＋⑦＋⑤＋⑦＝180°
よって，印をつけた角度の和は，
180°×5−180°＝720°

---

⑤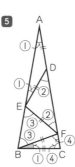

角BACを①とすると，内角と外角の性質とAB＝ACであることから，
⑦＝④−③＝①　になる。
④＋①＋④＝⑨＝180°
⑦＝①＝180°÷9＝20°

⑥ 辺ABと辺DEが平行なので，角BDE＝62°
折り返した部分の三角形ADEと三角形ADCは合同より，角ADE＝角ADC＝⑦＋62°
よって，⑦＋⑦＋62°＝180°
⑦×2＝180°−62°＝118°　⑦＝118°÷2＝59°

⑦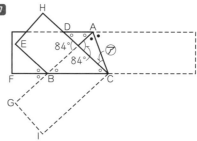

図のように，点D〜点I，•印，。印をおくと，
辺DCと辺EBは平行なので，角DCB＝角EBF，
折り返した部分の四角形BCHEと四角形BCIGは合同より，角FBE＝角FBG
対頂角の性質より，角FBG＝角ABC
錯角の性質より，角ABC＝角DAB，
角BCD＝角ADC
内角と外角の関係より，
。＋。＝84°　。＝84°÷2＝42°
。＋•＋•＝180°　•＝(180°−42°)÷2＝69°
よって，⑦＝180°−(69°＋84°)＝27°

(!)**ココに注意** - - - - - - - - - - - - - - - - - - -

対頂角や錯角の性質より，角の大きさが同じところに同じ印をつけよう。

- -

⑧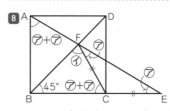

CF＝CE，内角と外角の関係より，
角BCF＝⑦＋⑦
AB＝CB，BF＝BF，角ABF＝角CBF
より，三角形ABFと三角形CBFは合同なので，
角BAF＝角BCF＝⑦＋⑦
三角形ABEより，⑦＋⑦＋⑦＋90°＝180°
⑦×3＝90°　⑦＝90°÷3＝30°

$⑦+45°+30°×2=180°$
$⑦=180°-(45°+60°)=75°$

9 (1)
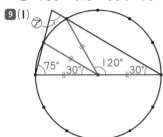

図のように，円の中心から補助線をひくと，$360°÷12=30°$より，
$(180°-30°)÷2=75°$
$(180°-120°)÷2=30°$

よって，⑦$=180°-(75°+30°)=75°$

(2)
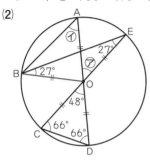

三角形 OCD は二等辺三角形なので，
⑦$=180°-66°×2$
$=48°$

図のように OB に補助線をひくと，三角形 OEB は二等辺三角形なので，
角 BOE$=180°-27°×2=126°$
角 BOA$=126°-48°=78°$
三角形 BOA は二等辺三角形なので，
⑦$=(180°-78°)÷2=51°$

---

3 図形の面積

ステップ1 基本問題　本冊→p.82〜p.83

1 (1) 14 cm² (2) 240 cm² (3) 40 cm²
2 (1) 450 cm² (2) 44 cm²
3 (1) 72 cm² (2) 360 cm²
　(3) 688 cm² (4) 462 cm²
4 (1) 6 cm² (2) 25 cm²
5 (1) まわりの長さ…94.2 cm,
　　面積…235.5 cm²
　(2) まわりの長さ…34.26 cm,
　　面積…42.39 cm²
6 (1) 6.88 cm² (2) 37.76 cm²
7 200 cm²

解き方

1 (1) $4×3.5=14$ (cm²)

① ココに注意 ·······

高さを 4 cm にしないように。
·······

---

(2) $(10+20)×16÷2=240$ (cm²)
(3) $10×8÷2=40$ (cm²)

2 (1)
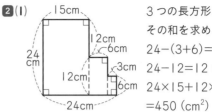

3 つの長方形に分けて，その和を求める。
$24-(3+6)=15$ (cm)
$24-12=12$ (cm)
$24×15+12×6+6×3$
$=450$ (cm²)

(2) 三角形と台形に分けて，その和を求める。
$8×4÷2+(8+6)×4÷2=44$ (cm²)

3 (1)
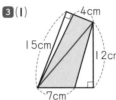

底辺と高さが垂直になるように，2 つの三角形に分けてその和を求める。
$4×15÷2+7×12÷2$
$=72$ (cm²)

(2) $30×36÷2=540$ (cm²)
　$30×12÷2=180$ (cm²)
　$540-180=360$ (cm²)

別解 平行線をひき，面積を変えずに変形させる。
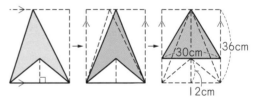

$36-12=24$ (cm)　$30×24÷2=360$ (cm²)

(3) 3 つの長方形の部分に分ける。
$8×40+(30-16)×8+8×32=688$ (cm²)

別解 $8×(40-8)+30×8+8×(32-8)=688$ (cm²)

(4) 三角形 ABC の面積は，$35×18÷2=315$ (cm²)
三角形 ABC の底辺を BC としたときの高さは，
$315×2÷30=21$ (cm)
よって，台形 ABCD の面積は，
$(14+30)×21÷2=462$ (cm²)

4 (1) 三角形 BCE の面積は，$6×6÷2=18$ (cm²)
三角形 BCF の面積は，$6×4÷2=12$ (cm²)
よって，$18-12=6$ (cm²)

別解
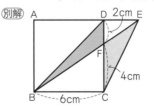

図のように，三角形 BCE を三角形 BCD に等積変形させると，三角形 CEF の面積と三角形 BFD の面積は等しい。

よって，$2×6÷2=6$ (cm²)

(2)

図のように移動させると，直角二等辺三角形になる。

$10 \div 2 = 5$（cm）

$10 \times 5 \div 2 = 25$（cm²）

5 (1)まわりの長さ…$10 \times 2 \times 3.14 + 5 \times 2 \times 3.14$

$= (10+5) \times 2 \times 3.14 = 94.2$（cm）

面積…$10 \times 10 \times 3.14 - 5 \times 5 \times 3.14$

$= (100-25) \times 3.14 = 235.5$（cm²）

(2)まわりの長さ…$12 \times 3.14 \times \dfrac{1}{2} + 6 \times 3.14 \times \dfrac{1}{2} + 6$

$= (12+6) \times 3.14 \times \dfrac{1}{2} + 6 = 34.26$（cm）

面積…$6 \times 6 \times 3.14 \times \dfrac{1}{2} - 3 \times 3 \times 3.14 \times \dfrac{1}{2}$

$= (36-9) \times 3.14 \times \dfrac{1}{2} = 42.39$（cm²）

① ココに注意

3.14 をふくんだたし算やひき算は，分配法則を使って，まとめて計算するとよい。

6 (1)三角形 ABC の面積は，$8 \times 8 \div 2 = 32$（cm²）

三角形 ABC は直角二等辺三角形なので，

角 CAB=45°

おうぎ形の面積は，

$8 \times 8 \times 3.14 \times \dfrac{45}{360} = 25.12$（cm²）

よって，$32 - 25.12 = 6.88$（cm²）

(2)中心角の和は 360°，おうぎ形の半径は，

$8 \div 2 = 4$（cm）なので，4 つのおうぎ形の面積の

和は，$4 \times 4 \times 3.14 = 50.24$（cm²）

台形の面積は，$(8+14) \times 8 \div 2 = 88$（cm²）

よって，$88 - 50.24 = 37.76$（cm²）

7 色のついた部分の面積の和は，底辺 50 cm，高さ

8 cm の三角形の面積と等しくなるから，

$50 \times 8 \div 2 = 200$（cm²）

ステップ2 標準問題 本冊 → p.84〜p.87

1 (1) 63 cm² (2) 134.4 cm²

2 12 cm²

3 (1) 2.28 cm²

(2) A…9.12 cm²，B…9.12 cm²

(3) 86 cm² (4) 246.75 cm²

4 91.4 cm

5 131.4 cm

6 77.715 cm²

7 82.08 cm²

8 (1) 4.71 cm² (2) 38.1 cm²

9 8 倍

10 $\dfrac{15}{4}$ cm（3.75 cm）

11 72 cm²

12 20.8 cm²

13 (1) 20 cm² (2) 72 cm²

14 (1) 3 : 7 : 5 (2) $\dfrac{56}{5}$ cm²（11.2 cm²）

解き方

1 (1)

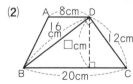

図の三角形はどれも直角二等辺三角形になる。

三角形 DCG で，

AB=BC=18 cm

DG=DC=18−12

$= 6$（cm）

三角形 BDE で，

BD=DE=12 cm EG=12−6=6（cm）

三角形 FGE の底辺を EG とすると，

高さは，$6 \div 2 = 3$（cm）より，

三角形 FGE の面積は，$6 \times 3 \div 2 = 9$（cm²）

三角形 BDE の面積は，$12 \times 12 \div 2 = 72$（cm²）

よって，$72 - 9 = 63$（cm²）

(2)

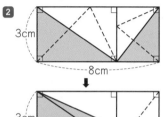

三角形 BCD の面積は，

$12 \times 16 \div 2 = 96$（cm²）

三角形 BCD と三角形 ABD は高さが等しい

ので，面積比は，$20 : 8 = 5 : 2$

三角形 ABD の面積は，$96 \times \dfrac{2}{5} = 38.4$（cm²）

よって，$96 + 38.4 = 134.4$（cm²）

2

それぞれの三角形を等積変形すると，色のついた部分の面積は長方形の面積の半分になる。

よって，

$3 \times 8 \div 2 = 12$（cm²）

3 (1)

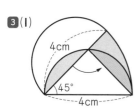

$4 \times 4 \times 3.14 \times \dfrac{45}{360}$
$=6.28 \ (cm^2)$
$4 \times 2 \div 2 = 4 \ (cm^2)$
$6.28 - 4 = 2.28 \ (cm^2)$

(2)

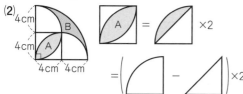

$4 \times 4 \times 3.14 \times \dfrac{1}{4} = 12.56 \ (cm^2)$

$4 \times 4 \div 2 = 8 \ (cm^2)$

よって, A=$(12.56-8) \times 2 = 9.12 \ (cm^2)$

$8 \times 8 \times 3.14 \times \dfrac{1}{4} = 50.24 \ (cm^2)$

$4 \times 4 + 4 \times 4 \times 3.14 \times \dfrac{1}{4} \times 2 = 41.12 \ (cm^2)$

よって, B=$50.24 - 41.12 = 9.12 \ (cm^2)$

(別解)

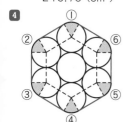

図のように, AとBの面積の和は, 半径8cmの円の$\dfrac{1}{4}$から, 底辺8cm, 高さ8cmの直角二等辺三角形をひいた面積になる。

したがって, AとBの面積の和は,

$8 \times 8 \times 3.14 \times \dfrac{1}{4} - 8 \times 8 \div 2 = 18.24 \ (cm^2)$

A=$9.12 \ cm^2$ より, B=$18.24 - 9.12 = 9.12 \ (cm^2)$

(3)円の中心を結ぶと, 1辺20cmの正方形ができる。

よって, 正方形の面積から半径10cm, 中心角90°のおうぎ形4個分の面積をひくと,

$20 \times 20 - 10 \times 10 \times 3.14 = 86 \ (cm^2)$

(4)色のついた部分の面積は,

(長方形の面積－円の面積)$\div 2$
$=(40 \times 30 - 15 \times 15 \times 3.14) \div 2$
$=(1200 - 706.5) \div 2$
$=246.75 \ (cm^2)$

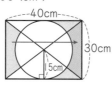

4

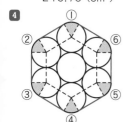

外側の6つの円の中心を結ぶと正六角形ができ, その1辺の長さは,

$5 \times 2 = 10 \ (cm)$

①～⑥のおうぎ形を合わせると1つの円になる。

よって, $5 \times 2 \times 3.14 + 10 \times 6 = 91.4 \ (cm)$

5

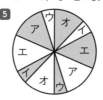

ア～オのおうぎ形はそれぞれ2個ずつあるので, ア～オを合わせた円弧の長さは,

$10 \times 2 \times 3.14 \div 2 = 31.4 \ (cm)$

よって, 直線部分と合わせると,

$10 \times 2 \times 5 + 31.4 = 131.4 \ (cm)$

6 円Oの半径は, $3+3=6 \ (cm)$, その中に半径1cm, 1.5cm, 2cm, 2.5cm, 3cmの半円があるので, 色のついた部分の面積は,

$6 \times 6 \times 3.14 - (1 \times 1 \times 3.14 \times \dfrac{1}{2} + 1.5 \times 1.5 \times 3.14$
$\times \dfrac{1}{2} + 2 \times 2 \times 3.14 \times \dfrac{1}{2} + 2.5 \times 2.5 \times 3.14 \times \dfrac{1}{2} + 3$
$\times 3 \times 3.14 \times \dfrac{1}{2})$

$=36 \times 3.14 - (1+2.25+4+6.25+9) \times 3.14 \times \dfrac{1}{2}$
$=(36-11.25) \times 3.14 = 77.715 \ (cm^2)$

7

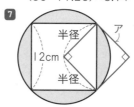

円の半径×半径はアの正方形の面積に等しい。

アの正方形の面積は, 対角線×対角線$\div 2$ より,

$12 \times 12 \div 2 = 72 \ (cm^2)$

よって, 半径×半径$=72$ なので, 円の面積は,

$72 \times 3.14 = 226.08 \ (cm^2)$

よって, $226.08 - 12 \times 12 = 82.08 \ (cm^2)$

8 (1)

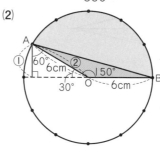

図のように等積移動させると, 中心角60°のおうぎ形になる。

$3 \times 3 \times 3.14 \times \dfrac{60}{360} = 4.71 \ (cm^2)$

(2)

図のように, 補助線をひいて, 30°, 60°, 90°の直角三角形より,

②$=6 \ cm$

①$=6 \div 2 = 3 \ (cm)$

よって, 三角形AOBの面積は,

$6 \times 3 \div 2 = 9 \ (cm^2)$

よって, $6 \times 6 \times 3.14 \times \dfrac{150}{360} - 9 = 38.1 \ (cm^2)$

第1章
第2章
第3章
第4章
第5章
第6章
第7章
中学入試予想問題

9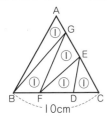

面積比は，底辺の比と等しいので，

ウ：エ＝③：②

イ：(ウ+エ)＝1：1

イ＝③+②＝⑤

ア：(イ+ウ+エ)＝③：⑤

連比でまとめると，

ア ： イ ： ウ ： エ

⑤ ： ③ ② ⑩＝⑤ より，最小公倍数

③ ：（ ⑤ ） ⑩ にそろえる。

⑥：⑤：③：②

三角形 ABC の面積＝⑥+⑤+③+②＝⑯

よって，⑯÷②＝8 (倍)

別解 三角形 ABC の面積を①とすると，

イ+ウ+エ＝①×$\frac{5}{3+5}$＝$\left(\frac{5}{8}\right)$

エ＝$\left(\frac{5}{8}\right)$×$\frac{1}{1+1}$×$\frac{2}{3+2}$＝$\left(\frac{1}{8}\right)$

よって，①÷$\frac{1}{8}$＝8 (倍)

10 等しい 5 つの三角形の面積をそれぞれ①とすると，

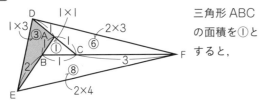

BF：FC＝ 三角形 BFG：三角形 FCG より，

BF：FC＝1：3 なので，

FC＝10×$\frac{3}{1+3}$＝$\frac{15}{2}$ (cm)

FD：DC＝ 三角形 FDE：三角形 DCE より，

FD：DC＝1：1 なので，

FD＝$\frac{15}{2}$×$\frac{1}{1+1}$＝$\frac{15}{4}$ (cm)

11 三角形 ABC の 1 辺の長さをそれぞれ 1 とする。

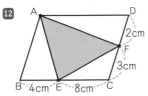

三角形 ABC の面積を①とすると，

三角形 DEF：三角形 ADE＝(③+⑧+⑥+①)：③

＝6：1 よって，12×6＝72 (cm²)

12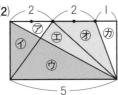

図のように点 A〜点 F とすると，三角形 ABE の面積は，

48×$\frac{1}{2}$×$\frac{4}{4+8}$

＝8 (cm²)

三角形 AFD の面積は，48×$\frac{1}{2}$×$\frac{2}{2+3}$＝9.6 (cm²)

三角形 ECF の面積は，

48×$\frac{1}{2}$×$\frac{8}{4+8}$×$\frac{3}{2+3}$＝9.6 (cm²)

よって，48−(8+9.6+9.6)＝20.8 (cm²)

13 (1)

台形内の面積比の関係より，

ア：イ：ウ：エ

＝①：②：④：②

また，イ+ウ＝ア+エ+オ

なので，

②+④＝①+②+オ となり，オ＝③

長方形の面積は，①+②+④+②+③＝⑫

6×8＝48 (cm²) ⑫＝48 cm²

よって，エ+オ＝⑤＝48×$\frac{5}{12}$＝20 (cm²)

別解 ア：イ：ウ＝①：②：④

イ+ウ＝6×8÷2＝24 (cm²)

⑥＝24 cm² なので，ア＝24÷6＝4 (cm²)

よって，エ+オ＝48−(24+4)＝20 (cm²)

(2) 台形内の面積比の関係より，

ア：イ：ウ：エ

＝④：⑩：㉕：⑩

オと ア+エ は，高さが等しい三角形で底辺の比が

1：1 なので，オ＝ア+エ＝④+⑩＝⑭

長方形の面積は，(⑩+㉕)×2＝⑦⓪

よって，⑦⓪＝210 cm²

エ+オ＝⑩+⑭＝㉔＝210×$\frac{24}{70}$＝72 (cm²)

14 (1) 三角形 BEI と三角形 DAI は，ちょうちょ型の相似で，相似比は 1：4 なので，BI：ID＝1：4

同じように，三角形 ABJ と三角形 HDJ の相似比は 2：1 なので，BJ：JD＝2：1

3と5の最小公倍数15にそろえる

よって，BI：IJ：JD＝3：7：5

(2) 長方形の面積は，6×8＝48 (cm²)

高さが等しい三角形の面積比は，底辺の比と等しいので，

48×$\frac{1}{2}$×$\frac{7}{3+7+5}$＝$\frac{56}{5}$ (cm²)

1　27.52 cm²

2　(1) 16 cm²　(2) 3.5cm

3　(1) $\dfrac{25}{6}$ 倍　(2) $\dfrac{25}{14}$ 倍

4　$\dfrac{5}{112}$ 倍

5　(1) 16：1　(2) 8：1

6　(1) $\dfrac{15}{8}$ 倍　(2) 27 cm²　(3) $\dfrac{80}{3}$ cm²

　　(4) $\dfrac{180}{37}$ cm

7　2.24 cm²

8　50.24 cm²

解き方

1

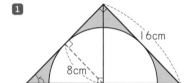

8×2=16 (cm)
なので，
16×16÷2
=128 (cm²)

よって，色のついた部分の面積は，

128−8×8×3.14×$\dfrac{1}{2}$=27.52 (cm²)

2(1)

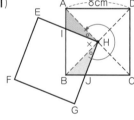

図で，三角形 AIH と
三角形 BJH におい
て，
角 AHI+角 IHB
=90°
角 BHJ+角 IHB
=90° より，
角 AHI=角 BHJ

角 HAI= 角 HBJ=45°　AH=BH なので，三角
形 AIH と三角形 BJH は合同になる。

三角形 ABH は正方形 ABCD の $\dfrac{1}{4}$ なので，

8×8×$\dfrac{1}{4}$=16 (cm²)

(2)(1)より，HI=HJ，AI=BJ なので，
IB+BJ=IB+AI=8 (cm)
HI×2=17−8=9 (cm)　HI=9÷2=4.5 (cm)
よって，EI=8−4.5=3.5 (cm)

3(1)

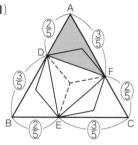

正三角形 ABC の 1
辺の長さを 1 として
辺の比を整理し，1
つの角をはさむ 2 辺
の長さの比の積で面
積比を考える。

正三角形 ABC の面積を 1 とすると，

三角形 ADF の面積は，$\left(\dfrac{2}{5}\right)×\left(\dfrac{3}{5}\right)=\dfrac{6}{25}$

よって，$1÷\dfrac{6}{25}=\dfrac{25}{6}$（倍）

(2)同じようにして，

三角形 BED の面積は，$\left(\dfrac{3}{5}\right)×\left(\dfrac{2}{5}\right)=\dfrac{6}{25}$

三角形 CFE の面積は，$\left(\dfrac{3}{5}\right)×\left(\dfrac{2}{5}\right)=\dfrac{6}{25}$

三角形 DEF の面積は，

$1-\left(\dfrac{6}{25}+\dfrac{6}{25}+\dfrac{6}{25}\right)=\dfrac{7}{25}$

正六角形の面積は三角形 DEF の面積の 2 倍なの

で，正六角形の面積は，$\dfrac{7}{25}×2=\dfrac{14}{25}$

よって，$1÷\dfrac{14}{25}=\dfrac{25}{14}$（倍）

4

AB=CD より，
AB と CD の長さを
3 と 2 の最小公倍数
⑥にすると，
AE：EB=1：2
　　　=②：④

CF：FD=1：1=③：③
三角形 EBH と三角形 CFH は相似なので，
BH：HF=4：3
図のように点 J をおくと，
三角形 AGJ と三角形 DGC は相似なので，
AJ：DC=1：2　AJ=⑥÷2=③
三角形 JBI と三角形 CFI は相似なので，
BI：IF=9：3=3：1

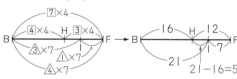

BH：HI：IF=16：5：7

平行四辺形の面積を 1 とすると，

三角形 BCF の面積は，$1×\dfrac{1}{2}×\dfrac{1}{2}=\dfrac{1}{4}$

よって, $\frac{1}{4}×\frac{5}{16+5+7}=\frac{5}{112}$（倍）

5(1)
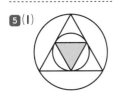
小さい正三角形を回転させると図のようになる。小さい正三角形の面積は，大きい正三角形の面積の $\frac{1}{4}$ 倍なので，図で，小さいほうの円の面積も大きい円の面積の $\frac{1}{4}$ 倍になる。よって，いちばん小さい円の面積も同じように考えて，いちばん大きい円の面積の $\frac{1}{4}×\frac{1}{4}=\frac{1}{16}$（倍）になる。

$1：\frac{1}{16}=16：1$

(2)

図の小さい正方形の面積は，大きい正方形の面積の $\frac{1}{2}$ 倍なので，小さい円の面積も大きいほうの円の面積の $\frac{1}{2}$ になる。よって，いちばん小さい円の面積は，いちばん大きい円の面積の $\frac{1}{4}×\frac{1}{2}=\frac{1}{8}$（倍）になる。

$1：\frac{1}{8}=8：1$

6(1)
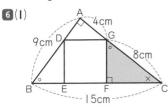
三角形ABCと三角形FGCは相似であり，辺BCと辺GCが対応しているので，相似比は15：8

よって，$15÷8=\frac{15}{8}$（倍）

(2)
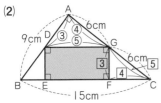
④=6 cm

⑤=$6×\frac{5}{4}$
　$=\frac{15}{2}$ (cm)

⑤=6 cm

③=$6×\frac{3}{5}=\frac{18}{5}$ cm

よって，$\frac{15}{2}×\frac{18}{5}=27$ (cm²)

(3)三角形ADGと三角形FGCは相似であり，さらに

に面積が等しくなると，合同となる。

AD=FG=③，AG=FC=④

DG=GC=⑤

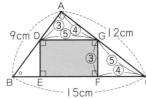

④+⑤=12 (cm)

⑨=12 cm

③=$12×\frac{3}{9}$
　=4 (cm)

⑤=$12×\frac{5}{9}=\frac{20}{3}$ (cm)

よって，$4×\frac{20}{3}=\frac{80}{3}$ (cm²)

(4)
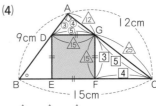

⑤=③=△5

④=$△5×\frac{4}{5}=△2$

⑤=$△5×\frac{5}{3}=△25$

$△12+△25=△37=12$ cm

よって，$△5=12×\frac{15}{37}=\frac{180}{37}$ (cm)

7
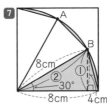

②=8 cm

①=$8×\frac{1}{2}=4$ (cm)

8×4÷2×3=48 (cm²)

よって，8×8×3.14×$\frac{1}{4}$−48=2.24 (cm²)

8(図1)
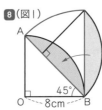
図1より，求める部分の面積は，半径ABで中心角45°のおうぎ形の面積に等しいことがわかる。

(図2)
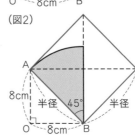
図2より，
8×8÷2×4
=128 (cm²)
半径×半径=128
よって，
$128×3.14×\frac{45}{360}$
=50.24 (cm²)

4 図形の移動

ステップ1 基本問題
本冊 → p.90〜p.91

1 (1) 3 cm　(2) 24 cm²

(3) $\dfrac{10}{3}$ 秒後と 12 秒後

2 (1) 秒速 1 cm

(2) 面積(cm²)

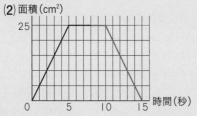

3

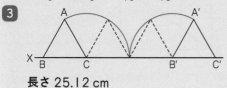

長さ 25.12 cm

4 (1) 6.28 cm　(2) 18.84 cm

5 (1)

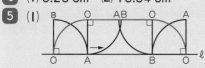

(2) 113.04 cm²

6 (1)

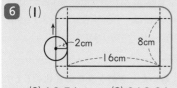

(2) 60.56 cm　(3) 242.24 cm²

解き方

1(1)グラフから，点 E は BC 間を 10 秒で移動しているので，BC は，1×10=10（cm）

0 秒のとき点 E は点 B にあり，そのときの三角形 AED の面積が 15 cm² なので，辺 AB の長さを □ cm とすると，□×10÷2=15

□×10=15×2=30　□=30÷10=3（cm）

(2)グラフから，点 E は CD 間を 16−10=6（秒）で移動しているので，CD 間は 1×6=6（cm）

台形 ABCD の面積は，

(3+6)×10÷2=45（cm²）

三角形 ABE の面積は，6×3÷2=9（cm²）

三角形 ECD の面積は，

(10−6)×6÷2=12（cm²）

よって，45−(9+12)=24（cm²）

別解 グラフから 0 秒から 10 秒までで面積が

30−15=15（cm²）増えているので，1 秒あたり

15÷10=1.5（cm²）ずつ増える。

よって，15+1.5×6=24（cm²）

(3)点 E が辺 BC 上にあるとき，三角形 ABE と三角形 ECD の面積の和が，45−20=25（cm²）になればよい。

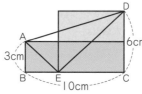

図のように三角形 ABE，三角形 ECD と合同な図形をつけたすと，2 つの四角形の面積の和は，25×2=50（cm²）

▧の面積は，3×10=30（cm²）

▨の面積は，50−30=20（cm²）

EC の長さは，20÷(6−3)=$\dfrac{20}{3}$（cm）

BE の長さは，10−$\dfrac{20}{3}$=$\dfrac{10}{3}$（cm）

よって，$\dfrac{10}{3}$÷1=$\dfrac{10}{3}$（秒後）

点 E が辺 CD 上にあるとき，ED の長さを □ cm とすると，□×10÷2=20　□×10=20×2=40

□=40÷10=4（cm）

EC の長さは，6−4=2（cm）

よって，(10+2)÷1=12（秒後）

別解 (2)から点 E が辺 BC 上にあるときは，三角形 AED の面積は 1 秒あたり 1.5 cm² ずつ増えているので，(20−15)÷1.5=$\dfrac{10}{3}$（秒後）

2(1)グラフから正方形 A は 5 秒間で 5 cm 移動しているので，5÷5=1（cm/秒）

(2)

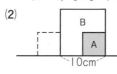

図は正方形 A が 10 cm 移動しているので，10÷1=10（秒後）の状態であり，5 秒後から 10 秒後の間の A と B の重なった部分の面積は，5×5=25（cm²）

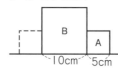

その後，(10+5)÷1=15（秒後）に A と B の重なった部分の面積は 0 cm² になる。

3答えの図より，

6×2×3.14×$\dfrac{120}{360}$×2=25.12（cm）

⚠ ココに注意 ----------

転がすときの中心が，正三角形の頂点 A，B，C のうちのどれになるのかに注意しよう。

----

4 (1)

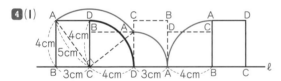

点 D が動いた長さ（太線）は，

$4×2×3.14×\dfrac{1}{4}=6.28$ （cm）

(2)点 A が動いた長さ（赤線）は，

$5×2×3.14×\dfrac{1}{4}+3×2×3.14×\dfrac{1}{4}$

$\qquad +4×2×3.14×\dfrac{1}{4}$

$=(5+3+4)×2×3.14×\dfrac{1}{4}=18.84$ （cm）

5 (2)点 O が動いてできる道のりの直線部分の長さは，おうぎ形 OAB の弧の長さと等しい。

よって，

$6×6×3.14×\dfrac{1}{4}×2+6×2×3.14×\dfrac{1}{4}×6$

$=113.04$ （cm²）

⚠ ココに注意 ----------

おうぎ形の弧が直線上を転がるときは，中心は直線と平行になるように移動する。

----

6 (2)直線部分の長さは，$(8+16)×2=48$ （cm）

(1)の図より，4 つのおうぎ形を集めると 1 つの円になるので，$2×2×3.14=12.56$ （cm）

よって，$48+12.56=60.56$ （cm）

(3)

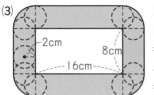

$2×2=4$ （cm）

$(8+16)×2×4$

$=192$ （cm²）

$4×4×3.14$

$=50.24$ （cm²）

よって，$192+50.24=242.24$ （cm²）

別解 円が通過した部分の面積＝円の中心の動いた長さ×円の直径 なので，(1)より，

$60.56×4=242.24$ （cm²）

■■ ステップ2 標準問題 　本冊 → p.92～p.93

1 (1)秒速 5 cm　(2)30 cm　(3)187.5

2 (1)20.5 cm²　(2)4 秒後と 16 秒後

---

3 (1)90°　(2)40.26 cm　(3)28.26 cm²

4 (1)Q　(2)47.1 cm

(3)① 最も長いもの…B，最も短いもの…C

② 21.98 cm

5 (1)43.14 cm　(2)71.7 cm

(3)285.94 cm²

解き方

1 (1)点 P は 4 秒後に D に着くので，

$20÷4=5$ （cm/秒）

(2)点 P は 10 秒後に C に着くので，

$5×(10-4)=30$ （cm）

(3)

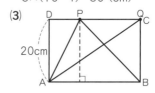

三角形 APB と三角形 AQB の面積の差が 0 になるとき，図のように点 Q は C に着く。このとき 5 秒後なので，点 Q の速さは，$20÷5=4$ （cm/秒）

面積の差が x のときは点 Q が D に着いたときなので，$(20+30)÷4=12.5$ （秒後）

点 P は 10 秒後に C にいたので，CP の長さは，$5×(12.5-10)=12.5$ （cm）

PB の長さは，$20-12.5=7.5$ （cm）

三角形 APB の面積は，$30×7.5÷2=112.5$ （cm²）

三角形 AQB の面積は，$30×20÷2=300$ （cm²）

よって，$x=300-112.5=187.5$

⚠ ココに注意 ----------

点 P，Q が C，D に着いたときのグラフの変化のしかたに注意しよう。

----

2 (1)

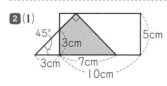

$1×7=7$ （cm）

$10-7=3$ （cm）

$10×5÷2$

$=25$ （cm²）

$3×3÷2=4.5$ （cm²）

よって，$25-4.5=20.5$ （cm²）

(2)1 回目は図のようになる。

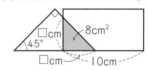

図のように □ cm とすると，

$□×□÷2=8$

$□×□=16$

$16=4×4$ より，$□=4$

よって，$4÷1=4$ （秒後）

2 回目は図のようになる。

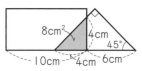

$10+6=16$ (cm)

$16÷1=16$ (秒後)

3 (1)直角三角形 ABC を 90° 回転させているので、
㋐の角度も 90° になる。

(2)$10×2×3.14×\dfrac{1}{4}+8×2×3.14×\dfrac{1}{4}+6×2$

$=40.26$ (cm)

(3)色のついた部分の面積は、

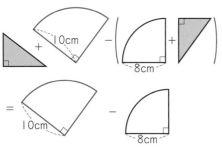

よって、

$10×10×3.14×\dfrac{1}{4}-8×8×3.14×\dfrac{1}{4}$

$=28.26$ (cm²)

別解

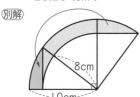

図のように移動させて、
半径 10 cm のおうぎ形から、半径 8 cm の
おうぎ形をひく。

4 (1)

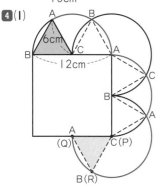

図より、Q

(2)$6×2×3.14×\dfrac{120+120+210}{360}=47.1$ (cm)

(3)① (2)より頂点 A が動いた角度は、450°
頂点 B が動いた角度は、120°+210°+210°=540°
頂点 C が動いた角度は、210°+120°=330°
動いた角度が大きいほど長いので、最も長いの
は B で、最も短いのは C になる。

② $6×2×3.14×\dfrac{540}{360}-6×2×3.14×\dfrac{330}{360}$

$=6×2×3.14×\dfrac{210}{360}=21.98$ (cm)

5 (1)

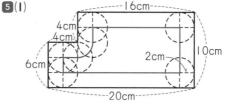

$(16-2×2)+(10-2×2)+(20-2×2)$
$+(6-2×2)+(4-2)+(4-2)=40$ (cm)

$2×2×3.14×\dfrac{1}{4}=3.14$ (cm)

$40+3.14=43.14$ (cm)

(2)

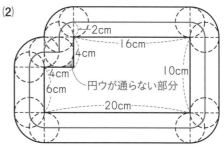

円ウが通らない部分

$16+10+20+6+(4-2)+(4-2)=56$ (cm)

$2×2×3.14×\dfrac{1}{4}×5=15.7$ (cm)

$56+15.7=71.7$ (cm)

(3)$16×4+10×4+20×4+6×4+4×4$
$=224$ (cm²)

$4×4×3.14×\dfrac{1}{4}×5=62.8$ (cm²)

円ウが通らなかった部分の面積は、

$2×2-2×2×3.14×\dfrac{1}{4}=0.86$ (cm²)

よって、$224+62.8-0.86=285.94$ (cm²)

⊙ ココに注意

円ウの通らない(色のついた)部分に注意しよう。

□■■ ステップ3 発展問題　　本冊 → p.94〜p.95

1　1640 m²
2　(1)14.4 秒後　(2)28.8 秒後
3　(1)7 回　(2)43.96 cm
4　(1)225°　(2)15.7 cm　(3)31.4 cm²
5　23.08 cm
6　(1)18.9 cm
　　(式の例)(180°-120°)÷2=30°
　　90°-30°=60°
　　よって、

第1章
第2章
第3章
第4章
第5章
第6章
第7章
中学入試 予想問題

$$1 \times 2 \times 3.14 \times \frac{90+60}{360}$$
$$+3 \times 2 \times 3.14 \times \frac{120}{360} + 5 \times 2$$
$$= 18.89\cdots \text{(cm)}$$

(2)

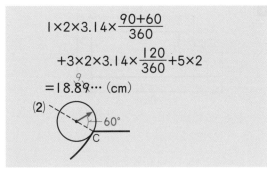

解き方

1

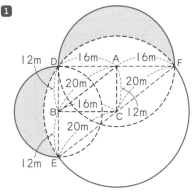

$$\frac{16 \times 16 \times 3.14 \times \frac{1}{2}}{\text{半円}} + \frac{12 \times 12 \times 3.14 \times \frac{1}{2}}{\text{半円}}$$
$$\underbrace{+20 \times 20 \times 3.14 \times \frac{1}{2}}_{\text{半円}} + \underbrace{24 \times 32 \div 2}_{\text{直角三角形}} = 1640 \text{ (m}^2)$$

(別解) ヒポクラテスの三日月より，■部分の面積の和
は，三角形 DEF の面積に等しいので，
$24 \times 32 \div 2 + 20 \times 20 \times 3.14 = 1640$ (m²)

2 (1)点 P より点 Q がはやく動くので，グラフより点
Q が頂点 C に着くのは 8 秒後になる。したがっ
て，点 Q の速さは，$48 \div 8 = 6$（cm/秒）
また，グラフより点 P が頂点 D に着くのは 12
秒後なので，点 P の速さは，$48 \div 12 = 4$（cm/秒）
四角形 ABQP と長方形 ABCD とは高さが同じ
なので，四角形 ABQP の面積が長方形 ABCD
の面積の半分となるのは，AP+BQ=48（cm）の
ときになる。

1回目は，

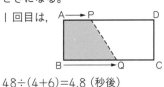

$48 \div (4+6) = 4.8$ （秒後）

2回目は

$48 \times 4 - 48 = 144$ (cm)
よって，$144 \div (4+6) = 14.4$ （秒後）

(2) 8 秒後の AP の長さは，$4 \times 8 = 32$ (cm)
AB の長さを □ cm とすると，
$(32+48) \times □ \div 2 = 768$
$80 \times □ = 768 \times 2 = 1536$
$□ = 1536 \div 80 = 19.2$ (cm)

AP = 19.2 cm になるのは，

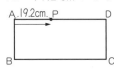

$19.2 \div 4 = 4.8$ （秒）
この後，$48 \times 2 \div 4$
$= 24$（秒）ごとに，
AP = 19.2 cm となる。

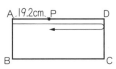

また，
$48 \times 2 - 19.2$
$= 76.8$ (cm)
$76.8 \div 4 = 19.2$ （秒）

この後，24 秒ごとに，AP = 19.2 cm となる。

4.8 秒　19.2 秒　28.8 秒　43.2 秒　52.8 秒　67.2 秒…

BQ = 19.2 cm になるのは
$19.2 \div 6 = 3.2$ （秒）　$76.8 \div 6 = 12.8$ （秒）
点 P のときと同じように，$48 \times 2 \div 6 = 16$ （秒）
ずつ増えるので，

3.2 秒　12.8 秒　19.2 秒　28.8 秒　35.2 秒…

よって，28.8 秒後

3 (1)

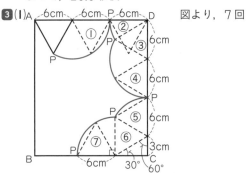

図より，7 回

(2) $120° + 30° + 120° + 60° + 90° = 420°$
$6 \times 2 \times 3.14 \times \frac{420}{360} = 43.96$ (cm)

4 (1) $180° + 45° = 225°$
(2) $4 \times 2 \times 3.14 \times \frac{225}{360} = 15.7$ (cm)

(3)

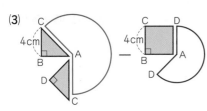

$$= \quad \text{図} \quad - \quad \text{図}$$

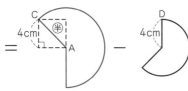

色のついた部分の面積
＝大きいおうぎ形の面積－小さいおうぎ形の面積
正方形 ABCD の面積は，4×4＝16（cm²）
大きいおうぎ形の半径の長さを⊕とすると，
⊕×⊕÷2＝16　⊕×⊕＝32
よって，
$$32 \times 3.14 \times \frac{225}{360} - 4 \times 4 \times 3.14 \times \frac{225}{360}$$
$$= 31.4 \text{（cm}^2\text{）}$$

5 図１から図２へ正方形が回転した角度と角 BAB′
の角の大きさは同じである。

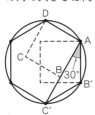

正六角形の１つの内角は，
180°×（6－2）＝720°
720°÷6＝120°
三角形 AC′B′ は二等辺三角形
なので角 BAB′ は，
（180°－120°）÷2＝30°
よって，正方形は１回
で 30°ずつ回転する。

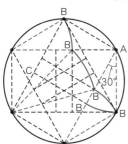

$$10 \times 2 \times 3.14 \times \frac{30}{360} \times 3 + 14.1 \times 2 \times 3.14 \times \frac{30}{360}$$
$$= 23.07\overset{8}{7} \text{（cm）}$$

6（1）

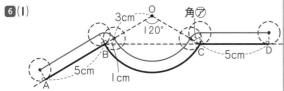

図のように点 O，角⑦とすると，三角形 OBC
が二等辺三角形なので角 BCO は，
（180°－120°）÷2＝30°

よって，角⑦の大きさは 90°－30°＝60°

（2）中心が動いた長さは，（1）より，6.28 cm
回転する円の円周の長さは，
1×2×3.14＝6.28（cm）　よって，円の回転数は，
6.28÷6.28＝1（回転）となる。すなわち，円の
中心が P にきたときと Q にきたときとでは矢印
は同じ向きになり，平行の関係になる。

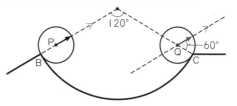

180°－120°＝60°

⊙ ココに注意 ------------------------------

円のまわりを円が転がるとき，
円の回転数＝中心が動いた長さ÷回転する円の円周の長さ

🧠 理解度診断テスト ④

本冊 → p.96〜p.97

理解度診断 A…80点以上，B…60〜79点，C…59点以下

1　(1) 6　(2) 144　(3) 4　(4) 1.75
2　(1)⑦ 135°　① 165°　(2)⑦ 108°
　　　(3)⑦ 36°　① 72°
3　(1) 3：2　(2) 5：2　(3) 22 cm²
4　14.34 cm²
5　239.24 m²
6　94.2 cm
7　(1) 1：4　(2)① 1 cm　② $\frac{6}{5}$ cm²

解き方

1 (1)正□角形はすべて線対称な図形で，対称の軸は
　　□本になるので，6 本である。
　(2) 180°×（10－2）＝1440°
　　　1440°÷10＝144°
　(3) 16×25000＝400000（cm）
　　　　　　　＝4000 m＝4 km
　(4)地図上の土地を縦 1 cm，横 7 cm の長方形と考
　　えると，
　　1×50000＝50000（cm）＝500 m＝0.5 km
　　7×50000＝350000（cm）＝3500 m＝3.5 km
　　よって，0.5×3.5＝1.75（km²）

2 (1)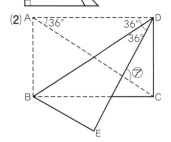

図より，
㋐＝180°−45°＝135°
内角と外角の関係より，
㋑＝135°＋30°＝165°

(2)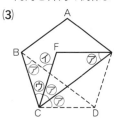

図より，三角形 ABD と三角形 DCA は合同なので，角 CAD＝36°
三角形 ABD と三角形 EBD は合同なので，

角 BDE＝36°

内角と外角の関係より，㋐＝36°×3＝108°

(3)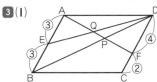

正五角形の1つの内角は，
180°×(5−2)＝540°
540°÷5＝108°
図で，三角形 CDE と三角形 CFE は合同な二等辺三角形なので，
㋐＝(180°−108°)÷2＝36°
㋒＝108°−36°×2＝36°
三角形 CDE と三角形 BCD は合同なので，内角と外角の関係より，㋑＝㋐＋㋒＝36°＋36°＝72°

3 (1)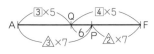

AB＝CD＝⑥ とすると，
AE＝EB＝1：1
＝③：③
DF：FC＝2：1＝④：②
三角形 ABP と三角形 FDP の相似比は，
⑥：④＝3：2 なので，BP：PD＝3：2

(2) 三角形 AEQ と三角形 FDQ の相似比は 3：4 なので，AQ：QF＝3：4
(1)より，AP：PF＝3：2

AF を 7 と 5 の最小公倍数の 35 にそろえる。

AQ：QP＝15：6＝5：2

(3) 三角形 PFD の面積は，
$60×\frac{1}{2}×\frac{2}{2+1}×\frac{2}{2+3}=8$ (cm²)
よって，30−8＝22 (cm²)

4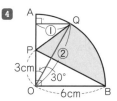

おうぎ形 QOB の面積は，
$6×6×3.14×\frac{60}{360}$
＝18.84 (cm²)

②＝6 cm，①＝3 cm より，三角形 POQ の面積は，
3×3÷2＝4.5 (cm²)
三角形 OBP の面積は，6×3÷2＝9 (cm²)
よって，18.84＋4.5−9＝14.34 (cm²)

5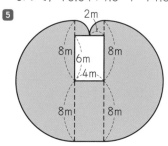

$8×8×3.14×\frac{1}{2}×2+2×2×3.14×\frac{1}{4}×2+8×4$
＝(64＋2)×3.14＋32＝239.24 (m²)

> **❗ココに注意**
> 犬が動けるはんいは，さくの辺にそってできるおうぎ形を合わせた図になる。

6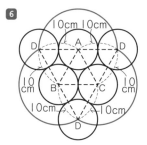

それぞれの円の中心を線で結ぶ。
円 D の中心が動いた長さは，
$10×2×3.14×\frac{1}{2}×3$
＝94.2 (cm)

7 (1)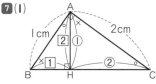

三角形 ABC，三角形 HBA，三角形 HAC は相似である。
AH＝①＝２ とすると，HC＝②＝４

よって，BH：HC＝1：4

(2) ①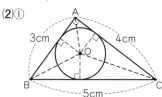

円の中心を O とすると，三角形 OAB と三角形 OBC と三角形 OCA の高さは，円の半径なので，等しい。
よって，三角形 OAB と三角形 OBC と三角形 OCA の面積の比は，3：5：4 になる。三角形

54

ABC の面積は，3×4÷2=6（cm²）

三角形 OBC の面積は，

$6×\dfrac{5}{3+5+4}=2.5$（cm²）

円の半径を □ cm とすると，

5×□÷2=2.5

　　5×□=2.5×2=5

　　　　□=5÷5=1（cm）

別解 円の半径を □ cm とすると，三角形 ABC の面積は，

三角形 OAB の面積＋三角形 OBC の面積＋三角形 OCA の面積

=3×□÷2+5×□÷2+4×□÷2

=(3+5+4)×□÷2

=12×□÷2

=6×□=6（cm²）

　　　□=1 cm

②

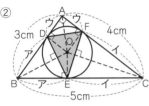

四角形 BEOD の対角線は直角に交わり，三角形 DEO は二等辺三角形なので，三角形 BED も二等辺三角形になる。

BE=BD=**ア**　CE=CF=**イ**　AD=AF=**ウ**

①の結果と，四角形 ADOF は正方形であることより，

ウ=OD=1 cm

よって，**ア**=3−1=2（cm）　**イ**=4−1=3（cm）

三角形 BED の面積は，$6×\dfrac{2}{3}×\dfrac{2}{5}=\dfrac{8}{5}$（cm²）

三角形 CFE の面積は，$6×\dfrac{3}{5}×\dfrac{3}{4}=\dfrac{27}{10}$（cm²）

三角形 ADF の面積は，$6×\dfrac{1}{3}×\dfrac{1}{4}=\dfrac{1}{2}$（cm²）

よって，$6−\left(\dfrac{8}{5}+\dfrac{27}{10}+\dfrac{1}{2}\right)=\dfrac{6}{5}$（cm²）

第5章　立体図形

1 立体の体積と表面積

■■ **ステップ1 基本問題**　　　本冊 → p.98〜p.99

1 (1)**体積**…600 cm³，**表面積**…470 cm²

　(2)**体積**…3360 cm³，**表面積**…1664 cm²

2 (1)**体積**…3120 cm³，**表面積**…1352 cm²

　(2)**体積**…2512 cm³，

　　　表面積…1130.4 cm²

3 121.5 cm³

　（求め方の例）立体は，底面が1辺9 cm の正方形，高さ 9÷2=4.5（cm）の四角すいなので，$9×9×4.5×\dfrac{1}{3}=121.5$（cm³）

4 **体積**…37.68 cm³，**表面積**…75.36 cm²

5 (1)**辺サシ**

　(2)**面あ，面い，面え，面か**（順不同）

　(3)**面あ，面え**（順不同）

6 (1)**円柱**　(2)**六角柱**　(3)**正八面体**

7 628 cm³

8 (1)**正六角形**　(2)**長方形**　(3)**（等脚）台形**

解き方

1 (1)体積…8×15×5=600（cm³）

　　表面積…15×8=120，5×8=40，15×5=75，

　　(120+40+75)×2=470（cm²）

　(2)体積…26−10=16（cm）　20−5=15（cm）

　　10×12×20+16×12×5=3360（cm³）

　　表面積…20×10+5×16=280，

　　(20+26)×2=92，

　　280×2+12×92=1664（cm²）

2 (1)体積…(8+18)×12÷2×20=3120（cm³）

　　表面積は展開図の面積になるので，底面積2つ分と側面積の和になる。

　　8+18+13×2=52（cm）

　　(8+18)×12÷2×2+52×20=1352（cm²）

　(2)体積…10×10×3.14×8=2512（cm³）

　　表面積…10×10×3.14×2+20×3.14×8

　　　　　=1130.4（cm²）

4 体積…$3×3×3.14×4×\dfrac{1}{3}=37.68$（cm³）

　表面積…3×3×3.14+5×3×3.14=75.36（cm²）

5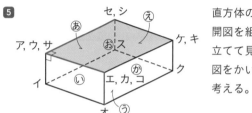

直方体の展開図を組み立てて見取図をかいて考える。

ココに注意

辺アセと重なる辺を答えるときは，点アと点サが重なり，点セと点シが重なるので，辺シサではなく辺サシとしよう。

6 (3)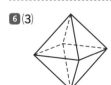

真上から見た図(底面)を手がかりに立体の名まえを考える。

7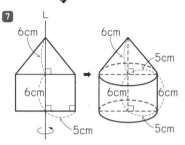

$5×5×3.14×6×\frac{1}{3}+5×5×3.14×6=628$（cm³）

8 (1)切り口の形は底面と同じなので，正六角形になる。

(2) 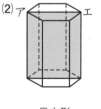 (3)

長方形　　　(等脚)台形

ステップ2 標準問題　本冊→p.100～p.103

1 (1) 80　(2) 5
2 (1) 体積…588 cm³，表面積…520 cm²
　　 (2) 体積…120 cm³，表面積…204 cm²
3 120 cm³
4 (1) 3 cm　(2) 207.24 cm²
5 200.96 cm²
6

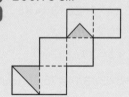

7 (1) 251.2 cm³　(2) 326.56 cm²
8 (1) 3 cm　(2) 4374 cm³
9 54 cm³
10 (1) 8 cm　(2) 715.92 cm³
　　 (3) 602.88 cm²
11 (1)① 21.98 cm²　② 6 cm　(2) 9 cm²
12 (1)

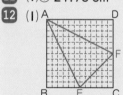

(2) 54 cm²　(3) 4 cm
13 (1) 411.52 cm³　(2) 459.36 cm²
　　 (3) 372.64 cm³

解き方

1 (1) I L=1000 cm³ なので，
　　0.08×1000=80 (cm³)
(2) 0.01 m³×0.3−40 dL+120 cm³÷0.02
　　=10 L×0.3−4 L+0.12 L÷0.02
　　=3 L−4 L+6 L=3 L+6 L−4 L=5 L

ココに注意

3 L−4 L は計算できないので，
3 L−4 L+6 L=3 L+6 L−4 L として計算しよう。

2 (1)体積…6×10×8+3×3×20−3×3×8
　　　　=588 (cm³)
　　表面積…8×10+3×20−3×8=116 (cm²)
　　8×6+3×20−3×8=84 (cm²)　6×10=60 (cm²)
　　(116+84+60)×2=520 (cm²)
(2)体積…4+8=12 (cm)　3+6=9 (cm)
　　12×9÷2×2+4×3÷2×2=120 (cm³)

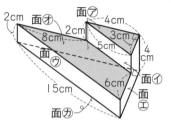

表面積…$\underset{面⑦}{12×9÷2}+\underset{面⑦}{5×2}+\underset{面⑦}{15×2}+\underset{面⑦}{(3×2+9×2)}$

　　　　$+\underset{面⑦}{(4×2+12×2)}+\underset{面⑦}{12×9÷2}$

　　　　=204 (cm²)

3

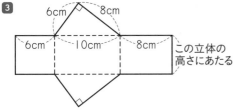

この立体の高さにあたる

$168-6×8÷2×2=120$ (cm²)
この立体の高さは，
$120÷(6+10+8)=5$ (cm)
よって，$6×8÷2×5=120$ (cm³)

4(1)長方形 ABCD の横の長さは，
$150.72÷8=18.84$ (cm)
これは底面の円の円周の長さなので，底面の円の半径を □ cm とすると，
$□×2×3.14=18.84$
$□×2=18.84÷3.14=6$
$□=6÷2=3$ (cm)

(2)表面積は展開図の面積と同じなので，
$3×3×3.14×2+150.72=207.24$ (cm²)

5 底面の半径を □ cm とすると，
$\dfrac{中心角}{360}=\dfrac{底面の半径}{母線}$ なので，

$\dfrac{120}{360}=\dfrac{□}{12}$ （÷30）

底面の半径は，$120÷30=4$ (cm)
よって，
$4×4×3.14+12×4×3.14=200.96$ (cm²)

6

7(1)

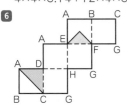

$6×6×3.14×2+2×2×3.14×2=251.2$ (cm³)

(2)$2×2×3.14×2+6×2×3.14×2+6×6×3.14×2$
$=326.56$ (cm²)

8(1)

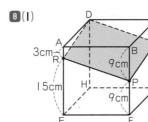

点Dと点Q，点Qと点Pは同じ平面上にあるので，それぞれの点を結ぶ。

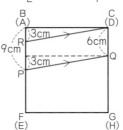

面 BFGC と面 AEHD は平行なので，QP と DR も平行になる。
よって，AR の長さは，
$9-6=3$ (cm)

（！）ココに注意 - - - - - - - - - - - - - - - - - - -

立方体の切り口は，①同じ平面上にある点は結び，②平行な面には平行な切り口をかく。

- -

(2)向かい合う 2 組の辺が平行である四角形を底面とする四角柱をななめに切った立体の体積は，底面積×高さの平均で求められるので，
$18×18×(18+15+9+12)÷4=4374$ (cm³)

9

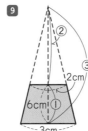

切り取られた正四角すいともとの正四角すいは相似で，相似比は $2:3$ なので，③－②＝①
①＝6 cm　③＝18 cm
よって，
$3×3×18×\dfrac{1}{3}=54$ (cm³)

10(1)

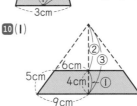

大きな円すいと切り取られた小さな円すいは相似で，相似比は，
$9:6=③:②$
③－②＝①
①＝4 cm，②＝8 cm

(2)$9×9×3.14×12×\dfrac{1}{3}-6×6×3.14×8×\dfrac{1}{3}$
$=715.92$ (cm³)

(3)$(6+9)×3.14×5+6×6×3.14+9×9×3.14$
$=602.88$ (cm²)

（！）ココに注意 - - - - - - - - - - - - - - - - - - -

円すい台の側面積は，（上の円の半径＋下の円の半径）×円周率×母線 で求めることもできる。

- -

別解 側面積を，（上の円周＋下の円周）×母線÷2 を利用して求めて，

$(6×2×3.14+9×2×3.14)×5÷2+6×6×3.14$
$+9×9×3.14=602.88$ (cm^2)

⑪(1)① OA を半径とする円の円周の長さは,
$6×2×3.14=37.68$(cm)
円すいが 6 回転しているので, 円すいの底面
の円の円周の長さは, $37.68÷6=6.28$ (cm)
円すいの底面の円の半径を □ cm とすると,
$□×2×3.14=6.28$
$□×2=6.28÷3.14=2$
$□=2÷2=1$ (cm)
よって,
$1×1×3.14+6×1×3.14=21.98$ (cm^2)

別解 回転数＝$\dfrac{母線}{底面の半径}$ より, $6=\dfrac{6}{□}$
$□=6÷6=1$ (cm)

②
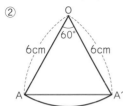
中心角を □° とすると,
$\dfrac{□}{360}=\dfrac{1}{6}$ ×60 ×60
$□=1×60=60$
よって, 三角形 OAA′ は正三角形なので, 6 cm

(2)
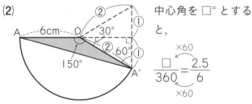
中心角を □° とする
と,
$\dfrac{□}{360}=\dfrac{2.5}{6}$ ×60 ×60
$□=2.5×60=150$
三角形 OAA′ の底辺を OA としたときの高さは,
②＝6 cm, ①＝3 cm　よって, $6×3÷2=9$ (cm^2)

⑫(2)$12×12-(6×12÷2×2+6×6÷2)=54$ (cm^2)
(3)三角すいの体積は, $6×6÷2×12×\dfrac{1}{3}=72$ (cm^3)
三角形 AEF を底面にしたときの高さを □ cm と
すると,
$54×□×\dfrac{1}{3}=72$
$18×□=72$
$□=72÷18=4$ (cm)

⑬(1)$8×8×8-2×2×3.14×8=411.52$ (cm^3)
(2)この立体の表面の表面積は,

が 4 面と が 2 面なので,
$8×8×4+(8×8-2×2×3.14)×2$
$=358.88$ (cm^2)
この立体の穴の中の表面積は, 円柱の側面積と

同じなので,
$2×2×3.14×8=100.48$ (cm^2)
よって, $358.88+100.48=459.36$ (cm^2)

(3)重なって
いる立体
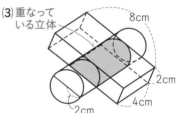
立方体の穴の部分の立体は, 図のようになる。
重なっている立体は半径 2 cm, 高さ 4 cm の円
柱の半分なので,
穴の部分の立体の体積は,
$2×2×3.14×8+2×4×8-2×2×3.14×4÷2$
$=139.36$ (cm^3)
よって, $8×8×8-139.36=372.64$ (cm^3)

■■■ ステップ3 発展問題　　本冊 → p.104～p.105

1 414.48 cm^2
2 28.26 cm^3
3 (1)70 cm^3　(2)42 cm^2
4 17.5 cm^3
5 (1)$\dfrac{3}{4}$ 倍　(2)$\dfrac{1}{6}$ 倍　(3)$\dfrac{17}{24}$ 倍　(4)$\dfrac{11}{24}$ 倍
6 (1)$40\dfrac{68}{75}$ cm^3
(2)①
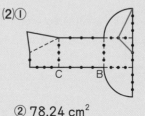
② 78.24 cm^2

解き方

1 この立体の表面積は,
円すいの側面積＋円柱の側面積＋円すい台の側面積
＋底面の円の面積 なので,
$5×3×3.14+3×2×3.14×6+(3+6)×3.14×5$
$+6×6×3.14=414.48$ (cm^2)

2 点 D から辺 BC に平行な線をひき, 辺 AB との交
点を点 E とすると, 三角形 AED は直角二等辺三
角形になる。
辺 ED は, $8-5=3$ (cm) なので,
辺 BC も 3 cm

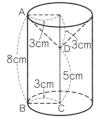

$3\times3\times3.14\times3\times\frac{1}{3}$
$+3\times3\times3.14\times5$
$=169.56$ (cm³)

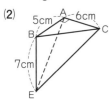

$3\times3\times3.14\times8$
$\quad-3\times3\times3.14\times3\times\frac{1}{3}$
$=197.82$ (cm³)
よって，
$197.82-169.56$
$=28.26$ (cm³)

3 (1) $5\times6\div2\times(0+7+7)\div3=70$ (cm³)

！ ココに注意 ----------
三角柱をななめに切断した立体の体積は，底面積×高さの平均 で求めることができる。

別解 取りのぞいた三角すいの体積は，もとの三角柱の体積の $\frac{1}{3}$ なので，$5\times6\div2\times7\times\left(1-\frac{1}{3}\right)=70$ (cm³)

(2)

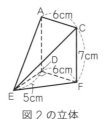

取りのぞいた三角すい　　図2の立体
三角形 ABC の面積 ＝ 三角形 DEF の面積
三角形 BEC の面積 ＝ 三角形 FCE の面積
三角形 ABE の面積 ＝ 三角形 EDA の面積
切り口 AEC の面積 ＝ 切り口 AEC の面積
よって，表面積の差は四角形 ADFC の面積と等しいので，$6\times7=42$ (cm²)

4 下から1段目，2段目，3段目と段ごとに考え，残った立方体は○印，くりぬかれた立方体は×印，半分だけ残った立方体は△印をつける。

○印は，$8+2+5=15$（個）
△印は，$2+3=5$（個）
よって，
$1\times1\times1\times15+1\times1\times1\times\frac{1}{2}\times5=17.5$ (cm³)

5 (1)

立方体の1辺を1とすると，立方体の体積は，$1\times1\times1=1$ より，頂点Aをふくむ立体の体積は，
$\left(\frac{1}{2}+1\right)\times1\div2\times1=\frac{3}{4}$
よって，$\frac{3}{4}\div1=\frac{3}{4}$（倍）

(2)

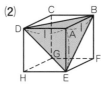

$1\times1\div2\times1\times\frac{1}{3}=\frac{1}{6}$
よって，$\frac{1}{6}\div1=\frac{1}{6}$（倍）

(3)

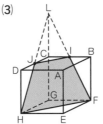

図のように点Lをおくと，三角形 LCJ と三角形 LGH は相似で，相似比は，$\frac{1}{2}:1=①:②$
②−①＝①　①＝1 なので，LC の長さは1
三角すい台 CJI-GHF の体積は，
$1\times1\div2\times2\times\frac{1}{3}-\frac{1}{2}\times\frac{1}{2}\div2\times1\times\frac{1}{3}=\frac{7}{24}$
よって，$1-\frac{7}{24}=\frac{17}{24}$，$\frac{17}{24}\div1=\frac{17}{24}$（倍）

(4)

図のように点Mをおくと，三角柱 ABD-EFH から三角すい H-DKM を取りのぞいた立体になる。
三角柱 ABD-EFH の体積は，$1\times1\div2\times1=\frac{1}{2}$
三角すい H-DKM の体積は，
$\frac{1}{2}\times\frac{1}{2}\div2\times1\times\frac{1}{3}=\frac{1}{24}$
よって，$\frac{1}{2}-\frac{1}{24}=\frac{11}{24}$，$\frac{11}{24}\div1=\frac{11}{24}$（倍）

6 (1)

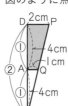

図のように点G，点Hをおくと，三角形 DGP と三角形 AGQ は相似なので，相似比は，
$2:1=②:①$
よって，
AG=①=4cm
同じように，三角形 DGF と三角形 AGH は相似なので，AH=2cm
三角すい台 DPF-AQH の体積は，

第1章
第2章
第3章
第4章
第5章
第6章
第7章
中学入試予想問題

$$4\times2\div2\times8\times\frac{1}{3}-2\times1\div2\times4\times\frac{1}{3}=\frac{28}{3}\ (\text{cm}^3)$$

立体アの体積は,

$$4\times4\times3.14\times\frac{1}{4}\times4=50.24\ (\text{cm}^3)$$

よって,

$$50.24-\frac{28}{3}=50\frac{6}{25}-9\frac{1}{3}=40\frac{68}{75}\ (\text{cm}^3)$$

(2)①

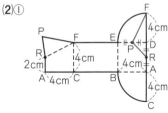

立体アとイの見取図より, 展開図に頂点をかく。

②

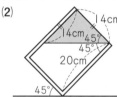

図の切り取った三角すいの展開図より, 三角形 PRF の面積は,

$$4\times4-(2\times2\div2+2\times4\div2\times2)=6\ (\text{cm}^2)$$

①の展開図より, 図ウの面積は,

$$6+(2+4)\times4\div2+4\times2\times3.14\times\frac{1}{4}\times4$$

$$+4\times4\times3.14\times\frac{1}{4}\times2+4\times4=84.24\ (\text{cm}^2)$$

①で切り取った三角形 PRF の面積は,

$$6\times2\div2=6\ (\text{cm}^2)$$

よって, 立体イの表面積は,

$$84.24-6=78.24\ (\text{cm}^2)$$

2 容積とグラフ

ステップ1 **基本問題**　本冊 → p.106〜p.107

1 (1) 160000 cm³　(2) 5 L

2 (1) 30 cm　(2) 9 cm

3 (1) 8.4 L　(2) 5.46 L

4 1750 cm³

5 (1) 15000 cm³　(2) 2000 cm³
　(3) 7 分 30 秒

6 (1) 6　(2) 18 分 30 秒

解き方

1 (1) $50\times80\times40=160000\ (\text{cm}^3)$
　(2) 1 L＝1000 cm³　$160000\div1000=160\ (\text{L})$
　　165－160＝5 (L)

2 (1) $90\times20=1800\ (\text{cm}^3)$　$1800\div60=30\ (\text{cm})$
　(2) A, B, C の水そうをつなげて, 全体の底面積が

$90+60+50=200\ (\text{cm}^2)$ の水そうとして考える。水の量は, はじめの A の水の量なので, 1800 cm³　よって, $1800\div200=9\ (\text{cm})$

3 (1) $30\times14\times20=8400\ (\text{cm}^3)=8.4$ L
　(2)

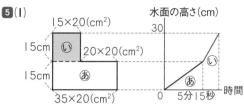

45°にかたむけたとき, 図の水が入っていない部分は直角二等辺三角形になる。こぼれた水の体積は,

$14\times14\div2\times30=2940\ (\text{cm}^3)=2.94$ L
よって, $8.4-2.94=5.46\ (\text{L})$

4 石の体積と同じ体積分だけ水面が高くなるので, この石の体積は, $25\times20\times3.5=1750\ (\text{cm}^3)$

5 (1)

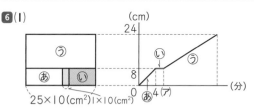

あの体積は, $35\times20\times15=10500\ (\text{cm}^3)$
いの体積は, $15\times20\times15=4500\ (\text{cm}^3)$
よって, $10500+4500=15000\ (\text{cm}^3)$
(2) あに水を入れるのに 5 分 15 秒かかるので,

$$10500\div5\frac{15}{60}=2000\ (\text{cm}^3)$$

(3) $15000\div2000=7.5$ (分)＝7 分 30 秒

! ココに注意

水そうに水が入るようすとグラフを横に並べて, 高さをそろえて比べよう。

6 (1)

あといの体積の合計は,

$(25\times10-1\times10)\times8=1920\ (\text{cm}^3)$
よって, $1920\div320=6$ (分)
(2) うの体積は, $25\times10\times(24-8)=4000\ (\text{cm}^3)$
うに水を入れるのにかかる時間は,
$4000\div320=12.5$ (分)
よって, $6+12.5=18.5$ (分)＝18 分 30 秒

■■ ステップ2 標準問題　　本冊 → p.108〜p.109

1 $5.625 \text{ cm}\left(5\dfrac{5}{8}\text{ cm}\right)$

2 (1) 180 cm^3　(2) 7.5 cm

3 4.56 cm^3

4 (1) 502.4 cm^3　(2) 7.5 cm　(3) 37.68 cm^2

5 (1) **毎秒 25 cm^3**　(2) 10 cm　(3) 256

解き方

1
水の量が一定のとき，底面積の比と高さの比は逆比になる。
底面積の比は，

$$\frac{1}{12} : \frac{1}{5} : \frac{1}{4} = \frac{5}{60} : \frac{12}{60} : \frac{15}{60} = 5 : 12 : 15$$

底面積の比を ⑤：⑫：⑮ とすると，水の量の合計は，⑤×12×3=⑱⓪
よって，⑱⓪÷(⑤+⑫+⑮)=5.625 (cm)

2 (1)
図のように点 G，点 H をおくと，三角形 ABC と三角形 AGH は相似で，相似比は，6：3=②：①
②=8 cm　①=4 cm
入れた水は，(4+8)×3÷2×10=180 (cm³)

(2) 三角形 ABC の面積は，6×8÷2=24 (cm²)
よって，180÷24=7.5 (cm)

3 色のついた部分の面積は，
$$2×2×3.14×\frac{1}{4}-2×2÷2$$
$$=1.14 \text{ (cm}^2)$$
よって，1.14×4=4.56 (cm³)

4 (1) 4×4×3.14×10=502.4 (cm³)
(2) (1)のとき容器の中にある水の体積は，
8×8×3.14×10−4×4×3.14×10
=480×3.14 (cm³)
円柱を取り出したあとの水の高さを □ cm とすると，
8×8×3.14×□=480×3.14
8×8×□=480
□=480÷64=7.5 (cm)

! ココに注意
水の体積を 480×3.14 (cm³) と表すと，あとの計算で 3.14 が消せるので，計算が楽になる。

(3)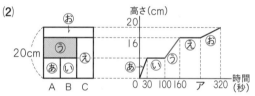

いの水があに移動したので，あといの体積は等しい。水の量が一定のとき，底面積の比と高さの比は逆比になるので，あ：いの高さの比は
1.5：6.5=3：13 より，底面積の比は，
⑬：③　⑬+③=⑯=8×8×3.14
よって，③=8×8×3.14×$\dfrac{3}{16}$=37.68 (cm²)

(別解) 入れた円柱の底面積を □ cm² とすると，
い+う=あ+う より，
□×8=8×8×3.14×1.5
□=37.68 (cm²)

5 (1) グラフより 320 秒で満水になるので，
20×20×20=8000 (cm³)
8000÷320=25 (cm³/秒)

(2)
あといとうに水を入れるのに 160 秒かかるので，
あといとうの体積の合計は，
25×160=4000 (cm³)
あといを合わせた底面積は，
4000÷16=250 (cm²)
あといに水を入れるのに 100 秒かかるので，あといの体積の合計は，25×100=2500 (cm³)
よって，2500÷250=10 (cm)

(3) アのときにあといとうとえに水が入っているので，あといとうとえの体積の合計は，
20×20×16=6400 (cm³)
よって，6400÷25=256 (秒)

(別解) おの体積は，20×20×(20−16)=1600 (cm³)
なので，おに水を入れるのにかかる時間は，
1600÷25=64 (秒)　よって，320−64=256 (秒)

■■ ステップ3 発展問題　　本冊 → p.110〜p.111

1 $3 : 2$

2 (1) $13\dfrac{1}{3}$ cm　(2) 3.2 cm

③ 7.5 cm

④ (1) P 30　Q 30　R 25
　(2) 1400 cm³　(3) 91

⑤ (1) 7 cm　(2) 4 cm　(3) 207 秒後

解き方

①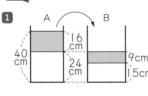
A に入っている水の $\frac{2}{5}$ を B に移すと A と B の水の高さは，$40×\frac{2}{5}=16$（cm）より，40－16＝24（cm）になる。

このとき，24－15＝9（cm）　B の水の高さが増えたことになる。

A の 16 cm 分と B の 9 cm 分の水量が等しいことから，底面積の比と高さの比は逆比になるので，底面積の比は，⑨：⑯

最初に入っていた A の水の量は，⑨×40＝�360

B の水の量は，⑯×15＝�240

よって，�360：�240＝3：2

② (1)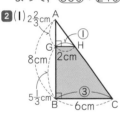
図のように点 G，点 H をおくと，三角形 ABC と三角形 AGH は相似で，相似比は，$8：2\frac{2}{3}=③：①$

よって，③＝6 cm　①＝2 cm　水の体積は，

$(2+6)×5\frac{1}{3}÷2×15=320$（cm³）

面 ABC を下にしたときの水面の高さを □ cm とすると，

8×6÷2×□＝320

24×□＝320

$□=320÷24=13\frac{1}{3}$（cm）

(2)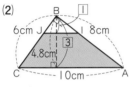
三角形 ABC の面積は，

6×8÷2＝24（cm²）

三角形 ABC において，底辺を AC にしたときの高さを □ cm とすると，

10×□÷2＝6×8÷2

10×□＝48

□＝48÷10＝4.8（cm）

(1)より，三角形 ABC と三角形 AGH の相似比は，図の三角形 ABC と三角形 IBJ の相似比と等し

いので，③＝4.8 cm，①＝1.6 cm

よって，4.8－1.6＝3.2（cm）

③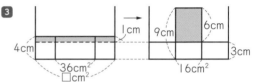

左の図と右の図の色のついた部分の体積は等しい。

色のついた部分の体積は，右の図より，

16×6＝96（cm³）

よって，容器の底面積は，96÷1＝96（cm²）

容器に入っている水の体積は，

(96－36)×4＝240（cm³）

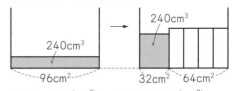

16×4＝64（cm²），96－64＝32（cm²）

水の量は等しいので，240÷32＝7.5（cm）

④ (1)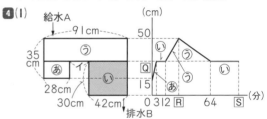

あの水の深さは，

50－35＝15，30－15＝15（cm）

あの水の体積は，

4.2×3＝12.6（L）＝12600 cm³

よって，28×P×15＝12600

28×P＝12600÷15＝840

P＝840÷28＝30

図とグラフより，Q＝30

いの水の体積は，

42×30×30＝37800（cm³）＝37.8 L

うの水の体積は，

91×30×(50－30)＝54600（cm³）＝54.6 L

よってRは，(12.6＋37.8＋54.6)÷4.2＝25

(2) うの水を排出するのに，64－25＝39（分）かかっているので，

54600÷39＝1400（cm³）

(3) いの水を排出するには，37800÷1400＝27（分）かかる。

よって，Sは，64＋27＝91

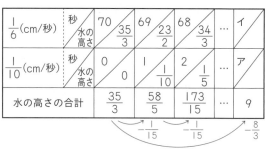

5(1)

入れはじめに入る水の量を 1 秒あたり①とすると，㋐：㋑＝75：(177－75)＝⑦⑤：⑩②

㋐の底面積×5＝⑦⑤

　　㋐の底面積＝⑦⑤÷5＝⑮

㋑の底面積×4＝⑩②

　　㋑の底面積＝⑩②÷4＝$\left(\dfrac{51}{2}\right)$

㋐の底面と㋑の底面は，縦の長さが同じなので，BC の長さと BD の長さの比は，㋐の底面積と㋑の底面積の比に等しい。

BC＝⑮＝10 cm

BD＝$\left(\dfrac{51}{2}\right)$＝10÷15×$\dfrac{51}{2}$＝17（cm）

よって，17－10＝7（cm）

(2)水が㋐と同じ割合で㋒に入ったとすると，247－177－16＝54（秒）で満水になる。

㋐：㋒＝⑦⑤：㊄④

　㋒の底面積×9＝㊄④

　　㋒の底面積＝㊄④÷9＝⑥

(1)より，BC＝⑮＝10 cm

EF＝⑥＝10÷15×6＝4（cm）

(3)(2)より，

㋐：㋒＝⑦⑤：㊄④＝②⑤：⑱

また，水が㋐と同じ割合で㋓に入ったとすると，427－247＝180（秒）　88－16＝72（秒）

180－72＝108（秒）で満水になる。

㋐に水が入るのに 75 秒かかるので，

㋐：㋓＝⑦⑤：⑩⑧＝②⑤：③⑥

つまり，㋒：㋓＝⑱：③⑥＝△：②

水の出が悪い状態で㋓を満水にするのに 180 秒かかるので，同じ状態で㋒を満水にするのに 90 秒かかる。

以上より，㋒に水を入れるとき，㋐と同じ割合で水を入れると，1 秒間に 9÷54＝$\dfrac{1}{6}$（cm）ずつ水面が上がり，水の出が悪い状態で入れると，1 秒間に 9÷90＝$\dfrac{1}{10}$（cm）ずつ水面が上がる。

9 cm 水面が上がるのに 70 秒かかるので，つるかめ算でとく。

$\dfrac{1}{6}$(cm/秒) 秒	70		69		68		⋯	イ
水の高さ		$\dfrac{35}{3}$		$\dfrac{23}{2}$		$\dfrac{34}{3}$			
$\dfrac{1}{10}$(cm/秒) 秒	0		1		2		⋯	ア
水の高さ		0		$\dfrac{1}{10}$		$\dfrac{1}{5}$			
水の高さの合計		$\dfrac{35}{3}$		$\dfrac{58}{5}$		$\dfrac{173}{15}$		⋯	9

$-\dfrac{1}{15}$　$-\dfrac{1}{15}$　$-\dfrac{8}{3}$

$\dfrac{1}{6}×70=\dfrac{35}{3}$（cm）　　$\dfrac{1}{6}×69+\dfrac{1}{10}×1=\dfrac{58}{5}$（cm）

$\dfrac{35}{3}-\dfrac{58}{5}=\dfrac{1}{15}$（cm）　　$\dfrac{35}{3}-9=\dfrac{8}{3}$（cm）

表より $\dfrac{1}{10}$（cm/秒）を 1 秒増やすごとに，水の高さの合計は $\dfrac{1}{15}$ cm ずつ減る。

よって，ア＝$\dfrac{8}{3}÷\dfrac{1}{15}=40$（秒）

水の出が悪くなった状態で 40 秒入れたので，

イ＝70－40＝30（秒）

㋐と同じ割合で㋒に水を入れた。よって，水の出が悪くなったのは，177＋30＝207（秒後）

🧠 理解度診断テスト ⑤

本冊 → p.112～p.113

理解度診断 A…80点以上，B…60～79点，C…59点以下

1 (1)100 cm³　(2)440 cm³　(3)72 cm³

2 (1)31.4 cm³　(2)75.36 cm²

3 (1)224 cm³　(2)312 cm²

4
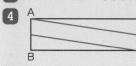

5 (1)23.8 cm　(2)33.6 cm　(3)9 cm

6 (1)30 cm　(2)5：6　(3)15 cm

解き方

1(1)底面積は，(2＋8)×4÷2＝20（cm²），高さ 5 cm より，20×5＝100（cm³）

(2)
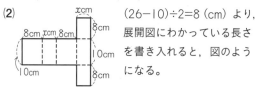

(26－10)÷2＝8（cm）より，展開図にわかっている長さを書き入れると，図のようになる。

8×10×2＋x×10×2＋x×8×2＝358

160＋20×x＋16×x＝358

36×x＝358－160

63

$36 × x = 198$　$x = 198 ÷ 36 = 5.5$ (cm)

よって，この直方体の体積は，

$8 × 10 × 5.5 = 440$ (cm³)

(3)

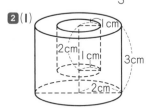

三角形 CNM を底面，AB = 12 cm を高さとする三角すいになる。

$(6 × 6 ÷ 2) × 12 × \dfrac{1}{3} = 72$ (cm³)

2(1)

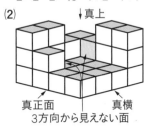

$2 × 2 × 3.14 × 3 − 1 × 1 × 3.14 × 2 = 31.4$ (cm³)

(2) $2 × 2 × 3.14 × 2 + 2 × 2 × 3.14 × 3$

$+ 1 × 2 × 3.14 × 2 = 75.36$ (cm²)

3(1)真上から見た図の，それぞれの場所に積み上げられた個数をかいて考える。

2	2	3	3
2	1	1	1
3	1	1	1
3	2	1	1

$2 × 2 × 2 × (3 × 4 + 2 × 4 + 1 × 8) = 224$ (cm³)

(2)

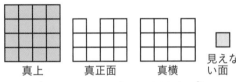

真上

真正面　真横
3方向から見えない面

表面積は3方向から見た面と，3方向から見えない面が2つずつあると考える。

真上　　真正面　　真横　　見えない面

$2 × 2 × (16 + 11 + 11 + 1) × 2 = 312$ (cm²)

4

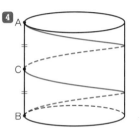

円柱のまわりを2周しているので，A と B の中点である点 C を通る。

立体図形上の表面を通る最短きょりは，展開図上の2点を結んだ直線になるので，ひもは次の図のようになる。

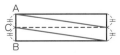

5(1)それぞれの立体の底面積の比を⑦：⑤：②とおくと，

$14 ÷ 2 = 7$ (cm)　⑦ $× 7 ÷ ⑤ = 9.8$ (cm)

よって，$14 + 9.8 = 23.8$ (cm)

(2) B の水をすべて A に入れると，⑤ $× 14 = ⑦⓪$ より，⑦⓪ $÷ ⑦ = 10$ (cm) なので，水の深さは，

$14 + 10 = 24$ (cm)

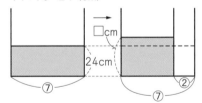

A の水の深さを □ cm とすると，

$(⑦ − ②) × □ = ⑦ × 24$

$⑤ × □ = ①⑥⑧$

$□ = 33.6$ (cm)

(3) A と B の水の深さの比を③：⑦にするとき，A と B の水の体積比は，$(⑦ × ③) : (⑤ × ⑦) = 3 : 5$ になる。水の量の合計は，

$⑦ × 14 + ⑤ × 14 = ①⑥⑧$

A に入る水の量は，①⑥⑧ $× \dfrac{3}{3 + 5} = ⑥③$

よって，⑥③ $÷ ⑦ = 9$ (cm)

6(1)

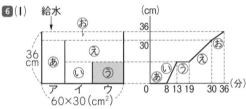

グラフより，30 cm

(2)ⓘに水を入れるのに，13−8=5（分），
　ⓤに水を入れるのに，19−13=6（分）かかって
　いるので，
　ⓘとⓤの体積比は，5:6
　ⓘとⓤの高さは同じなので，イとウの面積比は，
　ⓘとⓤの体積比に等しい。
　よって，5:6
(3)毎秒 30 cm³ ずつ入るので，1分間に入る水の量
　は，30×60=1800（cm³）
　ⓐに水を入れるのに 8 分かかるので，アの面積
　は，1800×8÷30=480（cm²）
　イとウの面積の和は，
　60×30−480=1320（cm²）
　よって，1800×(19−8)÷1320=15（cm）

ⓘとⓤに水を入れるのに 11 分，ⓔに水を入れる
のに 11 分かかる。
よって，入っている水の量は等しいので，高さも
等しくなるから，
30÷2=15（cm）

第6章　文章題

1 規則性や条件についての問題

ステップ1 基本問題　　　　本冊 → p.114〜p.115

1 (1) 52 本　(2) 480 m　(3) 34 本
2 (1) 2.5 cm　(2) 38 cm
3 (1) 1　(2) 4
4 (1) 木曜日　(2) 日曜日　(3) 土曜日
5 (1) 25 個　(2) 121 個
6 (1) 18 人　(2) 3 人
7 2 番目

解き方

1(1)
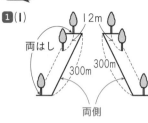
両はしに木を植える
ので，
間の数+1=木の数
になる。
(300÷12)+1
=26（本）
両側に木を植えるので，26×2=52（本）

! ココに注意
両はしと両側が何を表しているのかに注意しよう。

(2)公園のまわりに木を植えるので，間の数=木の数
になる。よって，16×30=480（m）
(3)両はしには花を植えないので，間の数−1=花の数
になる。
よって，28÷0.8=35　35−1=34（本）
2(1)テープをつなげたとき，のりしろの数=テープの
本数−1 になる。のりしろ 1 か所の長さを □ cm
とすると，全体の長さは，
15×19−□×(19−1)=240
285−□×18=240
　　□×18=285−240=45
　　　□=45÷18=2.5（cm）
(2)紙テープ 1 本の長さを □ cm とすると，全体の
長さは，
□×15−2×(15−1)=542
　　　□×15=542+28=570
　　　　□=570÷15=38（cm）
3(1)かけ合わせてできる数の一の位の数字は，一の
位だけかければ求めることができる。

一の位だけに注目すると「3，9，7，1」のくり
返しなので，20÷4＝5あまり0より，1

(2) $1\ \times2\ \times2\ \times2\ \times2\ \times2\ \times2\ \cdots$
　　$2\ \ 4\ \ 8\ \ 16\ \ 12\ \ 4\ \cdots$
　　　　×2　×2　×2　×2　×2

「2，4，8，6」のくり返しなので，
2018÷4＝504あまり2より，4

④(1)5月5日が元旦（1月1日）の何日後かを求めると，
5/5 ＝ 4/35 ＝ 3/66 ＝ 2/94 ＝ 1/125
　　+30　　+31　　+28　　+31
125−1＝124（日後）　124÷7＝17あまり5
数えはじめの日の土曜日を0日後とすると，あ
まりに対応する曜日は，
あまり…0　1　2　3　4　5　6
曜　日…土　日　月　火　水　木　金
よって，木曜日

(2)12/1 ＝ 11/31 ＝ 10/62 ＝ 9/92
　　　+30　　+31　　+31
＝ 8/123 ＝ 7/154 ＝ 6/184 ＝ 5/215
　　+31　　　+30　　　+31
215−1＝214（日後）　214÷7＝30あまり4
あまり…0　1　2　3　4　5　6
曜　日…水　木　金　土　日　月　火
よって，日曜日

(3)10/24 ＝ 9/54 ＝ 8/85 ＝ 7/116
　　　+30　　+31　　+31　　+30
＝ 6/146 ＝ 5/177
　　+31
177−11＝166（日前）　166÷7＝23あまり5
0日前を木曜日として，あまりに対応する曜日
は「〜日前」なので木→水→火…と順序を逆に
して書く。
あまり…0　1　2　3　4　5　6
曜　日…木　水　火　月　日　土　金
よって，土曜日

◎ ココに注意
〜日前なので，月→日→土…のように逆に並ぶ。

⑤
□回目	1	2	3	…	□	
石	1	3	5	…	2×□−1	←□番目の奇数
石の合計	1	4	9	…	□×□	←□番目の四角数

(1)5×5＝25（個）
(2)2×□−1＝21

2×□＝21+1＝22
　　□＝22÷2＝11
よって，11×11＝121（個）

◎ ココに注意
1から数えて□番目の奇数は，2×□−1になる。

⑥(1)
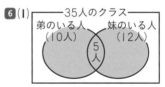
色のついた部分の人
数は，弟のいる人＋
妹のいる人−どちら
もいる人 より
10＋12−5＝17（人）
よって，弟も妹もいない人は，35−17＝18（人）

別解 弟も妹もいない人を□人として，表で考える。

		弟		合計
		○	×	
妹	○	5	ア	12
	×		□	
合計		10	イ	35

ア＝12−5＝7　イ＝35−10＝25，
□＝イ−ア＝25−7＝18（人）

(2)
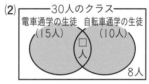
色のついた部分の人
数は，
30−8＝22（人）
□＝15＋10−22
　＝3（人）

⑦「AはBより高く」
　「CはAより高く」
　「BはEより高い」
　「EはDより高く」
　よって，2番目

低 ――B―A―――― 高
低 ――B―A―C―― 高
低 ―E―B―A―C― 高
低 D―E―B―A―C 高

■ ステップ2 標準問題　　本冊→p.116〜p.119

① (1)52.9 m　(2)50 m　(3)88 分
② (1)1142 cm　(2)92 個　(3)183 個
③ (1)16807　(2)3　(3)98
④ (1)水曜日　(2)金曜日　(3)8月7日
⑤ (1)ア 55　イ 100　(2)ウ 99　エ 201
　 (3)オ 1225　カ 35
⑥ 偶数の和が 75 だけ大きい
⑦ (1)21　(2)左から 10 番目，上から 9 番目
　 (3)10440
⑧ 130 本
⑨ (1)38 個　(2)26 番目　(3)40200 個

10 (1)① 7段 ② 84本 (2)66個

11 (1)35人 (2)9人以上17人以下

12 1位…B, 2位…D, 3位…A, 4位…C, 5位…E, 6位…F

解き方

1 (1)間の数＝木の数 なので，木と木の間かくが85cmのところは，48−22=26（か所）
よって，1.4×22+0.85×26=52.9（m）
(2)池のまわりの長さは，2×157=314（m）
この池の半径を□mとすると，
　□×2×3.14=314
　　□×2=314÷3.14=100
　　□=100÷2=50（m）
(3)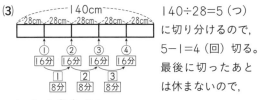
140÷28=5（つ）に切り分けるので，5−1=4（回）切る。最後に切ったあとは休まないので，4−1=3（回）休む。
よって，16×4+8×3=88（分）

2 (1)画用紙のつなぎめ＝画用紙の枚数−1 より，
40×30−2×（30−1）=1142（cm）
(2)画びょうでとめるところは，画用紙のつなぎめと両はしになるので，45+1=46（か所）
1か所に画びょうは2個いるので，
2×46=92（個）
(3)図のように2枚の画用紙を1組と考えると，
120÷2=60（組）できる。
画びょうでとめるところの数は，この60組の画用紙のつなぎめと両はしになるので，
60+1=61（か所）
1か所に画びょうは3個いるので，
3×61=183（個）

3 (1)7×7×7×7×7=16807
(2)「7，9，3，1」のくり返しなので，
2019÷4=504あまり3より，3
(3)下2けたの数をかけていくと「07，49，43，01」のくり返しなので，
10÷4=2あまり2より，〔10〕=49　〔2〕=49

よって，49+49=98

4 (1)6/24 = 5/55 = 4/85 = 3/116 = 2/145
　　　+31　　+30　　+31　　+29
145−19=126（日後）　126÷7=18あまり0
あまり…0　1　2　3　4　5　6
曜　日…水　木　金　土　日　月　火
よって，水曜日
(2)8/8 = 7/39 = 6/69 = 5/100 = 4/130
　　+31　　+30　　+31　　+30　　+31
= 3/161 = 2/190 = 1/221
　　+29　　+31
221−1=220（日前）　220÷7=31あまり3
あまり…0　1　2　3　4　5　6
曜　日…月　日　土　金　木　水　火
よって，金曜日
(3)第1回の放送は，第24回から24−1=23（週間前）の放送になる。よって，1月15日の
7×23=161（日前）
1/15 = （前の年の）12/46 = 11/76
　　　　　　+31　　　+30　　+31
= 10/107 = 9/137 = 8/168
　　+30　　+31
168−161=7　よって，8月7日

5 (1)ア=1+2+…+10=(1+10)×10÷2=55
イ=10×10=100
(2)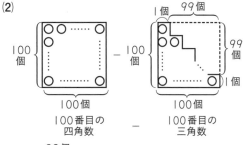
100番目の四角数 − 100番目の三角数
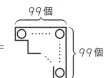
= 99番目の三角数　よって，ウ=99
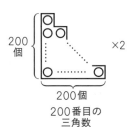
200番目の三角数

67

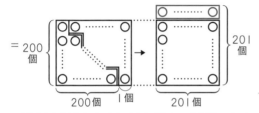

$= 200$ 個 ← 200個 1個 → 201個

1列201個を加えると201番目の四角数になる。

よって，**エ**＝201

(3)**オ**＝(1+49)×49÷2=1225

オ＝49×25=7×7×5×5=35×35

よって，**カ**＝35

6

組	1	2	3	…	25	26
偶数	50	52	54	…	98	100
奇数		51	53	…	97	99
差	50	1	1	…	1	1

(100−50)÷2+1=26（組）

1組は偶数のほうが50大きく，2組から26組は
偶数のほうが1大きいので，偶数の和が

50+1×(26−1)=75 大きい。

7(1)左からA番目，上からB番目の位置にある数字
を(A，B)とする。

(1, 1)=1×1→	1	2	5	10	…
(1, 2)=2×2→	4	3	6	11	…
(1, 3)=3×3→	9	8	7	12	…
(1, 4)=4×4→	16	15	14	13	…
					…

左から1番目の数は，1，4，9，16，…の四角
数が並んでいる。

左から5番目，上から5番目は(5, 5)で，(1, 4)
より5大きい数なので，4×4+5=21

(2)90に近い四角数は，9×9=81 より，

(1, 9)=81，(10, 1)=81+1=82

(10,1)

	…	82	…
		83	
		⋮	
(10,9)→		90	…
		…	

左から10番目に，
上から順に82か
ら90まで，

90−82+1
=9（個）並ぶ。

よって，左から10番目，上から9番目

(3)左から12列，上から12行までに並んでいるす
べての数字のうち，最も大きい数字は，

(1, 12)=12×12=144

1から144までの数字の和は，

(1+144)×144÷2=10440

8

□番目	1	2	3	4	…	9	10
マッチ棒	4	10	18	28	…		

(+6 +8 +10 +22)

← 初項が6，公差が2の等差数列

4番目

6+2×(9−1)=22

(6+22)×9÷2=126

よって，126+4=130（本）

別解

□番目	1	2	3	…	10
マッチ棒	4	10	18	…	

□番目のマッチ棒の数は，□×(□+3)になっている。

よって，10番目は，10×(10+3)=130（本）

9

□番目	1	2	3	4	…	□
点の個数	6	14	22	30	…	

(+8 +8 +8)

初項が6，
公差が8
の等差数列

(1)6+8×(5−1)=38（個）

(2)6+8×(□−1)=200

8×(□−1)=200−6=194

□−1=194÷8=24.25

□=25.25

よって，25+1=26（番目）

(3)100番目の点の個数は，6+8×(100−1)=798

よって，(6+798)×100÷2=40200（個）

10

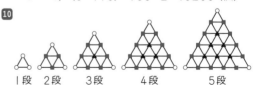

1段　2段　3段　4段　5段

(1)棒が4本出ているねん土玉は，■印のねん土玉。

段数	1	2	3	4	5	…	□
■印の ねん土玉	0	3	6	9	12	…	
使った棒	3	9	18	30	45	…	

← 0+3×(□−1)

(+3 +3 +3 +3) (+6 +9 +12 +15)

① 0+3×(□−1)=18

□−1=18÷3=6

□=6+1=7（段）

②使った棒の本数は，増える数が3ずつ増えて
いるので，

5段　6段　7段

45　63　84

(+18 +21)

よって，84本

別解 使った棒の本数は，3×(△の向きの三角形の数)

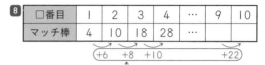
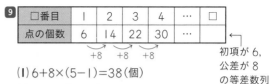

68

になっている。三角形の数は，１段のとき１個，２段のとき３個，３段のとき６個，…なので，□段のときは，(１+□)×□÷２（個）

したがって，７段のときは，(１+７)×７÷２=28（個）

よって，3×28=84（本）

(2)棒が６本出ているねん土玉は▲印のねん土玉。

段数	1	2	3	4	5	…
▲印の ねん土玉	0	0	1	3	6	…←（段数−2）までの三角数
ねん土玉 の合計	3	6	10	15	21	…

（▲印のねん土玉）+1 +2 +3
（ねん土玉の合計）+3 +4 +5 +6

１+２+…+□=36 より，

(１+□)×□÷２=36

(１+□)×□=36×２=72

9×8=72 より，□=8

よって，8+2=10（段）

ねん土玉の合計は，増える数が１ずつ増えているので，

５段　６段　７段　８段　９段　10段

21　　28　　36　　45　　55　　66

+7　　+8　　+9　　+10　　+11

よって，66個

⑪(1)
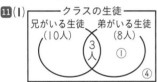

クラスの生徒
兄がいる生徒（10人）　弟がいる生徒（8人）　３人　①　④

弟だけがいる生徒を①とすると，

①=8−3=5（人）

④=20人

よって，10+5+20=35（人）

(2)最小の場合
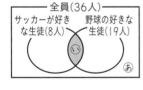

全員（36人）
サッカーが好きな生徒（8人）　野球の好きな生徒（19人）　い　あ

あをできるだけ小さくするには，いの両方とも好きな生徒の人数を最も小さくすればよいので，いは０人。よって，あは，36−（8+19）=9（人）

最大の場合
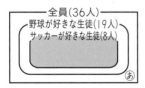

全員（36人）
野球が好きな生徒（19人）
サッカーが好きな生徒（8人）　あ

あをできるだけ大きくするには，サッカーが好きな生徒と野球が好きな生徒をぴったり重ねればよい。

あは，36−19=17（人）

よって，９人以上17人以下

⑫条件を表に整理する。可能性のない順位に×をつけてから推理する。

順位	1	2	3	4	5	6	
A	×			×			←①より
B				×	×	×	←②より
C	×	×	×	○	×	×	←③と⑤より
D	×		×		×		←④より
E	×	×	×	×	○	×	←③と⑤より
F	×	×	×	×	×	○	←③と⑤より

③，⑤より，Ｃは４位，Ｅは５位，Ｆは６位になる。

⑥と表より，Ｄは２位なので，Ａは３位になる。

よって，Ｂは１位になる。

ステップ3 発展問題　本冊→p.120〜p.121

1 (1)金曜日　(2)39，40，１番（順不同）
(3)９月17日
2 (1)47　(2)729
(3)上から45段目，左から20番目
3 (1)4020　(2)111
4 21人
5 ３番目
6 (1)15個　(2)25個　(3)289個

解き方

1 (1)31−1=30（日後）　30÷7=4 あまり2

あまり…0　1　2　3　4　5　6

曜日…水　木　金　土　日　月　火

よって，金曜日

(2)出席番号順に３人を①グループ，②グループ，…と分け，８月のカレンダーにそうじをするグループを書きこむと，

日	月	火	水	木	金	土
			1	2	3	4
			①	②	③	+7④
5	6	7	8	9	+6⑩	11
⑤	⑥	⑦	⑧	⑨		+7⑩
				+6⑰		
			⑮		+7	
		+6㉔				
			㉑	+7		
	+6㉛					
	㉗					

１グループは３人なので，㉗グループの人は，3×（27−1）+1=79（人目）の人から３人になる。このクラスは40人なので，79÷40=1 あまり39 より，当番になるのは，39番，40番，１番。

(3) 40 人のクラスで，3 人ずつ当番になるので，3
と 40 の最小公倍数 120 より，
120÷3=40（グループ）

|①|②|…|㊵|㊶|…|
|(1, 2, 3)|(4, 5, 6)|…|(38, 39, 40)|(1, 2, 3)|…|

次に 1，2，3 番の 3 人が当番になるのは，
40+1=41（グループ）
(2)より，1 週間で 6 グループずつ当番になるので，
41÷6=6 あまり 5 より，⑤グループが当番にな
った 8 月 6 日から 6 週間後になる。
7×6=42（日後）
6+42=48 より，8/48 = 9/17
　　　　　　　　　 −31
よって，9 月 17 日

2 1 からはじまる奇数を，1 からはじまる整数にな
おして考える。

```
        ①              各段の最後の数は三角
       2  ③            数になっている。
      4  5  ⑥
     7  8  9  ⑩
  11  12  13  14  ⑮
            ⋮
```

(1) 上から 6 段目の最後は，(1+6)×6÷2=21（番目
の奇数）なので，上から 7 段目，左から 3 番目
は，21+3=24（番目の奇数）
よって，24×2−1=47

(2) 上から 8 段目の最後は，(1+8)×8÷2=36（番目
の奇数）で，上から 9 段目の最後は，
(1+9)×9÷2=45（番目の奇数）なので，
45×45−36×36=2025−1296=729

> **! ココに注意** ------------
> （奇数の個数の）四角数は，1 からはじまる奇数の和になる。
> ----------------------

(3) 2019 は，(2019+1)÷2=1010（番目の奇数）
である。
1010 に最も近い三角数は，
(1+□)×□÷2=1010
　(1+□)×□=2020
　　　　2×1=2
　　　　　⋮
　　45×44=1980
　　46×45=2070
よって 1010 は，45 段目にある。
上から 44 段目の最後の数は，
(1+44)×44÷2=990（番目の奇数）

1010−990=20
よって 2019 は，上から 45 段目，左から 20 番
目の数

3 **(1)**（1 周目）①，2，…，8
（2 周目）⑨，10，…，24
（3 周目）㉕，26，…
　　　　　⋮
各周の 1 番目の数は，1×1=1，3×3=9，
5×5=25… のように奇数の四角数になっている。
5 周目の 1 番目の数は，9×9=81
6 周目の 1 番目の数は，11×11=121
より，5 周目の最後の数は，121−1=120
よって，120−81+1=40
(81+120)×40÷2=4020

(2)
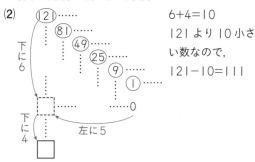
6+4=10
121 より 10 小さい数なので，
121−10=111

4 全校生徒を⑫，両方とも好きでない生徒を□とし
て，表で考える。

		犬		合計
		好き	好きでない	
ねこ	好き	④	14 人	②
	好きでない	③	□	③+□
合計		⑦	⑤	⑫

⑫×$\frac{1}{3}$=④　⑫×$\frac{7}{12}$=⑦

表より，ねこを好きでない生徒は，③+□ なので，
②+③+□=⑫ より，
③=⑫−③=⑨，□=⑨÷3=③，
ねこが好きな生徒は，②=⑥
ねこだけを好きな生徒は，⑥−④=②=14（人）
よって，③=14×$\frac{3}{2}$=21（人）

5 A，C，D の話から，
低 ──○─C─D─A─B── 高
F の話から○には F は入らないので，○は E になる。
B，F の話から，
低 ──E─C─F─D─A─B── 高
よって，D の年れいは高いほうから 3 番目。

6 (1)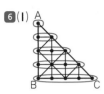

4回目の操作のあとの頂点は図のようになる。

横に並んでいる頂点の個数を上から数え，

1+2+3+4+5=(1+5)×5÷2=15（個）

(2)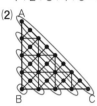

5回目の操作のあとの頂点は図のようになる。ななめの線上に並んでいる頂点の個数を左下から数えて，

1+3+5+7+9=(1+9)×5÷2=25（個）

別解 1からはじまる奇数の和を，四角数で求める。

1+3+5+7+9 は，5個の奇数の和なので

5×5=25（個）

⚠ **ココに注意** ┄┄┄┄┄┄┄┄┄┄┄┄

偶数回目と奇数回目で，頂点の個数の増え方の規則がちがうことに注意しよう。
┄┄┄┄┄┄┄┄┄┄┄┄┄┄┄┄┄┄┄┄┄┄┄┄

(3)(2)より奇数回目の操作のあとの頂点の数は，ななめの線の本数×ななめの線の本数 となる。

5回目の操作のあとのななめの線は 3+(3−1)=5（本），また，7回目の操作のあとのななめの線は，5+(5−1)=9（本）

さらに，9回目の操作のあとのななめの線は，9+(9−1)=17（本）

よって，9回目の操作のあとの頂点の個数は，1+3+…+33=(1+33)×17÷2=289（個）

別解と同じように，17×17=289（個）

---

2 和と差についての問題

■■ステップ1 **基本問題**　本冊→p.122〜p.123

1 (1) **男子…20人，女子…17人**
　　(2) 20枚　(3) 1200円　(4) 130個
　　(5) 70.5点
　　(6) **えんぴつ…60円，消しゴム…120円**
　　(7) 3年後

2 7問

3 (1) 35人　(2) 3人

4 (1) 7回　(2) 30人

5 (1) 325円　(2) 80円

解き方

1 (1)

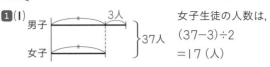

女子生徒の人数は，

(37−3)÷2
=17（人）

男子生徒の人数は，17+3=20（人）

(2) 45枚すべてが84円切手と考えたところから63円切手を1枚ずつ増やしていく表で考える。

63円 切手	数	0	1	2	…	あ
	金額	0	63	126		
84円 切手	数	45	44	43	…	
	金額	3780	3696	3612		
金額の合計		3780	3759	3738	…	3360

−21　−21　…　−21
−420

84×45=3780（円）

3780−3360=420（円）

表より，63円切手を1枚増やすごとに，合計金額は21円ずつ減る。

よって，あ=420÷21=20（枚）

(3) サインペンを⑧⓪，⑤⓪として図に表す。

（80円と50円の差の30円が□本分）＝（全体の差450円）なので，

本数は，□=450÷30=15（本）

よって，80×15=1200（円）

(4) みかん3個を③，4個を④として図に表す。

（3個と4個の差の1個が□人分）＝（全体の差の36個）なので，□=36÷1=36（人）

よって，3×36+22=130（個）

(5) 平均×回数=合計 なので，5回目までのテストの合計点数は，69×5=345（点）

残り3回のテストの合計点数は，

73×3=219（点）

よって，全体の合計点数は，

345+219=564（点）

8回のテストの平均は，564÷8 = 70.5（点）

(6) えんぴつ1本の値段を①，消しゴム1個の値段を□とすると，

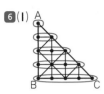
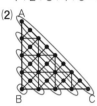

$$\begin{cases} ③+\boxed{1}=300\cdots\text{あ} \\ ⑥+\boxed{3}=720\cdots\text{い} \end{cases}$$

$$\begin{cases} ⑥+\boxed{2}=600\cdots\text{あ}×2 \\ ⑥+\boxed{3}=720\cdots\text{い} \end{cases}$$

えんぴつの本数が等しくなったので，720円と600円の差の120円が，消しゴムの個数の差1個の値段になる。よって，消しゴム1個は，120円

$$③+120=300$$
$$③=300-120=180$$
$$①=180÷3=60$$

よって，えんぴつ1本は，60円

(7)

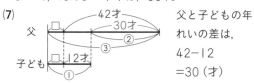

父と子どもの年れいの差は，
42−12
=30（才）

$$③-①=②=30 才$$
$$①=30÷2=15（才）$$
$$\boxed{1}=15-12=3（年後）$$

2 20問すべてが正解したところから，不正解の数を1問ずつ増やした表をかく。

正解数 （5点）	数	20	19	18	…	
	点	100	95	90		
不正解数 （−1点）	数	0	1	2	…	あ
	点	0	−1	−2		
合計点数		100	94	88	…	58

（−6，−6，−6，−42）

$$5×20=100（点）\quad 5×19-1×1=94（点）$$

不正解が1問増えるごとに，100−94=6（点）ずつ合計点数が減る。

よって，100−58=42（点）

あ=42÷6=7（問）

3 (1) 3点以上の人数は，クラス全体□人の80％なので，15+9+4=28（人）

$$□×0.8=28$$
$$□=28÷0.8=35（人）$$

(2) クラス全体の合計点数は，3.2×35=112（点）

1点と2点の合計点数は，
112−(3×15+4×9+5×4)=11（点）

1点と2点の合計人数は，
35−(15+9+4)=7（人）

1点	数	0	1	…	あ
	点	0	1		
2点	数	7	6	…	
	点	14	12		
合計点数		14	13	…	11

（−1，−1，−3）

$$2×7=14（点）\quad 14-11=3（点）$$

あ=3÷1=3（人）

4 (1) これまで□回テストを受けたとする。

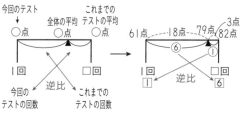

支点からの棒の長さの比は，

(79点−61点)：(82点−79点)=18：3=⑥：①

回数の比は逆比の□：⑥なので，□=1回 より，

⑥=6回…これまでのテストの回数

よって，全部で，6+1=7（回）

⊙ ココに注意 ----------

2種類の平均とそれを合わせた全体の平均について考えるとき，てんびん図を使うことができる。

----

(2)
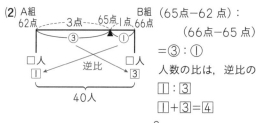

(65点−62点)：(66点−65点)
=③：①

人数の比は，逆比の
□：③
□+③=④
④=40人 より，③=40×$\frac{3}{4}$=30（人）

5 (1) くつ下1足の値段を①，手ぶくろ1組の値段を□とする。

$$③+\boxed{1}=1675\cdots\text{あ}\quad \boxed{1}=②+50\cdots\text{い}$$

$$③+\boxed{1}=1675\cdots\text{あ}$$
$$\boxed{1}=②+50\cdots\text{い}$$
$$③+②+50=1675$$
$$⑤=1675-50=1625（円）$$

手ぶくろ1組はくつ下2足と50円におきかえることができる。

よって，くつ下1足の値段は，
1625÷5=325（円）

(2) みかん1個の値段を①，りんご1個の値段を□とする。

$$③=\boxed{2}\cdots\text{あ}\quad ⑥+\boxed{6}=1200\cdots\text{い}$$

りんごの個数を2と6の最小公倍数の6でそろ

える。

⑥+⑥=1200…①

　　⑥=⑨…⑥が3セット

⑥+⑨=⑮=1200

　　①=1200÷15=80（円）

ステップ2 標準問題　　本冊 → p.124〜p.127

1 (1)17 cm　(2)7 個　(3)39 回　(4)8 個
　(5)40 個　(6)90 人　(7)1.2 倍
　(8)170 円　(9)30 才　(10)23 年後

2 (1)3755 円　(2)3800 円

3 (1)28 個　(2)40 分　(3)12 個

4 (1)2 点…12 人，4 点…14 人　(2)27 人
　(3)最も少ないとき…16 人，
　　　最も多いとき…43 人

5 (1)① 85 人　② 37425 円　(2)80 個
　(3)15 枚

6 (1)30 人　(2)157.8 cm

7 (1)80 円　(2)110 円

8 (1)38 才　(2)5 才　(3)21 年後

解き方

1 (1)縦と横の長さの和は，80÷2=40（cm）
　　よって，（40−6）÷2=17（cm）
　(2)ケーキとシュークリームの代金の合計は，
　　5500−140=5360（円）

ケーキ (320 円)	個数	0		1		…	⑥
	代金		0		320		
シュー クリーム (240 円)	個数	20		19		…	
	代金		4800		4560		
代金の合計		4800		4880		…	5360

（+80　+80　　+560）

　　240×20=4800（円）　5360−4800=560（円）
　　よって，⑥=560÷80=7（個）

(3)
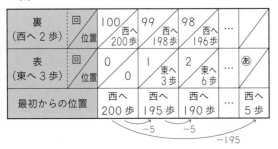

裏 (西へ 2 歩)	回	100	99	98	…	
	位置	西へ 200 歩	西へ 198 歩	西へ 196 歩		
表 (東へ 3 歩)	回	0	1	2	…	⑥
	位置	0	東へ 3 歩	東へ 6 歩		
最初からの位置		西へ 200 歩	西へ 195 歩	西へ 190 歩	…	西へ 5 歩

（−5　−5　　−195）

　　2×100=200（歩）　200−5=195（歩）

よって，⑥=195÷5=39（回）

(4)ケーキの個数を□個として，プリンとケーキを
比べると，

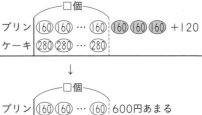

	□個				
プリン	⑩⑩ … ⑩	⑩⑩⑩ +120			
ケーキ	㉘㉘ … ㉘				

↓

	□個		
プリン	⑩⑩ … ⑩	600円あまる
ケーキ	㉘㉘ … ㉘	あまりも不足もない
差	⑫⑫ … ⑫	600円

ケーキは，□=600÷120=5（個）
よって，プリンは，5+3=8（個）

(5)

	子どもの人数□人			
	④	④	④ … ④	12個あまる
	⑦	⑦	⑦ … ⑦	9個不足
差	③	③	③ … ③	21個

子どもは，□=21÷3=7（人）
よって，4×7+12=40（個）

(6)長いすの数に対して，子どもがあまるか不足す
るかを考える。

	長いすの数□きゃく			
	③	③	③ … ③	3×5=15（人）あまる
	⑤	⑤	⑤ … ⑤	5×7=35（人）不足
差	②	②	② … ②	50人

長いすは，□=50÷2=25（きゃく）
よって，3×25+15=90（人）

(7)えんぴつ1本の値段を①，消しゴム1個の値段
を①とする。

$\begin{cases} ③+⑤=450 \\ ⑦+③=530 \end{cases}$

③と⑦の最小公倍数㉑にそろえる。

㉑+㉟=3150

　（差㉖　差1560）

㉑+⑨=1590

消しゴム1個の値段は，1560÷26=60（円）
450−60×5=150 より，えんぴつ1本の値段は，
150÷3=50（円）
よって，60÷50=1.2（倍）

(8)りんご1個の値段を①，かき1個の値段を①，
みかん1個の値段を△とする。

⑤=④+△…⑥　　⑤+③+△=1480…①

⑤+③+△5=1480…ⓘ
↓⑤=④+△7…ⓐ
④+△7+③+△5=1480
⑦+△12=1480
②+△5=470

⑦と②の最小公倍数⑭にそろえる。
⑭+△24=2960
　　差△11　差330
⑭+△35=3290

みかん1個の値段は，330÷11=30（円）
かき1個の値段は，(470-30×5)÷2=160（円）
よって，りんご1個の値段は，
(160×4+30×7)÷5=170（円）

(9)
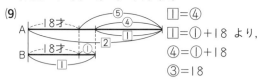
□=④　□=①+18 より，
④=①+18
③=18
よって，⑤=18×$\frac{5}{3}$=30（才）

(10)母の年れいと2人の子どもの年れいの和が等しくなるのを①年後として，表に整理していく。

	母	子1	子2
現在	38	9	6
①年後	38+①	9+①	6+①

38+①=9+①+6+①=15+②
①=38-15=23（年後）

2 (1)りんご1個とみかん1個の値段の和は，
3600÷12=300（円）

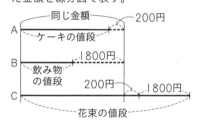

りんご1個とみかん1個の値段の差は，
25+35=60（円）
みかん1個の値段は，(300-60)÷2=120（円）
よって，3600+120+35=3755（円）

(2)同じ金額を基準にして，3人がはじめにはらった金額を線分図で表す。

よって，1800+200+1800=3800（円）

3 (1)

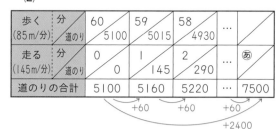

りんご (50円)	個数	60	56	52	…	ⓘ
	代金	3000	2800	2600		
4個 セット (160円)	個数	0	4	8	…	ⓐ
	代金	0	160	320		
代金の合計		3000	2960	2920	…	2680

-40　-40　-40　-320

50×60=3000（円）　3000-2680=320（円）
320÷40=8　ⓐ=4×8=32（個）
よって，ⓘ=60-32=28（個）

(2)

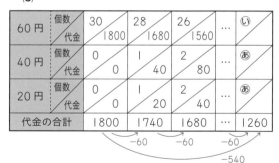

歩く (85m/分)	分	60	59	58	…	ⓐ
	道のり	5100	5015	4930		
走る (145m/分)	分	0	1	2	…	ⓐ
	道のり	0	145	290		
道のりの合計		5100	5160	5220	…	7500

+60　+60　+60　+2400

85×60=5100（m）　7500-5100=2400（m）
よって，ⓐ=2400÷60=40（分）

(3)

60円	個数	30	28	26	…	ⓘ
	代金	1800	1680	1560		
40円	個数	0	1	2	…	ⓐ
	代金	0	40	80		
20円	個数	0	1	2	…	ⓐ
	代金	0	20	40		
代金の合計		1800	1740	1680	…	1260

-60　-60　-60　-540

60×30=1800　1800-1260=540（円）
ⓐ=540÷60=9（個）
よって，ⓘ=30-9×2=12（個）

4 (1)2点と4点の生徒の人数の合計は，
56-(4+13+9+4)=26（人）
2点と4点の生徒の得点の合計は，
2.5×56-(0×4+1×13+3×9+5×4)=80（点）

2点	人数	26	25	24	…	ⓘ
	点	52	50	48		
4点	人数	0	1	2	…	ⓐ
	点	0	4	8		
得点の合計		52	54	56	…	80

+2　+2　+2　+28

2×26=52　80-52=28
ⓐ=28÷2=14（人）　ⓘ=26-14=12（人）

(2)問題Cが正解の生徒の得点は，3点，4点，5
点なので，9+14+4=27（人）

(3)得点が1点のときは，AかBのどちらかが正解，
4点のときは，CとAかBのどちらかが正解な
ので，1点，4点の人数がすべてBと考えると，
Aが少なくなり，すべてAと考えると，Aが多
くなる。よって，最も少ないときは，
12+4=16（人）…2点と5点のとき
最も多いときは，
13+12+14+4=43（人）…1点，2点，4点，
5点のとき

5 (1)

女子への返金280円を男子と同じ265円にそ
ろえると，（280−265）×60=900（円）あまり
ができ，1900−900=1000（円）不足となる。

①男子生徒は，2175÷15−60=85（人）
②旅行費用の残金は，
250×（85+60）+1175=37425（円）

(2)

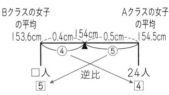

下の段の配る個数がちがうので，すべて3
個の③にそろえると，
（5×4+4×3）−3×（4+3）=11（個）
さらにあまるので，全部で
11+15=26（個）あまる。

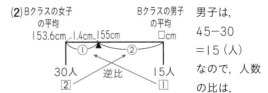

子どもの人数は，□=54÷3=18（人）
よって，みかんの個数は，6×18−28=80（個）

(3)買う枚数を逆にして，63円高くなったことから，
はじめは63円切手のほうを多く買う予定だっ
たことがわかる。

買う予定の枚数の差は，○−□=63÷21=3（枚）
63円切手を3枚多く買う予定だったことから，
63円切手は，（27+3）÷2=15（枚）

> **ココに注意**
>
> 個数を逆にして買う問題では，
> （逆にしたときの金額の差）÷（1個の金額の差）
> =（買う個数の差）

6 (1)

	男	女	合計
A	20人	24人 154.5cm	
B		153.6cm	45人 155cm
合計		154cm	

↑てんびん図で考える。

Bクラスの女子　Aクラスの女子
の平均　　　　　の平均
153.6cm　0.4cm 154cm 0.5cm　154.5cm
　　　　　④　▲　⑤
□人　　　　逆比　　　24人
⑤　　　　　　　　　　④

（154−153.6）：（154.5−154）=0.4：0.5
　　　　　　　　　　　　　　　=④：⑤

Bクラスの女子とAクラスの女子の人数の比は，
逆比の⑤：④だから，
④=24人

よって，⑤=24×$\frac{5}{4}$=30（人）

(2)Bクラスの女子　Bクラスの男子
の平均　　　　　の平均
153.6cm 1.4cm 155cm　□cm
　　　①　▲　②
30人　　逆比　　15人
②　　　　　　　①

女子：男子=30：15=②：①
なので，支点からの棒の長さの比は①：②
①=1.4cm　②=1.4×2=2.8（cm）
よって，155+2.8=157.8（cm）

男子は，
45−30
=15（人）
なので，人数
の比は，

7 (1)えんぴつ1本の値段を①，ペン1本の値段を□，
消しゴム1個の値段を△とする。

$$\begin{cases} ⑤+⑥+\triangle{3}=1200\cdots ㋐ \\ ②+②+\triangle{5}=740\cdots ㋑ \\ ③+④+\triangle{1}=700\cdots ㋒ \end{cases}$$

$$\begin{cases} ⑤+⑥+\triangle{3}=1200\cdots ㋐ \\ ⑤+⑥+\triangle{6}=1440\cdots ㋑+㋒ \end{cases}$$

$\triangle{6}-\triangle{3}=\triangle{3}$　1440−1200=240（円）

$\triangle{3}$=240 円　よって，$\triangle{1}$=240÷3=80（円）

(2)㋑と㋒に消しゴムの値段をあてはめると，

$$\begin{cases} ②+②+80×5=740\cdots ㋑ \\ ③+④+80=700\cdots ㋒ \end{cases}$$

$$\begin{cases} ②+②=340\cdots ㋓ \\ ③+④=620\cdots ㋔ \end{cases}$$

$$\begin{cases} ⑥+⑥=1020\cdots ㋓が 3 セット \\ ⑥+⑧=1240\cdots ㋔が 2 セット \end{cases}$$

②=1240−1020=220（円）

よって，□=220÷2=110（円）

8 (1)現在の 4 人の年れいを線分図にすると，

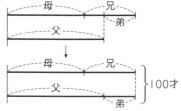

母と兄の年れいの和は，100÷2=50（才）

よって，50−12=38（才）

(2)3 年後の弟の年れいを①とすると，父の年れい
は⑥になる。3 年後の父と弟の年れいの和は，
50+3×2=56（才）　⑥+①=⑦
⑦=56（才）　①=56÷7=8（才）
よって，8−3=5（才）

(3)現在の父の年れいは(2)より，50−5=45（才）

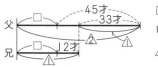

□年後の兄の年れ
いを$\triangle{}$とすると，
$\triangle{}$=33

よって，□=33−12=21（年後）

■■■ステップ3 発展問題　本冊→p.128〜p.129

1 (1) 11　(2) 700 円

2 (1) 40 才　(2) 7 年後

3 (1) 94　(2) 520 円

4 20 個

5 (1) 720 円　(2) 99 本

6 (1) 178 きゃく　(2) 546 人

---

7 (1) 140 円

（説明の例）はじめに買おうとしたイクラ
とタラコの個数の差は，
200÷40=5（個）
タラコの個数は（35−5）÷2=15（個）
イクラの個数は 15+5=20 個
タラコ 1 個の値段を①円とすると，イ
クラ 1 個の値段は，（①+40）円になる。
100×10+（①+40）×15+①×20
=6500
1000+⑮+600+⑳=6500
㉟=6500−1600=4900（円）
よって，タラコ 1 個の値段は，
①=4900÷35=140（円）

(2) 38 個

解き方

1 (1) 10 個の数の和は，
（1+3+…+19）=（1+19）×10÷2=100

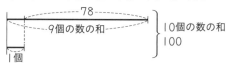

よって，ひいた数は，（100−78）÷2=11

(2)

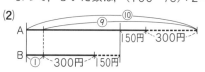

⑩−①=⑨　300+150+150+300=900（円）

⑨=900 円　⑩=900×$\dfrac{10}{9}$=1000（円）

よって，A さんの所持金は，
1000−300=700（円）

2 (1) 8 年前の父，母，長男，次男の 4 人の年れいの
合計は 71 才なので，現在の 4 人の年れいの合
計は，71+8×4=103（才）
三男の現在の年れいは，109−103=6（才）
1 年前の母と次男と三男の年れいの合計は，
109−1×5=104　104÷2=52（才）
なので，1 年前の母の年れいは，
52−（8+5）=39（才）
よって，現在の母の年れいは，39+1=40（才）

(2)

	父	母	長男	次男	三男	合計
8年前					×	71
1年前		39		8	5	104
現在	42	40		9	6	109

+2

現在の父の年れいは，40+2=42（才）

長男の年れいは，

109−(42+40+9+6)=12（才）

父と母の年れいの合計が，3人の子どもの年れいの合計の2倍になるのを①年後とすると，

(42+①+40+①) : (12+①+9+①+6+①)

=2 : 1

(82+②) : (27+③)=2 : 1

(27+③)×2=(82+②)×1

54+⑥=82+②

④=82−54=28

①=28÷4=7（年後）

3 (1) 3つの数の合計は，90×3=270

そのうち2つの数の合計は，89×2=178 より，

3つの数の1つは，270−178=92

全体の平均が90なので，92はいちばん大きい数か2番目に大きい数である。92がいちばん大きい数とすると，いちばん小さい数は，

92−10=82

残りの1つは 178−82=96 となり，条件に合わない。よって，2番目に大きい数なので，いちばん大きい数といちばん小さい数の和が178になる。

よって，いちばん大きい数は，

(178+10)÷2=94

(2) 大人1人の入場料を①，高校生1人の入場料を□，中学生1人の入場料を△とする。

①=△6−20…あ

②+□+△2=9340

↓②=△12−40…あ×2

△12−40+□+△2=9340

□+△14=9380…い

②+□2+△=10920

↓②=△12−40…あ×2

△12−40+□2+△=10920

□2+△13=10960…う

{ □2+△28=18760…い×2
{ □2+△13=10960…う

△15=18760−10960=7800（円）

よって，中学生1人の入場料は，

△=7800÷15=520（円）

4 30円のおかしと60円のおかしの代金が同じなので，買った個数の比は，2:1になる。

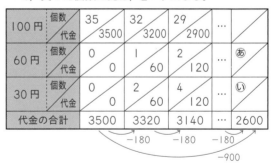

100円	個数	35	32	29	…	
	代金	3500	3200	2900	…	
60円	個数	0	1	2	…	あ
	代金	0	60	120	…	
30円	個数	0	2	4	…	い
	代金	0	60	120	…	
代金の合計		3500	3320	3140	…	2600

−180　−180　−180

−900

100×35=3500（円）　3500−2600=900（円）

あ=900÷180=5（個）　い=5×2=10（個）

よって，100円のおかしは，

35−(5+10)=20（個）

5 (1)

予定の本数□本

80 80 … 80　｜5本　あまりも不足もなし
50 50 … 50　50 … 50　20円あまる

↓

予定の本数□本

80 80 … 80　｜あまりも不足もなし
50 50 … 50　｜50×5+20=270（円）あまる

差｜30 30 … 30　｜270円

予定の本数は，□=270÷30=9（本）

よって，80×9=720（円）

(2) ペンとえんぴつの本数を同じにするため，ペンの数を3倍にして考える。ペンを 1×3=3（本）ずつ配ると 8×3=24（本）あまり，えんぴつを4本ずつ配ると1本不足する。

子どもの人数□人

③ ③ ……… ③｜24本あまる
④ ④ ……… ④｜1本不足

差｜① ① ……… ①｜25本

子どもの人数は，□=25÷1=25（人）

よって，えんぴつは，4×25−1=99（本）

6 (1) 最後の長いすに1人座り，さらに68きゃくあまるので，5−1+5×68=344（人）不足する。

長いすの数□きゃく

③ ③ ……… ③｜12人あまる
⑤ ⑤ ……… ⑤｜344人不足

差｜② ② ……… ②｜356人

よって，長いすは，□=356÷2=178（きゃく）

! ココに注意 -------------

長いすの問題では，次のように考えよう。

・座れない人の数→あまった人数

・長いすの空席の数→不足している人数

----

(2) 3×178+12=546（人）

7(1)はじめの買い方だと 200 円不足していることから，イクラのほうが多いことがわかる。

イクラ 1 個の値段を㋑，タラコ 1 個の値段を㋔とする。

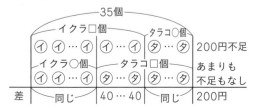

□−○=200÷40=5（個）

○=(35−5)÷2=15（個）　□=15+5=20（個）

(2)イクラ 1 個の値段は，140+40=180（円）

シャケとイクラを 1 個ずつ買い，残り 43 個はタラコを買うとすると，その代金は，

100+180+140×43=6300（円）で，

あと 6500−6300=200（円）増やす必要がある。タラコとシャケを入れかえると，代金はさらに減るので，タラコとイクラを入れかえる。

1 個入れかえるごとに 40 円増えるので，

200÷40=5（個）

よって，43−5=38（個）

---

3 割合や比についての問題

ステップ1 基本問題　本冊 → p.130～p.131

1 (1)兄…3400 円，妹…1600 円

　(2)A…1800 円，B…900 円，

　　C…300 円

　(3)5 枚　(4)3750 円

2 (1)192　(2)120

3 (1)15%　(2)1500 円

4 (1)8.8%　(2)400 g

5 (1)12 日　(2)10 分

6 40 日

7 5 分

解き方

1(1)
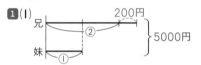

③=5000−200=4800（円）

よって妹は，①=4800÷3=1600（円）

兄は，5000−1600=3400（円）

(2)
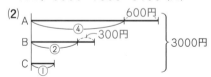

㋑=3000−600−300=2100（円）

よって，C は，①=2100÷7=300（円）

B さんは，300×2+300=900（円）

A さんは，300×4+600=1800（円）

(3)
姉	妹	和
59 枚	13 枚	72 枚
↓−□枚	↓+□枚	‖
③	①	④

姉が妹に何枚かあげただけなので，2 人の持っている枚数の和は変わらない。

③+①=④=59+13=72　①=18

よって，あげたのは，18−13=5（枚）

(4)
姉	妹	差
5000 円	2000 円	3000 円
↓−□円	↓−□円	‖
⑤	①	④

2 人が同じ金額ずつ使ったので，2 人の所持金の差は変わらない。

⑤−①=④=5000−2000=3000　①=750

よって，姉の所持金は，⑤=750×5=3750（円）

2(1)
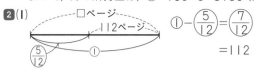

$①-\left(\frac{5}{12}\right)=\left(\frac{7}{12}\right)$

$=112$

$□=①=112÷\frac{7}{12}=192$（ページ）

(2)
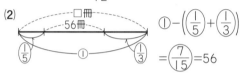

$①-\left(\left(\frac{1}{5}\right)+\left(\frac{1}{3}\right)\right)$

$=\left(\frac{7}{15}\right)=56$

$□=①=56÷\frac{7}{15}=120$（冊）

3(1)

	割合	価格
原価	①	1800 円
定価	(1.2)	2160 円
売価		1836 円

原価の 2 割増しなので定価は，

1800×(1+0.2)

=2160（円）

利益が 36 円なので, 売価は,

1800+36=1836 (円)

□=1836÷2160=0.85 1−0.85=0.15→15%

(2)

	割合	価格
原価	①	
定価	(1.2)	
売価	(1.08)	定価−180 円

（右側））×1.2 ）×0.9

原価を①とすると, 定価は 2 割増なので,

①×(1+0.2)=(1.2)

売価は定価の 1 割引きなので,

(1.2)×(1−0.1)=(1.08)

(1.2)−(1.08)=(0.12)=180

よって, ①=180÷0.12=1500 (円)

4 (1)

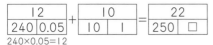

より,

12		10		22
240	0.05	10	1	250	□

240×0.05=12

よって, □=22÷250=0.088 → 8.8%

(2)てんびん図で考える。

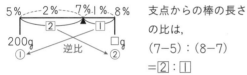

支点からの棒の長さの比は,

(7−5) : (8−7)
=2 : 1

食塩水の重さの比は, 逆比の ① : ② より,

①=200 g ②=200×2=400 (g)

5 (1)仕事全体の量を 20 と 30 の最小公倍数の⑥⓪とする。

A は 20 日で仕上げているので 1 日の仕事量は,

⑥⓪÷20=③

B は 30 日で仕上げているので 1 日の仕事量は,

⑥⓪÷30=②

したがって, 2 人で 1 日にできる仕事量は,

③+②=⑤

よって, ⑥⓪÷⑤=12 (日)

(2)満水の量を 12 と 18 の最小公倍数③⑥とする。

A 1 本で 1 分間に入る量は, ③⑥÷12=③

B 1 本で 1 分間に入る量は, ③⑥÷18=②

はじめ A で 7 分間水を入れているので残りは,

③⑥−③×7=⑮

A と B で 1 分間に入る量は, ③+②=⑤

⑮÷⑤=3 (分)　よって, 7+3=10 (分)

6 1 人が 1 日にする仕事の量を①とする。

1 人×1 日 → ①

↓×20 ↓×50

20 人×50 日 → ①×20×50=(1000) の仕事の量

よって, 25 人×□日 → ①×25×□=(1000)より,

□=(1000)÷(25)=40 (日)

7 1 つの改札口から入場する人数を毎分①とすると

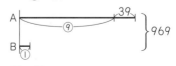

①×15=150+10×15
(15)=300

①=300÷15=20 (人)

行列がなくなるまでの時間を□とすると

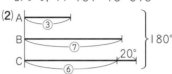

20×2×□
=150+10×□

(40)=150+(10) (30)=150

よって, □=150÷30=5 (分)

ステップ**2** 標準問題　本冊 → p.132～p.135

1 (1)876　(2)80°　(3)2100 円
(4)5000 円　(5)200 cm　(6)252 人
(7)2500 円　(8)4800 円　(9)6 %
(10)8 %　(11)9 %　(12)2 日　(13)12 日
(14)12 日　(15)12 台

2 (1)7500 円　(2)2500 円

3 3000 円　**4** 250 円

5 (1)120 円　(2)75 個　**6** 19 %

7 (1)A が 5 g 多い　(2)150 g　(3)37.5 g

8 3 日　**9** 15 頭

解き方

1(1)A÷B=9 あまり 39 なので, B を①とすると,

A=⑨+39

A ⌒⑨⌒ 39 ⎫⎬969
B ① ⎭

①+⑨+39=969
(10)=969−39=930
B=①=930÷10=93

よって, A=969−93=876

(2)
A ⌒③⌒ ⎫
B ⌒⑦⌒ ⎬180°
C ⌒⑥⌒ 20° ⎭

③+⑦+⑥+20°=180°
(16)=180°−20°=160°
①=160°÷16=10°

よって, 角 C は, 10°×6+20°=80°

(3)
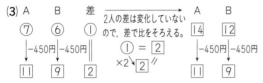

よって，$\boxed{14}-\boxed{11}=\boxed{3}=450$ 円

$\boxed{1}=450\div3=150$（円）

よって，A さんのはじめの所持金は，

$\boxed{14}=150\times14=2100$（円）

(4)
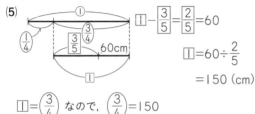

比例式で整理すると，

$(\boxed{5}-800):(\boxed{3}+500)$

$=6:5$

$(\boxed{3}+500)\times6=(\boxed{5}-800)\times5$

$\boxed{18}+3000=\boxed{25}-4000$

$\boxed{7}=3000+4000=7000$

$\boxed{1}=7000\div7=1000$（円）

よって，姉のはじめの所持金は，

$\boxed{5}=1000\times5=5000$（円）

(5)
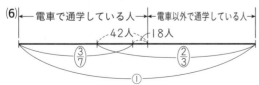

$\boxed{}-\dfrac{3}{5}=\dfrac{2}{5}=60$

$\boxed{}=60\div\dfrac{2}{5}$

$=150$（cm）

$\boxed{}=\left(\dfrac{3}{4}\right)$ なので，$\left(\dfrac{3}{4}\right)=150$

よって，① $=150\div\dfrac{3}{4}=200$（cm）

(6)
├─電車で通学している人─┤├─電車以外で通学している人─┤

42人　18人

$\dfrac{3}{7}$　　　　$\dfrac{2}{3}$

①

$\left(\dfrac{3}{7}\right)$ と $\left(\dfrac{2}{3}\right)$ の重なりの部分は，

$\left(\left(\dfrac{3}{7}\right)+\left(\dfrac{2}{3}\right)\right)-①=\left(\dfrac{2}{21}\right)=42-18=24$（人）

よって，① $=24\div\dfrac{2}{21}=252$（人）

(7)

	割合	価格
原価	①	
定価	①.4	
売価	①.12	原価+300 円

$\times1.4$
$\times0.8$

定価は，① $\times(1+0.4)=$①.4

売価は，①.4 $\times(1-0.2)=$①.12

利益は，①.12 $-①=$①.12 $=300$

よって原価は，① $=300\div0.12=2500$（円）

(8)

	割合	価格
原価		
定価	①	
売価A	①.85	原価+2000 円
売価B	①.7	原価+800 円

$\times0.85$
$\times0.7$

①.85 $=$ 原価+2000 円

①.7 $=$ 原価+800 円

①.85 $-$①.7 $=$①.15 $=2000-800=1200$

よって，定価は，① $=1200\div0.15=8000$（円）

原価は売価A より，

$8000\times0.85-2000=4800$（円）

(9)

22.5		13.5		36	
450	0.05	150	0.09	600	□

$450\times0.05=22.5$　$150\times0.09=13.5$

$\boxed{}=36\div600=0.06\ \rightarrow\ 6\%$

(10)

36		0		20	
900	0.04	220	0	20	1

$900\times0.04=36$

56	
700	□

$\boxed{}=56\div700=0.08\ \rightarrow\ 8\%$

(11)
3%　2%　5%　□%

① ② 200g 逆比 100g ①

$\boxed{1}=2\%$

$\boxed{2}=2\times2=4$（%）

よって，

$\boxed{}=5+4=9$（%）

(12) 仕事全体の量を 12 と 18 と 24 の最小公倍数の $\boxed{72}$ とする。A の1日分は，$\boxed{72}\div12=\boxed{6}$

B の1日分は，$\boxed{72}\div18=\boxed{4}$

C の1日分は，$\boxed{72}\div24=\boxed{3}$

A と B は6日仕事をしたので，

$\boxed{6}\times6+\boxed{4}\times6=\boxed{60}$

よって，C は，$\boxed{72}-\boxed{60}=\boxed{12}$ の仕事をした。

C が仕事をした日数は，$\boxed{12}\div\boxed{3}=4$（日）なので，休んだ日数は，$6-4=2$（日）

(13) 仕事全体の量を 24 と 30 と 8 の最小公倍数の $\boxed{120}$ とする。A の1日分は，$\boxed{120}\div24=\boxed{5}$

B の1日分は，$\boxed{120}\div30=\boxed{4}$

A と B と C の1日分は，$\boxed{120}\div8=\boxed{15}$ より，

B と C の1日分は，$\boxed{15}-\boxed{5}=\boxed{10}$

よって，$\boxed{120}\div\boxed{10}=12$（日）

(14) 1人が1日にする仕事の量を①とする。全体の $\dfrac{3}{4}$ の仕事の量は，① $\times6\times30=\boxed{180}$

全体の仕事の量は，$\boxed{180}\div\dfrac{3}{4}=\boxed{240}$

残りの仕事の量は，$\boxed{240}-\boxed{180}=\boxed{60}$

よって，$\boxed{60}\div(①\times5)=12$（日）

(15) 1分間にじゃ口から注ぐ水の量を①, ポンプ1台で1分間にぬく水の量を□とすると,

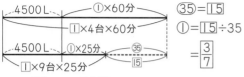

㉟=⑮

①=⑮÷35

$=\dfrac{3}{7}$

$⑥=\dfrac{3}{7}×60=\dfrac{180}{7}$

$⑳=4500+⑥=4500+\dfrac{180}{7}$

$⑳-\dfrac{180}{7}=\dfrac{1500}{7}=4500$

$□=4500÷\dfrac{1500}{7}=21$ (L)

$①=21×\dfrac{3}{7}=9$ (L)

ポンプが□台とすると,

4500÷(21×□−9)=20 より,

21×□−9=4500÷20=225

21×□=234

$□=11\dfrac{1}{7}$ → 12台

2 (1)

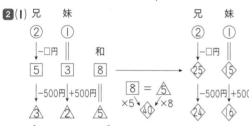

◇1=500円 ◇15=500×15=7500 (円)

①=◇15 なので, 最初に妹が持っていたお金は, 7500円

(2) ①=◇15=7500 円より,

②=7500×2=15000 (円)

$◇25=7500×\dfrac{25}{15}=12500$ (円)

よって本代は, 15000−12500=2500 (円)

3

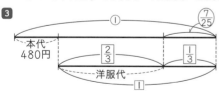

$□-\dfrac{2}{3}=\dfrac{1}{3}=\dfrac{7}{25}$

$□=\dfrac{7}{25}÷\dfrac{1}{3}=\dfrac{21}{25}$

$①-\dfrac{21}{25}=\dfrac{4}{25}=480$ (円)

よって, $①=480÷\dfrac{4}{25}=3000$ (円)

4

	割合	個数
原価	①	400 個
定価	(1.1)	250 個
売価	(0.88)	150 個

×1.1, ×0.8

総仕入れ値は,

①×400=④⓪⓪

定価で売った 250 個の売り上げは,

(1.1)×250=②⑦⑤

20% 引きで売った 150 個の売り上げは,

(0.88)×150=①③②

よって, 全体の利益は, ②⑦⑤+①③②−④⓪⓪=⑦

これが 1750 円にあたるので,

原価は, ①=1750÷7=250 (円)

5 (1)

	割合	価格	個数
原価	①		200 個
定価	(1.25)		
売価	(1.125)	108 円	

×1.25, ×0.9

(1.125)=108 円より,

原価は, ①=108÷1.125=96 (円)

よって, 定価は, (1.25)=96×1.25=120 (円)

(2) 月曜日に売れると 1 個で, 120−96=24 (円) の利益があり, 火曜日に売れると 1 個で, 108−96=12 (円) の利益がある。

200 個売れると全部で 3300 円の利益があるので, つるかめ算で解く。

月曜日(24 円)	個数	0	1	2	…	あ
	金額	0	24	48	…	
火曜日(12 円)	個数	200	199	198	…	
	金額	2400	2388	2376	…	
利益の合計		2400	2412	2424	…	3300

+12 +12 +12

+900

12×200=2400 3300−2400=900

よって, あ=900÷12=75 (個)

別解 24 円の利益で□個, 12 円の利益で○個, 合計 200 個で利益の合計が 3300 円となるつるかめ算の面積図で考える。

12×200=2400 (円)

3300−2400=900 (円)

よって, 月曜日に売れた□個は, 900÷12=75 (個)

6 誤って同量の水を加えたとき,

30				30	
250	0.12		□	250+□	0.05
			0		

250×0.12=30   水

30÷0.05=600 (g)

第1章 第2章 第3章 第4章 第5章 第6章 第7章 中学入試予想問題

250+□=600　□=600−250=350 (g)

24 % の食塩水を 350 g 加えるとき，

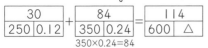

30		84		114	
250	0.12	350	0.24	600	△

350×0.24=84

よって，△=114÷600=0.19 → 19%

7

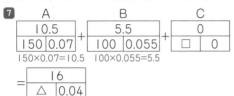

A		B		C	
10.5		5.5		0	
150	0.07	100	0.055	□	0

150×0.07=10.5　100×0.055=5.5

=	16	
	△	0.04

(1) 10.5−5.5=5 (g)　A が 5 g 多い。

(2) △=16÷0.04=400 (g)

　　150+100+□=400

　　　　　□=400−250=150 (g)

(3) C の水を加えて，A，B 両方の食塩水の濃さを
等しくするには，すべてをまぜ合わせた 4 % の
食塩水にすればよい。

　　5.5÷0.04=137.5 (g)

　　137.5−100=37.5 (g)

8 仕事全体の量を 15 と 25 の最小公倍数の㊅とす
る。A さんの 1 日の仕事量は，㊅÷15=⑤
B さんの 1 日の仕事量は，㊅÷25=③
A さんだけの日数と A さんと B さんの 2 人の日数
の比は 2：1 より，あとはつるかめ算で解く。

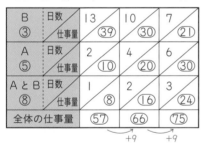

B ③	日数	13	10	7
	仕事量	㊴	㉚	㉑
A ⑤	日数	2	4	6
	仕事量	⑩	⑳	㉚
A と B ⑧	日数	1	2	3
	仕事量	⑧	⑯	㉔
全体の仕事量		�57	�66	㊙

+9　+9

よって，2 人で仕事をしたのは，3 日。

9 1 日にはえる牧草の量を①，牛 1 頭が 1 日に食べ
る牧草の量を□として，線分図に表す。

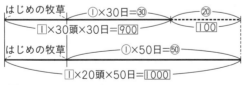

㉚=⎕100 より，①=⎕100÷20=⑤

(はじめの牧草)+㉚=⎕900　㉚=⑤×30=⎕150

(はじめの牧草)+⎕150=⎕900

　　(はじめの牧草)=⎕900−⎕150=⎕750

75 日で食べられる牧草の全部の量は，

⎕750+⑤×75=⎕1125

---

1 日で，⎕1125÷75=⎕15 食べるので，

⎕15÷□=15 (頭)

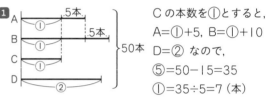

◤ステップ**3** 発展問題　　　本冊 → p.136〜p.137

1 17 本

2 ア 80　イ 20　ウ 12

3 28000 円

4 1792 人

5 120 個

6 60 g

7 (1) 15 日間　(2) 9 日間

8 (1) A…10%，B…15%　(2) 800 g

9 3 頭

解き方

1

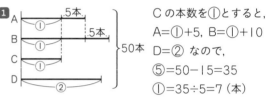

C の本数を①とすると，
A=①+5，B=①+10
D=② なので，
⑤=50−15=35
①=35÷5=7 (本)

よって，いちばん多くもらえる B は，

7+10=17 (本)

2

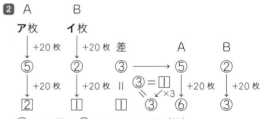

①=20 枚　⑤=20×5=100 (枚)

②=20×2=40 (枚)

よって，ア=100−20=80 (枚)

　　　　イ=40−20=20 (枚)

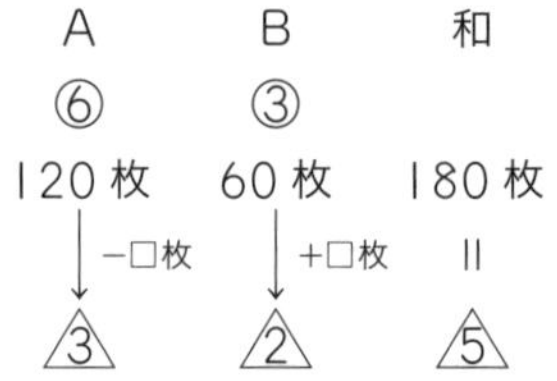

△5=180 枚

△1=180÷5
　=36 (枚)

△3=36×3
　=108 (枚)

□=120−108=12 (枚)

よって，ア=80，イ=20，ウ=12

3

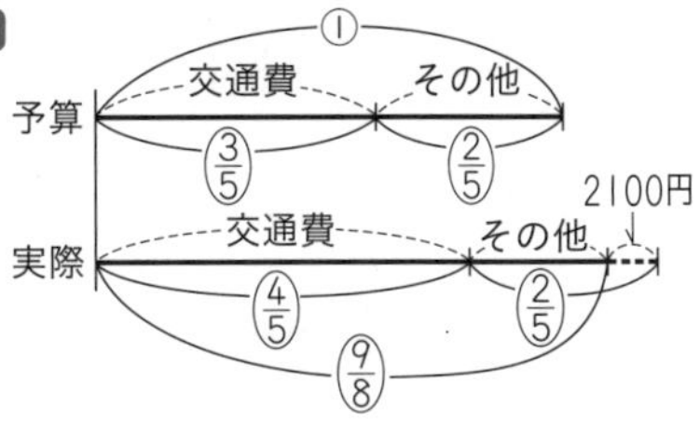

実際の交通費は，$\left(\frac{3}{5}\right)\times\frac{4}{3}=\left(\frac{4}{5}\right)$

$\left(\frac{4}{5}\right)+\left(\frac{2}{5}\right)-\left(\frac{9}{8}\right)=\left(\frac{3}{40}\right)=2100$ 円

よってはじめの予算は，

$①=2100\div\frac{3}{40}=28000$（円）

4 全応ぼ者を①人とすると，

女子は$\left(\frac{5}{8}\right)+28$（人）となり，女子の$\frac{4}{7}$は，

$\left(\left(\frac{5}{8}\right)+28\right)\times\frac{4}{7}=\left(\frac{5}{8}\right)\times\frac{4}{7}+28\times\frac{4}{7}$

$=\left(\frac{5}{14}\right)+16$（人）

で，男子はこれより 12 人少ないので，

$\left(\frac{5}{14}\right)+16-12=\left(\frac{5}{14}\right)+4$（人）

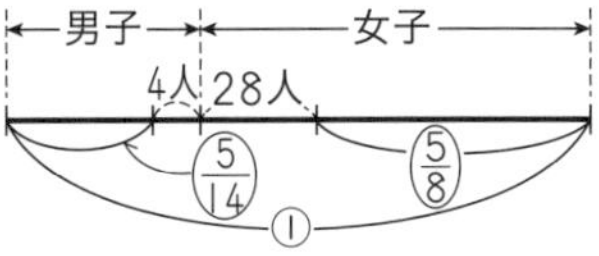

$①-\left(\left(\frac{5}{14}\right)+\left(\frac{5}{8}\right)\right)=\left(\frac{1}{56}\right)=4+28=32$（人）

よって，$①=32\div\frac{1}{56}=1792$（人）

5 売れなかった 20 個のコップが全部売れたとすると，全体の利益は，

14400+360×20=21600（円）

コップ 1 個の利益は，

360−180=180（円）なので，

仕入れた個数は，21600÷180=120（個）

6

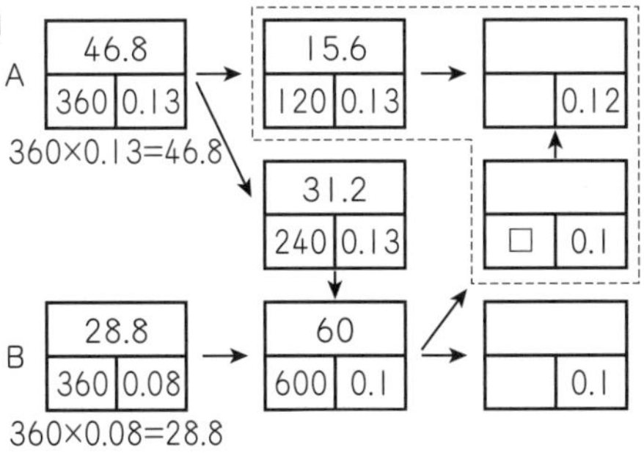

□で，てんびん図を使う。

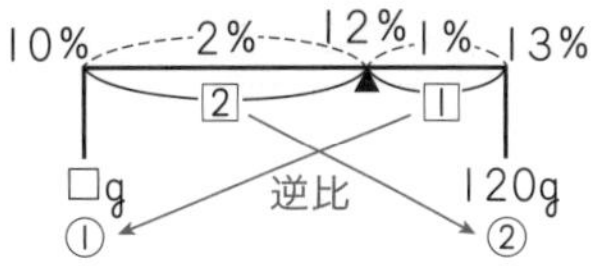

②=120 g

①=120÷2

=60（g）

7 (1)仕事全体の量を，6 と 10 と 24 の最小公倍数の(120)とする。

A と B と C の 1 日分は，(120)÷6=⑳

A と B の 1 日分は，(120)÷10=⑫

A の 1 日分は，(120)÷24=⑤

B の 1 日分は，⑫−⑤=⑦

C の 1 日分は，⑳−⑫=⑧

よって，(120)÷⑧=15（日間）

(2) A が作業したあとの仕事の量は，

(120)−⑤×4=(100)

これを B と C だけで，17−4=13（日）で終わらせるので，つるかめ算で解く。

B ⑦	日数	13	12	…	
	仕事量	(91)	(84)		
C ⑧	日数	0	1	…	あ
	仕事量	⓪	⑧		
B と C の仕事量		(91)	(92)	…	(100)

あ=((100)−⑦×13)÷(⑧−⑦)=9（日間）

8 (1) A をまぜる割合を多くするとうすくなるので，B より A のほうがうすいことがわかる。

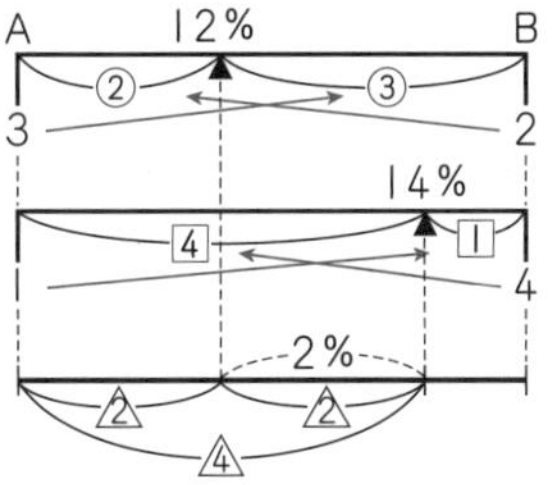

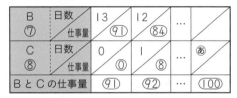

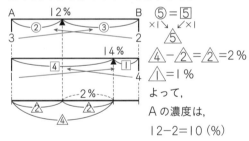

⑤=[5]

×1↘　↙×1

△5

△4−△2=△2=2%

△1=1%

よって，

A の濃度は，

12−2=10（%）

B の濃度は，14+1=15（%）

(2) A と B をそれぞれ同じ重さずつ加えると，

(10+15)÷2=12.5（%）の濃さになる。

よって，水 480 g に 12.5% の食塩水を加えて 5% になったので，

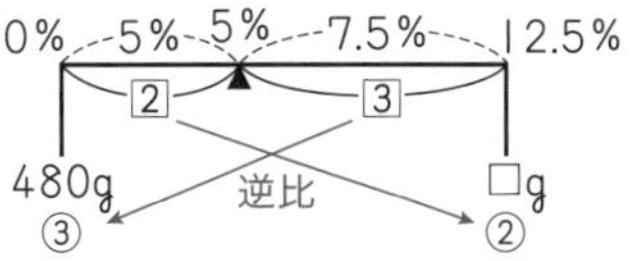

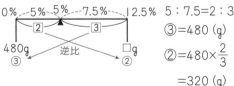

5：7.5=2：3

③=480（g）

$②=480\times\frac{2}{3}$

=320（g）

よって，480+320=800（g）

9 1 日にはえる草の量を①，牛 1 頭が 1 日に食べる草の量を[1]とする。

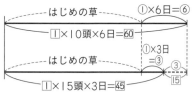

③=⑮　①=⑤

（はじめの草）=⑥0－⑤×6=③0

加えたあとの牛の数を△頭とすると，

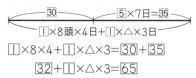

□×8×4+□×△×3=③0+③5

③2+□×△×3=⑥5

□×△×3=⑥5－③2=③3

□×△=③3÷3=⑪

△=⑪÷□=11（頭）

よって，加えた牛は，11－8=3（頭）

4 速さについての問題

ステップ1 基本問題　本冊 → p.138～p.139

1 (1) 221 m　(2) 27 分 30 秒後
2 (1) 分速 35 m　(2) 480 m
3 (1) 7 分後　(2) 1800m
4 (1) 時速 40 km　(2) 8 分 20 秒
5 (1) 秒速 20 m　(2) 9 秒　(3) 48 秒
6 (1) 107.5°　(2) 9 時 54 $\frac{6}{11}$ 分

　(3) 5 時 27 $\frac{3}{11}$ 分

解き方

1 (1)

それぞれ同じ方向に向かって進んでいくと，春子さんと夏子さんは

1 分間に，71－58=13（m）ずつはなれていく。

よって，17 分後は，（71－58）×17=221（m）

(2)
それぞれ同じ方向に向かって進むと，2 人は 1 分間に，

95－55=40（m）ずつ近づいていく。2 人の間のきょりは，55×20=1100（m）なので，

1100÷（95－55）=27.5（分後）=27 分 30 秒後

2 (1)
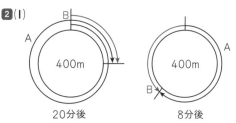

| 20分後 | 8分後 |

同じ方向に進むと，A さんと B さんは速さの差ずつはなれ，きょりが 400 m はなれたとき，A さんは B さんを追いぬく。20 分後に A さんが B さんを追いぬくので，A さんと B さんの速さの差は，400÷20=20（m/分）

反対方向に進むと，A さんと B さんは速さの和ずつ近づく。8 分後に 2 人は出会うので，A さんと B さんの速さの和は，400÷8=50（m/分）

A さんの速さは，（50+20）÷2=35（m/分）

(2) 分速 160 m と分速 60 m で合わせて 10 分で，900 m 進むつるかめ算として考える。

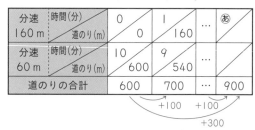

分速 160 m	時間(分)	0	1	…	ⓐ
	道のり(m)	0	160		
分速 60 m	時間(分)	10	9	…	
	道のり(m)	600	540		
道のりの合計		600	700	…	900

　　　　　　　+100　+100

　　　　　　　　+300

ⓐ=（900－60×10）÷（160－60）=3（分）

よって，160×3=480（m）

3
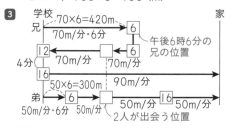

(1) 兄は午後 6 時 12 分に学校にもどっているので，忘れ物に気づいたのは午後 6 時 6 分である。そのとき 2 人のはなれているきょりは，

（70－50）×6=120（m）

そこから向かい合って進むので，

120÷（70+50）=1（分後）にすれちがう。

よって，6+1=7（分後）

(2) 兄が再び学校を出発した午後 6 時 16 分のとき，2 人のはなれているきょりは，50×16=800（m）

そこから同じ方向に進むので，

800÷（90－50）=20（分後）に追いつく。

兄と弟は同時に家に着いたので，学校から家までの道のりは，90×20=1800（m）

4 (1) 流水算は，表で速さを整理してから考える。

下りの速さは，$25÷\dfrac{30}{60}=50$（km/時）

上りの速さは，$25÷\dfrac{50}{60}=30$（km/時）

よって，静水での速さは，

$(30+50)÷2=40$（km/時）

(2) 17 km＝17000 m より，

上りの速さは，$17000÷56\dfrac{40}{60}=300$（m/分）

静水での速さは，

$300+120$
$=420$（m/分）

下りの速さは，$420+120=540$（m/分）

よって，4.5 km＝4500 m

$4500÷540=8\dfrac{1}{3}$（分）＝8 分 20 秒

5 (1)
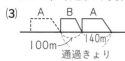

図のように通過きょりは鉄橋の長さと列車の長さの和なので，

$(300+180)÷24=20$（m/秒）

(2)
図のように列車 B を止めて考えると，列車 A の通過きょりは列車 A と列車 B の長さの和になる。

向かい合って進むので，速さの和で考える。

よって，$(120+150)÷(18+12)=9$（秒）

(3)
図のように列車 B を止めて考えると，通過きょりは列車 A と列車 B の長さの和になる。

同じ方向に進むので，速さの差で考える。

よって，$(140+100)÷(20-15)=48$（秒）

6 (1) 長針は 1 分間に 6°，短針は 1 分間に 0.5° 進む。

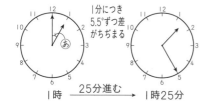

1 時のあの角は，$30°×1=30°$

長針は短針を追いこしてから再びはなれるので，

$(6°-0.5°)×25-30°=107.5°$

(2)
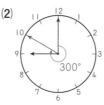

9 時から短針の位置を動かさずに考える。9 時 45 分と 10 時の間で，30° になるには，図より，長針は短針より 300° 多く進めばよい。

$300°÷(6°-0.5°)$
$=300×\dfrac{2}{11}=54\dfrac{6}{11}$（分）

よって，9 時 $54\dfrac{6}{11}$ 分

(3)
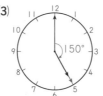

(2)と同様に考える。図より，150° 進めばよい。

$150°÷(6°-0.5°)$
$=150×\dfrac{2}{11}=27\dfrac{3}{11}$（分）

よって，5 時 $27\dfrac{3}{11}$ 分

⚠ **ここに注意**

時計算では，短針の位置を動かさずに長針の位置を考えて，1 分間に 5.5° ずつ追いつくことを利用しよう。

ステップ2 標準問題 本冊 → p.140〜p.143

1 分速 150 m

2 360 m

3 (1) 4800 m

(2) 36 分後

（説明の例）1 度目に出会ってから 2 度目に出会うまでに 2 人が進んだきょりの和は，4800 m の往復分なので，1 度目に出会ってから $12×2=24$（分後）に 2 度目に出会う。

よって，$12+24=36$（分後）

(3) A…分速 240 m，B…分速 160 m

4 (1) 340 m　(2) 6120 m

5 (1) 時速 9 km　(2) 9 時 45 分

(3) 10 時 18 分

6 (1) 27　(2) 分速 70 m　(3) 336 m

7 静水での速さ…時速 8 km，道のり…30 km

8 (1) 分速 150 m

(2) 上り…168 分，下り…120 分

(3) 53 分後

9 時速 3.2 km

10 (1) 秒速 12 m　(2) 725 m

(3) 時速 45 km，長さ 85 m

11 5回

12 (1) 0.5° (2) $49\frac{1}{11}$ 分後 (3) $41\frac{7}{13}$ 分後

解き方

1 A さんが家から駅へ行くのにかかる時間は，
$1200 \div 60 = 20$（分）
お父さんは A さんが家を出てから 12 分後に家を出ているので，家から駅へ行くのにかかった時間は，
$20 - 12 = 8$（分）
よって，$1200 \div 8 = 150$（m/分）

2 家から学校までの道のりは，$60 \times 20 = 1200$（m）

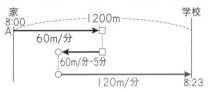

この日は 8 時 23 分－8 時 ＝23 分 かかり，進んだ道のりの合計は，$1200 + 60 \times 5 \times 2 = 1800$（m）
分速 60 m と分速 120 m で合わせて 23 分で，1800 m 進むつるかめ算として考える。

分速60 m	時間(分)	23	22	…	
	道のり(m)	1380	1320	…	
分速120 m	時間(分)	0	1	…	あ
	道のり(m)	0	120	…	
道のりの合計		1380	1440	…	1800

あ＝$(1800 - 60 \times 23) \div (120 - 60) = 7$（分）
よって，A さんがお母さんと出会ったところは，
$1200 - 120 \times 7 = 360$（m）

3 (1)

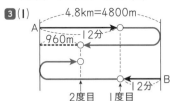

出発して 12 分後に 2 人ははじめて出会ったので，2 人の進んだきょりは 4800 m
(3) A さんは 36 分で，$4800 \times 2 - 960 = 8640$（m）進んでいるので，$8640 \div 36 = 240$（m/分）
B さんは 36 分で，$4800 + 960 = 5760$（m）進んでいるので，$5760 \div 36 = 160$（m/分）

4

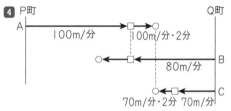

(1) 図の□のときの，A さんと C さんのはなれているきょりは，2 人が出会うまでのきょりに等しい。
A さんと C さんは 2 分後に出会うので，
$(100 + 70) \times 2 = 340$（m）
(2) A さんと B さんが出会うまでの時間は，B さんと C さんが 340 m はなれるのにかかった時間と等しいので，(1)より，
$340 \div (80 - 70) = 34$（分後）
よって，$(100 + 80) \times 34 = 6120$（m）

5 (1) 妹は 3 km を，9 時 56 分－9 時 36 分＝20 分
で行ったので，$3 \div \frac{20}{60} = 9$（km/時）
(2) 姉は 1.8 km を 36 分で歩いたので，
$1.8 \div \frac{36}{60} = 3$（km/時）
9 時 36 分のとき，2 人は 1.8 km はなれていて，そこから向かい合って進んでいるので，
$1.8 \div (3 + 9) = \frac{3}{20}$（時間）＝9 分後に出会う。
よって，9 時 36 分＋9 分＝9 時 45 分
(3) 妹が姉に追いついたところから駅までは，
9 時 56 分－9 時 45 分＝11 分より，残りのきょりは，$9 \times \frac{11}{60} = \frac{33}{20}$（km）
よって，姉が残りを歩いた時間は，
$\frac{33}{20} \div 3 = \frac{11}{20}$（時間）＝33 分
9 時 45 分＋33 分＝10 時 18 分

6 (1) 300 m 先を行く弟に兄が追いつくのに 15 分かかるので，兄と弟の速さの差は，
$300 \div 15 = 20$（m/分） 兄が郵便局に着いたとき，弟は郵便局の 240 m 手前にいたので，兄が弟に追いついてから郵便局に着くのにかかった時間は，$240 \div 20 = 12$（分）
よって，ア＝$15 + 12 = 27$
(2) ア の 27 分から 29 分で，240 m はなれた 2 人が出会っているので，兄と弟の速さの和は，
$240 \div 2 = 120$（m/分）
よって，兄の速さは，$(120 + 20) \div 2 = 70$（m/分）
(3) 2 人が出会ったのは郵便局から，
$70 \times 2 = 140$（m）の地点になる。

弟の速さは，70−20=50（m/分）

弟が郵便局に着いたのは，２人が出会ってから

$140÷50=\dfrac{14}{5}$（分後）

よって，$70×\left(2+\dfrac{14}{5}\right)=336$（m）

7 上りと下りにかかる時間の比は，

5時間：3時間＝5：3 より，上りと下りの速さの

比は，逆比の③：⑤

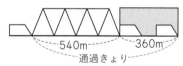

流れの速さは，（⑤−③）÷2＝①

①＝2 km/時

静水での速さは，③+①＝④

よって，④＝2×4＝8（km/時）

上りの速さは，③＝2×3＝6（km/時）より，2つの

町の間の道のりは，6×5＝30（km）

8 (1)上りの速さは，21000÷210＝100（m/分）

下りの速さは，21000÷105＝200（m/分）

静水での速さ＝（上りの速さ+下りの速さ）÷2

より，（100+200）÷2＝150（m/分）

(2)今日の川の流れの速さは，150−100＝50（m/分）

より，ふだんの川の流れの速さは，

50÷2＝25（m/分）

ふだんの上りの速さは，150−25＝125（m/分）

なので，上りにかかる時間は，

21000÷125＝168（分）

ふだんの下りの速さは，150+25＝175（m/分）

なので，下りにかかる時間は，

21000÷175＝120（分）

(3)

P が B を出発してから 120 分後に Q に追いつ

くので，P が B を出発するとき，

（175−25）×120＝18000（m）はなれている。

また，P は B で 30 分休けいしたので，P が B に

着いたときは，P と Q は，

18000−25×30＝17250（m）はなれている。

P と Q が出会ってから 17250 m はなれるには，

17250÷（125+25）＝115（分）かかる。よって，

P が Q とすれちがったのは，

168−115＝53（分後）

9 P の上りの速さは 8−流，Q の下りの速さは 4+流

より，すれちがうのは，

16÷（8−流+4+流）＝16÷（8+4）＝$\dfrac{4}{3}$（時間後）

P は Q とすれちがってから 2 時間後に B 町に到着

したので，P の上りの速さは，

16÷$\left(\dfrac{4}{3}+2\right)$＝4.8（km/時）

よって流れの速さは，8−4.8＝3.2（km/時）

❗ ココに注意 -

(8−流+4+流)=(8+4)

→−流+流 で打ち消される

- -

10 (1)列車 A と列車 B の速さの差は，

（200+160）÷90＝4（m/秒）

列車 A と列車 B の速さの和は，

（200+160）÷18 ＝ 20（m/秒）

よって，（20+4）÷2＝12（m/秒）

(2)列車どうしの速さの和は，

（200+200）÷8＝50（m/秒）

列車の速さは同じなので，この列車の速さは，

50÷2＝25（m/秒）

よって，トンネルの長さは，

25×37−200＝725（m）

(3)鉄橋とトンネルをつなぎ合わせて考えると，

通過きょりは 540+360＝900（m）なので，電

車の速さは，900÷（50+22）＝12.5（m/秒）

12.5×3.6＝45（km/時）

電車の長さは，12.5×50−540＝85（m）

11 9 時と 10 時の間で長針と短針がつくる角度が 30°

になるのは，

240÷（6−0.5）＝43$\dfrac{7}{11}$（分）

300÷（6−0.5）＝54$\dfrac{6}{11}$（分）

よって，2 回。

第1章
第2章
第3章
第4章
第5章
第6章
第7章
中学入試 予想問題

同じように，10時と11時の間では，

$$270÷(6-0.5)=49\frac{1}{11}（分）$$

$$330÷(6-0.5)=60（分）$$

11時ちょうどのときになる。

よって，2回。

同じように，11時（11時ちょうどはふくまず）と12時の間では，

$$300÷(6-0.5)=54\frac{6}{11}（分）$$

$$360÷(6-0.5)=65\frac{5}{11}（分）$$

11時$65\frac{5}{11}$分は12時をこえるので，1回である。

よって，全部で，2+2+1=5（回）

⓬(1)$30°÷60=0.5°$

(2)$30°×9=270°$　$270°÷(6°-0.5°)=49\frac{1}{11}$（分後）

(3)

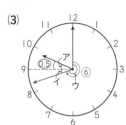

アとウのそれぞれ進んだ角度の比は，Ⓞ.5：⑥で，ア＝イ より，

⑥＋Ⓞ.5＝⑥.5＝270°

①＝$270°÷6.5=\frac{540°}{13}$

長針が進んだ角度は，⑥＝$\frac{540°}{13}×6=\frac{3240°}{13}$

$\frac{3240°}{13}÷6°=\frac{540}{13}=41\frac{7}{13}$（分後）

本冊→p.144～p.145

ステップ3 発展問題

1 3分歩いて，6分走った

2 分速46m

3 (1)5：3　(2)分速100m　(3)2880m

4 36分

5 5分24秒

6 (1)60m　(2)時速72km

7 (1)長針…8周，短針…3周
　(2)長針…4°，短針…1.5°　(3)10回
　(4)ア 24　イ 4

解き方

1 きょりが一定のとき，速さの比と時間の比は逆比になるので，

歩く速さ：走る速さ＝8：12＝②：③

よって，家から学校までのきょりは，②×12＝㉔

分速②と分速③で合わせて9分で㉔進むつるかめ算として考える。

分速②	時間（分）	9	8	…	ⓘ
	きょり	⑱	⑯		
分速③	時間（分）	0	1	…	ⓐ
	きょり	⓪	③		
きょりの仕事量		⑱	⑲	…	㉔

ⓐ＝（㉔－②×9）÷（③－②）＝6（分）

ⓘ＝9－6＝3（分）

2 6回目にすれちがうまでに2人が進んだきょりの和は，600×2×6＝7200（m）

よって，2人の速さの和は，7200÷90＝80（m/分）

1時間40分後にはじめてかけるさんがあゆむさんを追いこしたので，2人の速さの差は，

600×2÷100＝12（m/分）

よって，かけるさんの速さは，

（80＋12）÷2＝46（m/分）

3 (1)太郎さんの速さを△，次郎さんの速さを□とする。グラフより，太郎さんが 23-8=15（分）歩き，次郎さんが23分歩くと2人は出会うので，2人の家の間のきょりは，△15＋□23　2人が1回目に出会ってから2回目に出会うまでに，2人合わせて2人の家の間の2倍のきょりを

59-23=36（分）で進んでいるので，2人の家の間のきょりは，△18＋□18

△15＋□23＝△18＋□18

□3＝△5

よって，速さの比は5：3

(2)(1)より，太郎さんの速さを⑤，次郎さんの速さを③とすると，2人の家の間のきょりは，
⑤×15+③×23=⑭⑭

次郎さんが2回目に出会うまでに進んだきょりは，
③×59=⑰⑦=⑭⑭+660　㉝=660
⑰⑦=660×$\frac{177}{33}$=3540（m）

次郎さんの速さは，3540÷59=60（m/分）
よって，太郎さんの速さは，60×$\frac{5}{3}$=100（m/分）

(3)60×59−660=2880（m）

4 この2そうの船がすれちがうまでにかかる時間は，
1200÷(75+50)=9.6（分）

すれちがった地点はAから
1200×$\frac{1}{1+2}$=400（m）なので，AからBに向かう船の速さは，400÷9.6=$\frac{125}{3}$（m/分）

流れの速さは，75−$\frac{125}{3}$=$\frac{100}{3}$（m/分）

よって，1200÷$\frac{100}{3}$=36（分）

ココに注意
上りの速さと下りの速さの和は，流れの速さが打ち消されるので，静水での速さの和になる。

5 守さんと列の速さの差は，1800÷9=200（m/分）

列の速さは，1800÷27=$\frac{200}{3}$（m/分）

守さんの速さは，200+$\frac{200}{3}$=$\frac{800}{3}$（m/分）

よって，
1800÷$\left(\frac{800}{3}+\frac{200}{3}\right)$=5.4（分）=5分24秒

6 (1)トンネルの出口から橋までのきょりを□m，電車の秒速を①とする。
(2700+□)÷①=138
2700+□=⑬⑧…㋐
(□+450+90)÷①=30
540+□=㉚…㋑
㋐−㋑は，⑬⑧−㉚=⑩⑧=2700−540
=2160
①=2160÷108=20（m/秒）
540+□=20×30=600
□=600−540=60（m）

(2)(1)より，20m/秒なので，20×3.6=72（km/時）

---

7 (1)長針は短針よりはやく動くので，短針が1周目の9をさすとき，長針は2周目の9をさす。
長針は，15+9=24（めもり）動き，短針は9めもり動くので，
速さの比は，長針：短針=24：9=8：3
短針が9めもり進むごとに，長針と短針は重なるので，2つの針が重なるところは，
短針の1周目の9→2周目の3→2周目の12→3周目の6→最後の0になる。

よって，短針は3周し，長針は3×$\frac{8}{3}$=8（周）する。

(2)長針は12時間で8周するので，1分間に，
(360°×8)÷(12×60)=4°
短針は12時間で3周するので，1分間に，
(360°×3)÷(12×60)=1.5°

(3)1めもり分の角度は，360°÷15=24°より，
長針は，24÷4=6（分）ごと，短針は，
24÷1.5=16（分）ごとにめもりをさす。
したがって，長針と短針は，6と16の最小公倍数の48分ごとに同時にめもりをさすので，
60×12÷48=15（回）
重なる場合は，(1)より5回あるので，
15−5=10（回）

(4)6時間=360分　360÷48=7あまり24
6時間後は，7回目に長針と短針が重なった24分後で，次に重なるのは，48−24=24（分）
よって，ア=24
6時間24分=384分　長針は6分ごとにめもりをさすので，384÷6=64（回）
1周は15めもりなので，64÷15=4あまり4
よって，イ=4

理解度診断テスト ⑥

本冊 → p.146～p.147

理解度診断 A…80点以上，B…60～79点，C…59点以下

1 (1)40　(2)6回　(3)47本　(4)69cm
(5)2400円　(6)317人
2 ア728　イ30
3 (1)11%　(2)25秒後
4 (1)6480cm³　(2)135cm³　(3)9.6分
5 (1)分速40m　(2)2400m

解き方

1(1)(68+12)÷2=40

(2)すべて表が出たと考えると，点数は，

10+2×10=30（点） 1回裏が出たとすると，

10+2×9-1×1=27（点）となり，1回裏が出る

ごとに 30-27=3（点）ずつ点数が減っていく。

よって，（30-18）÷3=4（回） 裏が出たので，

表が出た回数は，10-4=6（回）

(3)

配る人数は，21÷3=7（人）

よって，5×7+12=47（本）

(4)
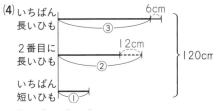

③+②+①=⑥=120-6+12=126

③=126÷$\frac{3}{6}$=63（cm）

よって，63+6=69（cm）

(5)

（④-200）：（①+500）=2：1

（①+500）×2=（④-200）×1

②+1000=④-200

②=1200

よって，④=1200×$\frac{4}{2}$=2400（円）

(6)
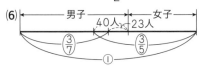

$\left(\frac{3}{7}+\frac{3}{5}\right)-①=\left(\frac{1}{35}\right)$=40-23=17

①=17÷$\frac{1}{35}$=595（人）

よって，595×$\frac{3}{5}$-40=317（人）

2

	割合	価格
原価	①	
定価	⑴.25	
売価A		定価-100円 原価+82円
売価B		原価-91円

定価-100円=原価+82円 より，

⑴.25-100=①+82

⑴.25=182

原価は，①=182÷0.25=728（円）

定価は，⑴.25=728×1.25=910（円）

売価Bは，728-91=637（円）

よって，637÷910=0.7

1-0.7=0.3 → 30%

ア=728，**イ**=30

3(1)
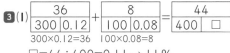

300×0.12=36　100×0.08=8

□=44÷400=0.11 → 11%

(2)

100×0.08=8　100×0.11=11

□=19÷200=0.095 → 9.5%

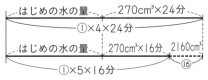

□=200 g

よって，200÷8=25（秒後）

4排水口1つで1分間に排水する水の量を①とする。

(1)270×24=6480（cm³）　270×16=4320（cm³）

6480-4320=2160（cm³）

①×4×24-①×5×16=⑯=2160 cm³

①=2160÷16=135（cm³）

よって，135×96-6480=6480（cm³）

(2)(1)より，135 cm³

(3)

135×7×□=945×□=6480+270×□

675×□=6480

よって，□=6480÷675=9.6（分）

5 (1)

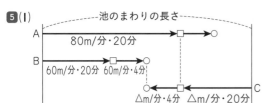

Cさんの速さを分速 △ m とする。

Aさんと Cさんが出会ったとき（□印の地点），

AさんとBさんのはなれているきょりは，

$(80-60) \times 20 = 400$ （m）

よって，$(60+\triangle) \times 4 = 400$

$\qquad 60+\triangle = 400 \div 4 = 100$

$\qquad \triangle = 100 - 60 = 40$ （m/分）

(2) $(80+40) \times 20 = 2400$ （m）

---

1 数についての問題

本冊 → p.148〜p.149

1 (1) 16枚　(2) 6個

(3)（答えの例）黄色の正方形…16個，

青色の正方形…27個

（考え方の例）色模造紙の1辺の長さを

8と6の最小公倍数より，㉔とすると，

黄色の正方形の1辺の長さは，

㉔÷8＝③，青色の正方形の1辺の長さ

は，㉔÷6＝④

赤色の色模造紙を切ると，大きいほうの

3個の正方形の1辺の長さは，

㉔÷2＝⑫

4個できたほうの正方形の1辺の長さは，

㉔÷2÷2＝⑥

3個できたほうの正方形から，青色の正

方形と同じ大きさの正方形は，

⑫÷④＝3

3×3×3＝27（個）できる。

また，小さいほうの4個の正方形から，

黄色の正方形と同じ大きさの正方形は，

⑥÷③＝2

2×2×4＝16（個）できる。

2 ⑫ 緑　⑬ 緑

（説明の例）⑫のカードの上にある円形の紙

は，12の約数が1，2，3，4，6，12な

ので，1を除く5回色が変わる。また⑬の

カードの上にある円形の紙は，13の約数

が1，13なので，1を除く1回色が変わる。

色は奇数回変わると緑色で，偶数回変わる

と白色になるので，どちらも緑色になる。

解き方

1 (1) 1枚の色模造紙でできる小さな正方形の個数は，

$8 \times 8 = 64$ （個）

よって，1000羽のつるをつくるには，

$1000 \div 64 = 15$ あまり 40　$15+1 = 16$ （枚）

(2) 青色の色模造紙が28枚必要なことから，1枚の

色模造紙には小さな正方形が，

$1000 \div 27 = 37$ あまり 1

$1000 \div 28 = 35$ あまり 20 より，36個以上 37

個以下できる必要がある。(縦の個数)×(横の個
数)が1枚の色模造紙でできる小さな正方形の
個数なので，6×6=36 より，縦に6個の正方
形ができるように切った。

2 円形の紙を1回ひっくり返すと緑色になり，2回
ひっくり返すと白色になり，3回ひっくり返すと
緑色になるので，奇数回なら緑色，偶数回なら白
色になる。
円形の紙をひっくり返す回数は，カードの数の約
数のうち1を除いた分の個数と同じになる。
12では，12の約数は，1，2，3，4，6，12の6
個なので，5回ひっくり返す。よって，緑。
13では，13の約数は，1，13の2個なので，1
回ひっくり返す。よって，緑。

2 図形についての問題

本冊 → p.150〜p.153

1 (説明の例)AB の長さを□cm とする。正方
形 ABCD の面積は，5×5÷2=12.5 (cm²)
となる。□×□=12.5 となる□は，3より
大きく4より小さい。つまり AB の長さは
5cm より短いことがわかる。

2 (1) 正六角形
(2) (例)

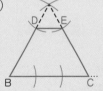

(3) 48 cm²　(4) 6$\frac{3}{4}$ cm²(6.75 cm²)

3 (1) ア…82 cm，または イ…88 cm
(2) アの場合

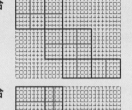

イの場合
(例)

4 (1)(ア) 103　(イ) 414
(2) 最大…13個，最小…10個

解き方

1

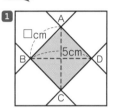

AB の長さを□cm とし，正
方形 ABCD の面積を 対角
線×対角線÷2 と，1辺×1辺 の
2通りで表す。

2 (1)

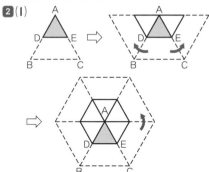

(2)

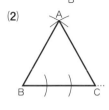

点 B から，コンパスを使って
AD の長さの3倍の位置に点
をとり，C とおく。点 B と点
C から BC の長さと等しくな
るように点をとり，点 A とお
く。

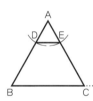

点 A から，コンパスを使って
AB，AC 上に AD の長さと
等しくなるように点をとり，
それぞれ D，E とおく。

(3) 三角形 ADE と三角形 ABC は相似で，相似比は
1：3 なので，面積比は（1×1）：（3×3）=①：⑨
四角形 DBCE は，⑨−①=⑧
①=1 cm²　⑧=8 cm²　よって，8×6=48 (cm²)

ココに注意

相似な図形では，相似比が a：b のとき，面積比は
（a×a）：（b×b）になる。

---

(4) (3)より，⑧=1 cm² なので，三角形 ABC は，
⑨=1×$\frac{9}{8}$=$\frac{9}{8}$ (cm²)　よって，$\frac{9}{8}$×6=6$\frac{3}{4}$ (cm²)

3 (1) 縦の長さの2回分，横の長さの2回分，高さの
長さの4回分より，
アの場合，8×2+8×2+5×4+30=82 (cm)
イの場合，8×2+5×2+8×4+30=88 (cm)
(2) 箱の見取図の頂点を A〜H として，展開図に頂点
A〜H をかきこみ，上の面と下の面の各辺の真ん
中の点を結んだ線をかく。

アの場合

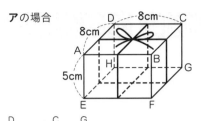

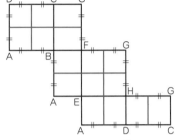

イの場合

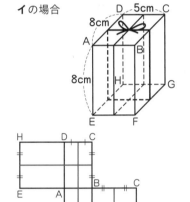

！ココに注意 ----------------
展開図上に線をかきこむ問題は、見取図に頂点をつけ、それらを展開図にかきこんで考えよう。
----

4 (1)(ア)向かいあわせになっている面の数の和は必ず7で、さいころを横一列に10個並べると、向かい合う面は9面ある。また、底の目は4。
よって、7×9+4×10=103
(イ)さいころは全部で27個なので、すべての目の数の合計は、
(1+2+3+4+5+6)×27=21×27=567
見えている面の目の数の合計は、
1×9+2×9+3×9+5×9+6×9=17×9=153
よって、見えない面の目の数の合計は、
567−153=414
(2)前から見た図、右から見た図、上から見た図をまとめて、下の段から順にそれぞれ1段ずつに

分けて表すと、下の図のようになる。

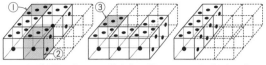

(いちばん下の段)　(真ん中の段)　(いちばん上の段)

さいころの最大の個数は、いちばん下の段に5個、真ん中の段に5個、いちばん上の段に3個あるので、5+5+3=13（個）

次に、さいころの最小の個数を考えると、①のさいころがなくても、問題文の図5のように見えるから、透明な立方体でもよい。

同様に考えていくと、②、③のさいころも透明な立方体でもよい。

このことから、3つのさいころはなくてもよいので、最小のさいころの数は、13−3=10（個）

3 規則性についての問題

本冊 → p.154〜p.155

1 ア 40　イ 4　ウ 8　エ 33
オ（例）内部の直角の個数は2個ずつ増える

2 (1) 6　(2) 16 回　(3) 50 回

解き方

1

ア＝5×8=40

イ＝4

ウ＝8

6−4=2　8−6=2 より、折り紙の枚数が1枚増えるごとに、内部の直角の個数は2個ずつ増える（**オ**）。
エを□とすると、
4+2×(□−1)=68
2×(□−1)=68−4=64
□−1=64÷2=32
エ＝□=32+1=33

！ココに注意 ----------------
規則を見つけるときは、折り紙の数を、1枚、2枚、…のように順に増やした図をかいて、考えよう。

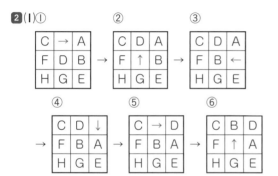

2 (1)①

C	→	A
F	D	B
H	G	E

→

C	D	A
F	↑	B
H	G	E

②

→

③

C	D	A
F	B	←
H	G	E

④

→

C	D	↓
F	B	A
H	G	E

⑤

→

C	→	D
F	B	A
H	G	E

⑥

→

C	B	D
F	↑	A
H	G	E

6 回

(2)①

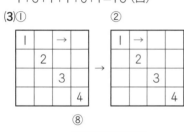

C	→	
		D
		E

①の方法（6回）でCとDが入れかわる。

⑦

	D	
↑	C	
		E

⑧

→

	D	
		C
↑		E

⑨

→

	D	
	C	
	←	E

①の方法（6回）でCとEが入れかわる。

⑮

	D	
	E	↓
		C

⑯

→

	D	↓
	E	
		C

1＋6＋1＋1＋6＋1＝16（回）

(3)①

1	→		
	2		
		3	
			4

②

→

1	→		
	2		
		3	
			4

⑧

①の方法（6回）で1と2が入れかわる。

2			
↑	1		
		3	
			4

上の図のように，1と2を入れかえるには，空いている場所を変えるのに2回の操作をし，そのあと①の方法で6個の操作，合計8回の操作をすればよい。

同じように，1と3を入れかえる場合も，

2＋6＝8（回）

続いて，1と4，3と4，2と4，2と3を順に入れかえるのにそれぞれ8回の操作が必要になる。

最後に空いている場所を，操作をはじめる前と同じ位置にするのに2回の操作をする。

以上より，8×6＋2＝50（回）

中学入試 予想問題 第1回

本冊 → p.156〜p.157

1 (1) 2.7 (2) $\dfrac{11}{12}$

配点：5点×2＝10点

2 (1) 0.4 (2) $\dfrac{1}{4}$

配点：5点×2＝10点

3 (1) 516 (2) 80 (3) 1400 m
(4) 51.39 cm² (5) 105 mL

配点：6点×5＝30点

4 15 個

配点：8点

5 (1) 3.2 cm² (2) 19.2 cm²

配点：7点×2＝14点

6 (1) 300 g (2) 10.5 %

配点：7点×2＝14点

7 (1) 1.5 cm (2) 1 : 3

配点：7点×2＝14点

解き方

1 (1) $3.5-2.8÷(1.2-0.5)×0.2$
$=3.5-2.8÷0.7×0.2=3.5-0.8=2.7$

(2) $1.75×\left(\dfrac{5}{7}-0.4\right)+1\dfrac{1}{4}÷1.5-\dfrac{7}{15}$

$=1\dfrac{3}{4}×\left(\dfrac{5}{7}-\dfrac{2}{5}\right)+1\dfrac{1}{4}÷1\dfrac{1}{2}-\dfrac{7}{15}$

$=\dfrac{7}{4}×\dfrac{11}{35}+\dfrac{5}{4}×\dfrac{2}{3}-\dfrac{7}{15}=\dfrac{11}{20}+\dfrac{5}{6}-\dfrac{7}{15}$

$=\dfrac{33}{60}+\dfrac{50}{60}-\dfrac{28}{60}=\dfrac{55}{60}=\dfrac{11}{12}$

2 (1) $(2-□×1.8-0.3)÷4.9=0.2$
$2-□×1.8-0.3=0.2×4.9=0.98$
$2-□×1.8=0.98+0.3=1.28$
$□×1.8=2-1.28=0.72$
$□=0.72÷1.8=0.4$

(2) $\left(1.75+\dfrac{5}{8}÷□\right)÷2\dfrac{5}{6}-\dfrac{1}{3}=1\dfrac{1}{6}$

$\left(1.75+\dfrac{5}{8}÷□\right)÷2\dfrac{5}{6}=1\dfrac{1}{6}+\dfrac{1}{3}=1\dfrac{1}{2}$

$1.75+\dfrac{5}{8}÷□=1\dfrac{1}{2}×2\dfrac{5}{6}=\dfrac{17}{4}$

$\dfrac{5}{8}÷□=\dfrac{17}{4}-1.75=\dfrac{5}{2}$

$□=\dfrac{5}{8}÷\dfrac{5}{2}=\dfrac{1}{4}$

3 (1) 5でわると1あまる数1，6，11，16，21，
26，31，…

7でわると5あまる数5, 12, 19, 26, …
求める数は, 5と7の最小公倍数35を考えると,
35×□+26になる。
500÷35=14あまり10
35×14+26=516　35×13+26=481
よって, 500に最も近い数は, 516

(2)「1, 2, 3, 2, 1」のくり返しより,
44÷5=8あまり4
(1+2+3+2+1)×8+1+2+3+2=80

(3)歩いた速さの比は, 昨日：今日=50：70=5：7
同じ道のりを進んだので, かかった時間の比は,
速さの逆比で, ⑦：⑤
差の②=8分　⑦=8×$\frac{7}{2}$=28（分）
よって, 50×28=1400 (m)

(4)
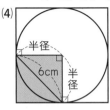
図で, 色のついた正方形の
面積は, 6×6÷2=18 (cm²)
半径×半径=18になる。
よって,
18×3.14×$\frac{3}{4}$+18÷2
=51.39 (cm²)

(5)
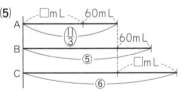

はじめBに入っていた水を⑤, Cに入っていた
水を⑥とし, CからAに移した水の量を□mL
とする。
3つのコップの水の量が同じになったので, A,
B, Cはそれぞれ, (⑤+⑥)÷3=⑪/₃
⑤-⑪/₃=④/₃=60 mL　①=60÷$\frac{4}{3}$=45 (mL)
⑪/₃=45×$\frac{11}{3}$=165 (mL)
よって, 165-60=105 (mL)

4

なし (180円)	個数	31	26	21	…	
	代金	5580	4680	3780		
みかん (60円)	個数	0	2	4	…	
	代金	0	120	240		
りんご (150円)	個数	0	3	6	…	⑧
	代金	0	450	900		
代金の合計		5580	5250	4920	…	3930

−330　−330
−1650

180×31=5580 (円)
180×(31-5)+60×2+150×3=5250 (円)
5580-5250=330 (円)
5580-3930=1650 (円)　1650÷330=5
よって, りんごの個数は, 3×5=15(個)

別解

180×31=5580 (円)
⑧+⑨=5580-3930
=1650 (円)
⑧=②×120=㉔⓪
⑨=③×30=㉝⓪
⑧+⑨=㉔⓪+㉝⓪
=㉝㉝⓪=1650
①=1650÷330=5
よって, りんごは, ③=5×3=15 (個)

5(1)
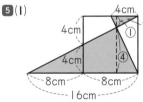
4：16=①：④
①+④=⑤=8 cm
①=8÷5=1.6 (cm)
よって,
4×1.6÷2=3.2 (cm²)

(2)
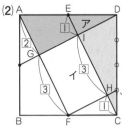
A～Jとおくと, 三角
形CJHと三角形CDI
は相似で, 相似比は1：
4なので,
CH：CI=①：④
よって,
CH：HI=①：③
(1)より, EI：IC=1：4で, CI=④なので, EI=①
三角形DEIと三角形DAGは相似で,
相似比は1：2なので, DI：IG=1：1
よって, アとイは高さが等しいので,
アの面積：イの面積=①×$\frac{1}{2}$：③=1：6
(1)より, アの面積は3.2 cm²なので, イの面積
は, 3.2×6=19.2 (cm²)
よって, イの面積は, 32×$\frac{6}{3+6+1}$=19.2 (cm²)

6 (1)入れかえる前とあとで，それぞれの食塩水の量は変わらない。くみ出したあとに容器Aに残った食塩水を△g，くみ出した容器Bの食塩水を□gとして，てんびん図で考える。

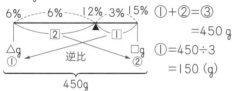

①+②=③
=450 g
①=450÷3
=150 (g)

よって，くみ出した食塩水は，
②=150×2=300 (g)

(2) (1)より，くみ出した食塩水は300 g なので，くみ出したあとに容器Bに残った食塩水は，
600−300=300 (g)

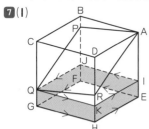

□+□=②
=9 %
□=9÷2
=4.5 (%)

よって，6+4.5=10.5 (%)

別解 (1)容器Aと容器B の食塩水100 g にふくまれる食塩の量は，A…100×0.06=6 (g)，
B…100×0.15=15 (g)

したがって，100 g 入れかえると，15−6=9 (g)だけ容器Aの食塩の量が増える。入れかえたあとの容器Aの食塩の量は，450×0.12=54 (g)なので，54−27=27 (g) 増えている。
よって，27÷9×100=300 (g)

(2) (1)より，容器Bの食塩の量は27 g 減ったので，
(90−27)÷600=0.105 → 10.5 %

7 (1)

辺GH と平行な線QKをひく。同じように辺HE，辺EF，辺FG に平行な線 KI，IJ，JQ をひく。平行な面の切り口の線どうしは平行なので，

角BAP=角KQR，角ABP=角QKR=90°，
辺AB=辺QK より，三角形ABPと三角形QKRは合同になる。
また，合同な四角形CDKQ と四角形ABJI から，それぞれ三角形ABP と三角形QKR をのぞいているので，四角形CQRD と四角形IAPJ も合同である。同じように，四角形BCQP と四角形KIAR，三角形ADR と三角形QJP も合同。また，正方形ABCD と正方形EFGH も合同なので，2

つの立体の表面積の差は，図の色のついた部分になる。

よって，QG の長さは，36÷4÷6=6 (cm)

(2)

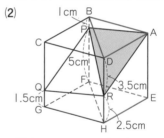

RH=1.5+1=2.5 (cm)
DR=6−2.5=3.5 (cm)
PF=6−1=5 (cm)
三角形ABD をふくむ立体と三角形EFH をふくむ立体は，底面が等しいので，体積の比は高さの平均の比になる。よって，
(0+1+3.5)÷3：(5+2.5+6)÷3
=4.5：13.5=1：3

🛈 ココに注意

立方体をななめに切った立体の体積は，底面積×高さの平均で求めることができる。

中学入試予想問題 第2回

1 (1)10　(2)8$\frac{5}{9}$

配点：4点×2=8点

2 (1)0.4　(2)1$\frac{3}{4}$

配点：4点×2=8点

3 (1)20分　(2)280個　(3)91人　(4)45°

配点：5点×4=20点

4 (1)24個　(2)48回

(3)① (順に)8，4，2，1　②8　③4

配点：3点×5=15点(⑶①は完答)

5 (1)15分後　(2)分速70 m

配点：5点×2=10点

6 (1)540 cm²

(2)CD 上，1$\frac{1}{8}$ cm(1.125 cm)

(3)67.5 cm²

配点：4点×3=12点(⑵は完答)

7 (1)14040 cm³　(2)毎秒0.5 cm

(3)16 cm　(4)18

配点：3点×4=12点

8 (1)（説明の例）一の位が，1，7，9，…を
くり返す。

(2) 16 個　(3) 144 個

配点：5 点×3＝15 点

解き方

1 (1) $10÷\dfrac{9}{16}×0.6-\left(2\dfrac{7}{9}÷1.25+\dfrac{4}{9}\right)×\dfrac{1}{4}$

$=10×\dfrac{16}{9}×\dfrac{6}{10}-\left(\dfrac{25}{9}×\dfrac{4}{5}+\dfrac{4}{9}\right)×\dfrac{1}{4}$

$=\dfrac{32}{3}-\dfrac{24}{9}×\dfrac{1}{4}=\dfrac{30}{3}=10$

(2) $\left(\dfrac{1}{13}+\dfrac{10}{39}+\dfrac{100}{117}\right)÷\left(\dfrac{1}{13}+\dfrac{1}{77}+\dfrac{7}{143}\right)$

$=\left(\dfrac{9}{117}+\dfrac{30}{117}+\dfrac{100}{117}\right)$

$÷\left(\dfrac{77}{1001}+\dfrac{13}{1001}+\dfrac{49}{1001}\right)$

$=\dfrac{139}{117}×\dfrac{1001}{139}=\dfrac{77}{9}=8\dfrac{5}{9}$

2 (1) $70×0.31+31×2.9-□×0.4×310=62$

$0.7×31+31×2.9-□×4×31=62$

$(0.7+2.9-□×4)×31=62$

$3.6-□×4=62÷31=2$

$□×4=3.6-2=1.6$

$□=1.6÷4=0.4$

(2) $3.85+\left\{0.4×\left(2\dfrac{7}{20}-□\right)-0.1\right\}÷\left(0.4+\dfrac{8}{15}\right)=4$

$3.85+\left\{0.4×\left(2\dfrac{7}{20}-□\right)-0.1\right\}÷\dfrac{14}{15}=4$

$\left\{0.4×\left(2\dfrac{7}{20}-□\right)-0.1\right\}÷\dfrac{14}{15}=4-3.85=0.15$

$0.4×\left(2\dfrac{7}{20}-□\right)-0.1=0.15×\dfrac{14}{15}=0.14$

$0.4×\left(2\dfrac{7}{20}-□\right)=0.14+0.1=0.24$

$2\dfrac{7}{20}-□=0.24÷0.4=0.6$

$□=2\dfrac{7}{20}-0.6=1\dfrac{3}{4}$

3 (1) 3 人の休けいした時間の比は，

$B=A×\dfrac{1}{2}$ より，A：B＝2：1

$C=B×1\dfrac{1}{2}$ より，B：C＝$\dfrac{2}{3}$：1＝2：3

A ： B ： C　　3 人の休けいした時間の合計は，
2 ： 1　　　　3×2＝6（時間）より，A の休け
　　 2 ： 3　　い した時間は，
4 ： 2 ： 3　　$6×\dfrac{4}{4+2+3}=\dfrac{8}{3}$（時間）

よって，A が運転していた時間は，

$3-\dfrac{8}{3}=\dfrac{1}{3}$（時間）＝20 分

(2) われた 13 個の卵も 1 個 20 円で売れたとすると，
利益は全部で，20×13＋1980＝2240（円）
1 個の利益は，20-12＝8（円）なので，仕入れ
た個数は，2240÷8＝280（個）

(3)

$□-○＝6÷2＝3$（きゃく）

はじめのいすの和は 15 きゃく，差が 3 きゃく
なので，はじめの 5 人がけのいすは，

$(15+3)÷2＝9$（きゃく）

7 人がけのいすは，15-9＝6（きゃく）

よって，5×9＋7×6＋4＝91（人）

(4)

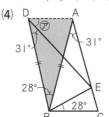

三角形 ABC を 28° 回転させ
て三角形 DBE をつくっ
たので，角 DBA＝28°
AB＝DB より，三角形
DBA は二等辺三角形にな
る。

したがって，角 ADB は，(180°-28°)÷2＝76°

よって，角⑦＝76°-31°＝45°

4 (1) 例えば，1×2×…×10 が，2 で何回わり切れる
のかを連除法を利用して考えると，

2 でわり切れる回
数は，
5＋2＋1＝8（回）

「A には一の位から数えて 0 が何個並びますか」
は，「A は 10 で何回わり切れますか」と同じで
ある。10＝2×5 より，10 で 1 回わるのは 2 と
5 で，それぞれ 1 回ずつわることと同じ。そこで，
2 と 5 でそれぞれ何回わり切れるのかを調べる。

```
2)100
2) 50      50+25+12+6+3+1
2) 25      ＝97（回）
2) 12 あまり1
2)  6      5)100
2)  3      5) 20    20+4＝24（回）
    1 あまり1      4
```

第1章
第2章
第3章
第4章
第5章
第6章
第7章
中学入試　予想問題

よって，10(=2×5) で 24 回わり切れるので，
A には一の位から数えて 0 が 24 個並ぶ。

(2) B は 1 から 99 のうち，すべての 3 の倍数の積
なので，1×2×…×99 の積が 3 で何回わり切れ
るのか，と同じように考える。

```
3) 99
3) 33
3) 11        33+11+3+1=48 (回)
3)  3 あまり 2
    1
```

(3)①
```
2) 10        3) 10
2)  5        3)  3 あまり 1
2)  2 あまり 1    1
    1

5+2+1=8 (回)   3+1=4 (回)

5) 10        7) 10
   2  2 回      1 あまり 3  1 回
```

②①より，2 を 8 回，5 を 2 回かけているので，
10 で 2 回わり切れる。残りの 2 を
8−2=6 (回)，3 を 4 回，7 を 1 回かけた数の
一の位を求める。
2 を 6 回かけると 2×2×2×2×2×2=64
より，一の位は 4 になる。
3 を 4 回かけると 3×3×3×3=81
より，一の位は 1 になる。
よって，4×1×7=28 より，
はじめて現れる 0 以外の数は 8 になる。

③
```
2) 20        3) 20
2) 10        3)  6 あまり 2
2)  5            2
2)  2 あまり 1
    1

10+5+2+1=18 (回)   6+2=8 (回)

5) 20        7) 20
   4  4 回      2  2 回
```

$\underbrace{□=2×2×…×2}_{18 個}×\underbrace{3×…×3}_{8 個}×\underbrace{5×…×5}_{4 個}×\underbrace{7×7}_{2 個}$

×11×13×17×19

10(=2×5) で 4 回わり切れるので，残りの
$\underbrace{2×…×2}_{14 個}×\underbrace{3×…×3}_{8 個}×\underbrace{7×7}_{2 個}×11×13×17×19$

の一の位を求める。
かけ合わせて一の位が 1 になる場合を考える。
$\underbrace{3×…×3}_{8 個}=6561 ←$ 一の位が 1

7×7×19 は，49×19 → 9×9=81 より，一
の位が 1
13×17 → 3×7=21 より，一の位が 1

よって，$\underbrace{3×…×3}_{8 個}×\underbrace{7×7}_{2 個}×11×13×17×19$ の

一の位は 1 になる。
つまり，$\underbrace{2×…×2}_{14 個}$ の一の位を考えればよい。

2 を 1 個ずつかけていくと，一の位は，「2，4，
8，6」のくり返しである。
よって，14÷4=3 あまり 2 より，4 になる。

5 (1) 1 回目に出会うのが出発してから①分後とする
と，2 回目に出会うのは出発してから，
①+②=③=45 分後
よって，①=45÷3=15 (分後)

(2)
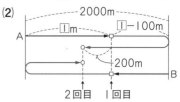

2 人が 1 回目に出会った地点までの A の歩いた
きょりを □m とすると，□印から○印のきょり
は，□×2=②m
□印から B が出発した地点までのきょりは，
(②−200)÷2=□−100
□+□−100=2000
②=2000+100=2100
□=2100÷2=1050 (m)

よって，A の分速は，1050÷15=70 (m/分)

6 (1) 三角形 EBF と三角形 FCD は相似で，その相似
比は，BF：CD=6：18=1：3
FC=8×3=24 (cm) BC=6+24=30 (cm)
よって，18×30=540 (cm²)

(2)
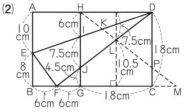

三角形 FGJ と三角形 FCD は相似で，その相似

比は，6：24=1：4 GJ=18×$\frac{1}{4}$=4.5 (cm)

三角形 DHI と三角形 DAE は相似で，その相似

比は，18：30=3：5

HI=10×$\frac{3}{5}$=6 (cm)

IJ=18−(4.5+6)=7.5 (cm)

三角形 HKD と四角形 IJLK の面積が等しいので，
三角形 HLD と三角形 IJD の面積は等しい。

三角形 IJD の面積は，$7.5\times18\div2=67.5$ (cm^2)
三角形 HLD の底辺を HD とすると高さは，
$67.5\times2\div18=7.5$ (cm)
三角形 HLD と三角形 MLF は相似で，その相似比は，$7.5:(18-7.5)=5:7$ より，

$FM=18\times\frac{7}{5}=25.2$ (cm)

$CM=25.2-24=1.2$ (cm) なので，
P は CD 上にある。
三角形 HPD と三角形 MPC は相似で，その相似比は，$18:1.2=15:1$ より，

$CP=18\times\frac{1}{15+1}=1\frac{1}{8}$ (cm)

(3)(**1**)と(**2**)より，三角形 HLD の面積は，
$18\times7.5\div2=67.5$ (cm^2)
ここで，四角形 HJPD は台形なので，台形の性質より，三角形 HLD と三角形 PLJ の面積は同じなので，三角形 PLJ の面積は，$67.5\ cm^2$

(別解) 三角形 HJL と三角形 PDL は相似で，相似比は，
$13.5:\left(18-1\frac{1}{8}\right)=4:5$ より，$JL:LD=4:5$
三角形 PLJ と三角形 PDL は，底辺をそれぞれ LJ，DL とすると高さが同じなので，その面積比は，$JL:LD=4:5$ になる。
三角形 JPD の面積は，
$\left(18-1\frac{1}{8}\right)\times18\div2$ (cm^2) なので，
三角形 PLJ の面積は，
$\left(18-1\frac{1}{8}\right)\times18\div2\times\frac{4}{4+5}=16\frac{7}{8}\times4=67.5$ (cm^2)

7 (**1**)グラフより，26 秒後におもり全体が水の中から出たことがわかる。このとき，水面の高さは 13 cm なので，水そうに入っている水の体積は，
$36\times30\times13=14040$ (cm^3)

(2)(**1**)より，$13\div26=0.5$ (cm/秒)

(3) 4秒後

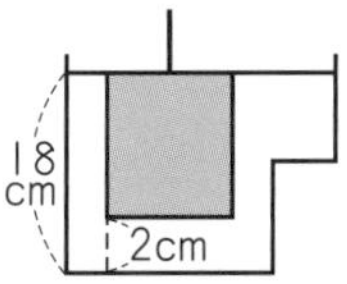

$0.5\times4=2$ (cm)
$18-2=16$ (cm)

(4)

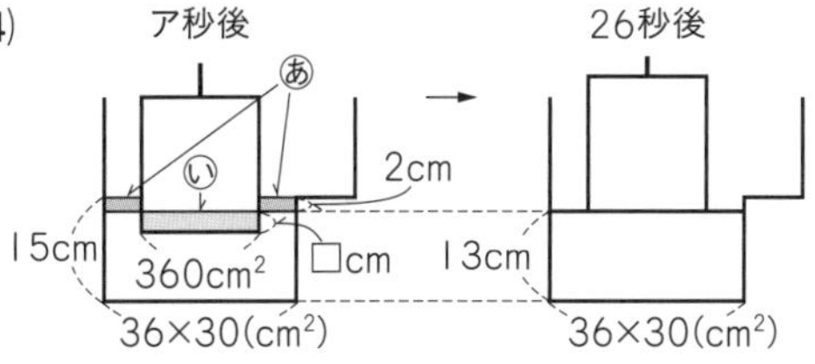

(**3**)の図より，水とおもりの体積の和は，
$36\times30\times15+(36+4)\times30\times(18-15)$
$=19800$ (cm^3)
おもりの体積は，$19800-14040=5760$ (cm^3)
おもりの底面積は，$5760\div16=360$ (cm^2)
ⓐとⓘの体積は等しいので，
$360\times\square=(36\times30-360)\times(15-13)=1440$
$\square=1440\div360=4$ (cm)
おもりは，$13-4=9$ (cm) 引き上げられたことになる。よって，$9\div0.5=18$ (秒後)

8 (**1**)一の位の数のきまりを見つけよう。

① ココに注意

2 でわり切れる数 → 一の位が 0，2，4，6，8
5 でわり切れる数 → 一の位が 0，5

(2)グループ A の 2 けたの数を，一の位の数で整理すると，

1	7	9
11	17	19
~~21~~	~~27~~	29
41	47	49
~~51~~	~~57~~	59
61	67	~~69~~
71	77	79
~~81~~	~~87~~	89
91	97	~~99~~

左の数のうち，3 でわり切れる数を消すと，残りは 16 個。

(3)(**2**)の表をもとに考える。

1	7	9
01	07	09
11	17	19
21	27	29
41	47	49
51	57	59
61	67	69
71	77	79
81	87	89
91	97	99

○は各位の和が 3 でわると 1 あまる数で，9 個ある。これらの百の位に入る数は，1，4，6，7，9 の 5 通り。よって，$9\times5=45$ (個)
○は各位の和が 3 でわると 2 あまる数で，9 個ある。これらの百の位に入る数は，2，5，6，8，9 の 5 通り。よって，$9\times5=45$ (個)
●は各位の和が 3 でわり切れる数で，9 個ある。これらの百の位に入る数は，1，2，4，5，7，8 の 6 通り。よって，$9\times6=54$ (個)
グループ B で 3 けたの数は，
$45+45+54=144$ (個)

自由自在 問題集
中学入試 算数
解答解説